汇 编 语 言

(第4版)

王 爽 著

清华大学出版社
北 京

内容简介

汇编语言是各种 CPU 提供的机器指令的助记符的集合，人们可以用汇编语言直接控制硬件系统进行工作。汇编语言是很多相关课程(如数据结构、操作系统、微机原理等)的重要基础。为了更好地引导、帮助读者学习汇编语言，作者以循序渐进的思想精心创作了这本书。本书具有如下特点：采用了全新的结构对课程的内容进行组织，对知识进行最小化分割，为读者构造了循序渐进的学习线索；在深入本质的层面上对汇编语言进行讲解；对关键环节进行深入的剖析。

本书可用作大学计算机专业本科生的汇编语言教材及希望深入学习计算机科学的读者的自学教材。

图书在版编目(CIP)数据

汇编语言/王爽著. —4 版. —北京：清华大学出版社，2019.11（2020.11重印）
ISBN 978-7-302-53941-4

Ⅰ. ①汇…　Ⅱ. ①王…　Ⅲ. ①汇编语言—程序设计　Ⅳ. ①TP313

中国版本图书馆 CIP 数据核字(2019)第 224400 号

责任编辑：章忆文　桑任松
装帧设计：李　坤
责任校对：王明明
责任印制：丛怀宇
出版发行：清华大学出版社
网　　址：http://www.tup.com.cn, http://www.wqbook.com
地　　址：北京清华大学学研大厦 A 座　　**邮　　编：**100084
社 总 机：010-62770175　　**邮　　购：**010-62786544
投稿与读者服务：010-62776969, c-service@tup.tsinghua.edu.cn
质量反馈：010-62772015, zhiliang@tup.tsinghua.edu.cn
课件下载：http://www.tup.com.cn, 010-62791865
印 装 者：三河市铭诚印务有限公司
经　　销：全国新华书店
开　　本：185mm×260mm　　**印　张：**21.75　　**字　数：**530 千字
版　　次：2003 年 9 月第 1 版　2019 年 12 月第 4 版　　**印　次：**2020 年 11 月第 4 次印刷
定　　价：49.00 元

产品编号：079708-01

前　　言

汇编语言是很多相关课程(如数据结构、操作系统、微机原理等)的重要基础。其实仅从课程关系的角度讨论汇编语言的重要性未免片面，概括地说，如果你想从事计算机科学方面的工作的话，汇编语言的基础是必不可缺的。原因很简单，我们的工作平台、研究对象都是机器，汇编语言是人和计算机沟通的最直接的方式，它描述了机器最终所要执行的指令序列。想深入研究英国文化，不会英语行吗？汇编语言是和具体的微处理器相联系的，每一种微处理器的汇编语言都不一样，只能通过一种常用的、结构简洁的微处理器的汇编语言来进行学习，从而达到学习汇编的两个最根本的目的：充分获得底层编程的体验，深刻理解机器运行程序的机理。这两个目的达到了，其他目的也就自然而然地达到了。举例来说，你在学习操作系统等课程时，对许多问题就会有很通透的理解。

学习不能在一台抽象的计算机上来进行，必须针对一台具体的计算机来完成学习过程。为了使学习的过程容易展开，我们采用以 8086CPU 为中央处理器的 PC 机来进行学习。8086CPU 满足的条件：常用而结构简洁，常用保证了可以方便地进行实践，结构简洁则便于进行教学。纯粹的 8086PC 机已经不存在了，对于现今的机器来讲，它已经属于古玩。但是，现在的任何一台 PC 机中的微处理器，只要是和 Intel 兼容的系列，都可以 8086 的方式进行工作。可以将一个奔腾系列的微处理器当作一个快速的 8086 微处理器来用。整个奔腾 PC 的工作情况也是如此，可以当作一台高速的 8086PC 来用。关于微处理器及相关的一些问题请参看附注 1。

为了更好地引导、帮助学习者学习汇编语言，作者精心创作了这本书。下面对教学思想和教学内容的问题进行一些探讨，希望在一些重要的问题上和读者达到共识。

1. 教学思想

一门课程是由相互关联的知识构成的，这些知识在一本书中如何组织则是一种信息组织和加工的艺术。学习是一个循序渐进的过程，但并不是所有的教学都是以这种方式完成的，这并不是我们所希望看到的事情，因为任何不以循序渐进的方式进行的学习，都将出现盲目探索和不成系统的情况，最终学习到的也大都是相对零散的知识，并不能建立起一个系统的知识结构。非循序渐进的学习，也达不到循序渐进学习所能达到的深度，因为后者是步步深入的，每一步都以前一步为基础。

你也许会问：“我们不是一直以循序渐进的方式学习吗？有哪本书不是从第一章到最后一章，又有哪门课不是从头讲到尾的呢？”

一本书从第一章到最后一章，一门课从头到尾，这是一个时间先后的问题，这并不等于就是以循序渐进的方式在学习。我们是否常有这样的感受？想认真地学习一门较难的课程，可是却经常看不懂书上的内容；有时觉得懂了，可又总有一种不能通透的感觉，觉得书上的内容再反复看，也不能深入下去了。这些情况都说明，我们并未真正以循序渐进的方式学习。

不能循序渐进地学习的根本原因在于：学习者所用的教材并未真正地按循序渐进的原则来构造。这不是一个简单的问题，不是按传统的方法划分一下章节就可以解决的。举例来说，在传统的汇编教材中，一般都在开始的章节中集中讲 CPU 的编程结构，这一章往往成为大多数初学者的障碍。这章所讲的内容有的需要了解其他的知识才能深入理解，可是这些知识都被忽略了；有的需要有编程经验才能深入理解，或不进行具体编程就根本无法理解，可编程要在后面的章节里进行……

为学习者构造合理的学习线索，这个学习线索应真正地遵循循序渐进的原则。我们需要打破传统的章节划分，以一种新的艺术来对课程的内容进行补充、分割、重组，使其成为一个个串联在学习线索上的完成特定教学功能的教学节点。本书以此作为创作的核心理念，打破了传统的章节划分，构造了合理的学习线索，将课程的内容拆解到学习线索中的各个教学节点中去。学习主线索上的教学节点有 4 类：①知识点(即各小节内容)；②检测点；③问题和分析；④实验。还有一种被称为附注的教学节点不在学习主线索之中，是由知识点引出的节点，属于选看内容。

应用这本书，读者将沿着学习线索来学习一个个知识点，通过一个个检测点，被线索引入到一个个问题分析之中，并完成一个个实验，线索上的每一个教学节点都是后续内容的基础。每一个节点的信息量或难度，又只比前面的多一点，读者在每一步的学习中都会有一种有的放矢的感觉。大的困难被分割，读者在学习的过程中可逐步克服。

这好似航行，我们为学习者设计一条航线，航线上分布着港口，每一个港口都是下一个港口的起点。漫长的旅途被一个个港口分割，我们通过到达每个港口来完成整个航行。

为了按循序渐进的原则构造学习线索，本书采用了一种全新的信息组织和加工艺术，我们称其为知识屏蔽。有的教材只注重知识的授予，并不注重知识的屏蔽。在教学中知识的屏蔽十分重要，这是一个重点突出的问题。计算机是一门交叉学科，一部分知识往往还连带着其他的相关内容，这些连带的相关内容如果处理不好，将影响学习者对目前要掌握的知识的理解。本书采用了知识屏蔽的方法，对教学内容进行了最小化分割，力求使我们在学习过程中所接触到的每一个知识点都是当前唯一要去理解的东西。我们在看到这个知识点之前，已理解了以前所有的内容；在学习这个知识点的过程中，以后的知识也不会对我们造成干扰。我们在整个学习过程中，每一步都走得清楚而扎实，不知不觉中，由当初的一个简单的问题开始，在经历了一个每一步都相对简单的过程之后，被带入了一个深的层次。这同沿着楼梯上高楼一样，迈出的每一步都不高，结果却上了楼顶。

2. 本书的结构

本书由若干章构成，一章包含若干知识点，根据具体内容，还可能包含检测点、问题和分析、实验、附注等教学节点。书中的所有教学节点，除附注之外，都在一个全程的主线索之中。

由于本书具有很强的线索性，学习一定要按照教学的线索进行，有两点是必须要遵守的原则：①没有通过检测点不要向下学习；②没有完成当前的实验不要向下学习。

下面的表格详细说明了书中的各种教学节点和它们的组织情况。

教学节点详表

教学节点	说　明
知识点	学习者的主要知识来源。知识点以小节的形式出现，一个知识点为一个小节。每一个知识点都有一个相对独立的小主题。
附注	有些内容是对主要内容的拓展、加深和补充。这些内容如果放入正文中，会分散学习者对主体内容的注意力，同时也破坏了主体内容的系统性。我们把这些内容在附注中给出，供学习者选看。附注不在主线索之中，是主线索的引出内容。
检测点	检测点用来取得学习情况的反馈。只要通过了检测点，我们就得到了一个保证：已掌握了前面的内容。这是对学习成果的阶段性的肯定，有了这个肯定，可以信心十足地继续学习。如果没有通过检测点，需要回头再进行复习。有的检测点中也包含了一些具有教学功能的内容。
问题分析	引导学习者对知识进行深入的理解和灵活的应用。
实验	在本书中，实验也是在学习线索中的。有的教学内容就包含在编程的依据材料中。每一个实验都是后续内容的基础，实验的任务必须独立完成。我们可以这样看待实验的重要性，如果你没有完成当前的实验，就应停止继续学习，直到你独立完成实验。

3. 教学重心和内容特点

本书的教学重心是：通过学习关键指令来深入理解机器工作的基本原理，培养底层编程意识和思想。本着这个原则，本书的内容将和传统的教材有着很大的不同。

(1) 不讲解每一条指令的功能

指令仅仅是学习机器基本原理和设计思想的一种实例。而逐条地讲解每一条指令的功能，不是本书的职责所在，它应该是一本指令手册的核心内容。这就好像文学作品和字典的区别，前者的重心在于用文字表达思想，后者讲解每个字的用法。

(2) 编程的平台是硬件而不是操作系统

这一点尤为重要，直接影响以后的操作系统的教学。我们必须通过一定的编程实践，体验一个裸机的环境，在一个没有操作系统的环境中直接对硬件编程。这样的体会和经验非常重要，这样我们才能真正体会到汇编语言的作用，并且看到没有操作系统的计算机系统是怎样的。这为以后的操作系统的学习打下了一个重要的基础。

(3) 着重讲解重要指令和关键概念

本书的所有内容都是围绕着“深入理解机器工作的基本原理”和“培养底层编程意识和思想”这两个核心目标来进行的。对所有和这两个目标关系并不密切的内容，都进行了舍弃。使学习者可以集中注意力真正理解和掌握那些具有普遍意义的指令和关键概念。

本书在深入到本质的层面上对重要指令和关键概念进行了讲解和讨论。这些指令和概念有：jmp、条件转移指令、call、ret、栈指令、int、iret、cmp、loop、分段、寻址方式等。

4. 读者定位

本书可用作大学计算机专业本科的汇编教材，和希望深入学习计算机科学的学习者的自学教材。本书的读者应具备以下基础：

(1) 具有计算机的使用经验；
(2) 具有二进制、十六进制等基础知识；
(3) 具有一门高级语言(BASIC、Pascal、C...)的基本编程基础。

5. 联系方法

作者的E-mail地址为：fewstu@163.com。

目　录

附注

第1章 基础知识

汇编语言是直接在硬件之上工作的编程语言，我们首先要了解硬件系统的结构，才能有效地应用汇编语言对其编程。在本章中，我们对硬件系统结构的问题进行一部分的探讨，以使后续的课程可在一个好的基础上进行。当课程进行到需要补充新的基础知识(关于编程结构或其他的)的时候，再对相关的基础知识进行介绍和探讨。我们的原则是，以后用到的知识，以后再说。

在汇编课程中我们不对硬件系统进行全面和深入的研究，这不在课程的范围之内。关于 PC 机及 CPU 物理结构和编程结构的全面研究，在《微机原理与接口》中进行；对于计算机一般的结构、功能、性能的研究在一门称为《组成原理》的理论层次更高的课程中进行。汇编课程的研究重点放在如何利用硬件系统的编程结构和指令集有效灵活地控制系统进行工作。

1.1 机器语言

说到汇编语言的产生，首先要讲一下机器语言。机器语言是机器指令的集合。机器指令展开来讲就是一台机器可以正确执行的命令。电子计算机的机器指令是一列二进制数字。计算机将之转变为一列高低电平，以使计算机的电子器件受到驱动，进行运算。

上面所说的计算机指的是可以执行机器指令，进行运算的机器。这是早期计算机的概念。现在，在我们常用的 PC 机中，有一个芯片来完成上面所说的计算机的功能。这个芯片就是我们常说的 CPU(Central Processing Unit，中央处理单元)，CPU 是一种微处理器。以后我们提到的计算机是指由 CPU 和其他受 CPU 直接或间接控制的芯片、器件、设备组成的计算机系统，比如我们最常见的 PC 机。

每一种微处理器，由于硬件设计和内部结构的不同，就需要用不同的电平脉冲来控制，使它工作。所以每一种微处理器都有自己的机器指令集，也就是机器语言。

早期的程序设计均使用机器语言。程序员们将用 0、1 数字编成的程序代码打在纸带或卡片上，1 打孔，0 不打孔，再将程序通过纸带机或卡片机输入计算机，进行运算。

应用 8086CPU 完成运算 s=768+12288−1280，机器码如下：

```
101110000000000000000011
000001010000000000110000
001011010000000000000101
```

假如将程序错写成以下这样，请你找出错误。

```
101100000000000000000011
000001010000000000110000
000101101000000000000101
```

书写和阅读机器码程序不是一件简单的工作，要记住所有抽象的二进制码。上面只是一个非常简单的小程序，就暴露了机器码的晦涩难懂和不易查错。写如此小的一个程序尚且如此，实际上一个有用的程序至少要有几十行机器码，那么，情况将怎么样呢？

在显示器上输出“welcome to masm”，机器码如下：

```
00011110
101110000000000000000000
01010000
101110001100011000001111
1000111011011000
1011010000000110
1011000000000000
1011011100000111
101110010000000000000000
1011011000011000
1011001001001111
1100110100010000
1011010000000010
1011011100000000
1011011000000000
1011001000000000
1100110100010000
1011010000001001
10001101000101100010101000000000
1100110100100001
1011010000001010
10001101000101100011000100000000
1100110100100001
1011010000000110
1011000000010100
1011011100011001
1011010100001011
1011000100010011
1011011000001101
1011001000111100
1100110100010000
1011010000000010
1011011100000000
1011000000001100
1011001000010100
1100110100010000
1011010000001001
10001101000101100000000000000000
1100110100100001
11001011
```

看到这样的程序，你有什么感想？如果程序里有一个“1”被误写为“0”，又如何去查找呢？

1.2　汇编语言的产生

早期的程序员们很快就发现了使用机器语言带来的麻烦，它是如此难于辨别和记忆，给整个产业的发展带来了障碍。于是汇编语言产生了。

汇编语言的主体是汇编指令。汇编指令和机器指令的差别在于指令的表示方法上。汇编指令是机器指令便于记忆的书写格式。

例如：机器指令 1000100111011000 表示把寄存器 BX 的内容送到 AX 中。汇编指令则写成 mov ax,bx。这样的写法与人类语言接近，便于阅读和记忆。

操作：寄存器 BX 的内容送到 AX 中
机器指令：1000100111011000
汇编指令：mov ax,bx

(寄存器，简单地讲是 CPU 中可以存储数据的器件，一个 CPU 中有多个寄存器。AX 是其中一个寄存器的代号，BX 是另一个寄存器的代号。更详细的内容我们在以后的课程中将会讲到。)

此后，程序员们就用汇编指令编写源程序。可是，计算机能读懂的只有机器指令，那么如何让计算机执行程序员用汇编指令编写的程序呢？这时，就需要有一个能够将汇编指令转换成机器指令的翻译程序，这样的程序我们称其为编译器。程序员用汇编语言写出源程序，再用汇编编译器将其编译为机器码，由计算机最终执行。图 1.1 描述了这个工作过程。

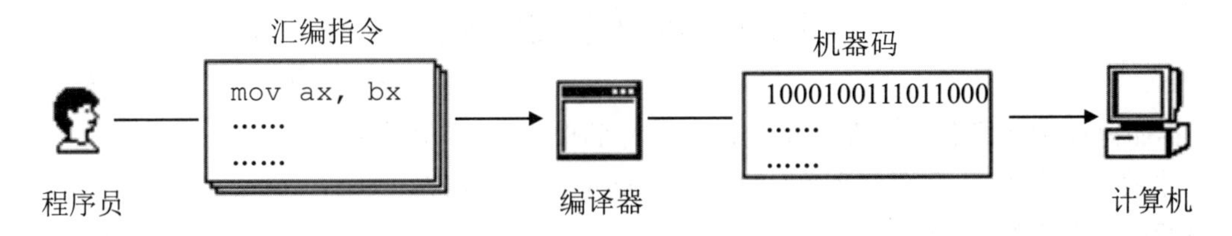

图 1.1　用汇编语言编写程序的工作过程

1.3　汇编语言的组成

汇编语言发展至今，有以下 3 类指令组成。

(1)　汇编指令：机器码的助记符，有对应的机器码。
(2)　伪指令：没有对应的机器码，由编译器执行，计算机并不执行。
(3)　其他符号：如+、-、*、/ 等，由编译器识别，没有对应的机器码。

汇编语言的核心是汇编指令，它决定了汇编语言的特性。

1.4 存 储 器

CPU 是计算机的核心部件，它控制整个计算机的运作并进行运算。要想让一个 CPU 工作，就必须向它提供指令和数据。指令和数据在存储器中存放，也就是我们平时所说的内存。在一台 PC 机中内存的作用仅次于 CPU。离开了内存，性能再好的 CPU 也无法工作。这就像再聪明的大脑，没有了记忆也无法进行思考。磁盘不同于内存，磁盘上的数据或程序如果不读到内存中，就无法被 CPU 使用。要灵活地利用汇编语言编程，我们首先要了解 CPU 是如何从内存中读取信息，以及向内存中写入信息的。

1.5 指令和数据

指令和数据是应用上的概念。在内存或磁盘上，指令和数据没有任何区别，都是二进制信息。CPU 在工作的时候把有的信息看作指令，有的信息看作数据，为同样的信息赋予了不同的意义。就像围棋的棋子，在棋盒里的时候没有任何区别，在对弈的时候就有了不同的意义。

例如，内存中的二进制信息 1000100111011000，计算机可以把它看作大小为 89D8H 的数据来处理，也可以将其看作指令 mov ax,bx 来执行。

```
1000100111011000  -> 89D8H  (数据)
1000100111011000  -> mov ax,bx  (程序)
```

1.6 存 储 单 元

存储器被划分成若干个存储单元，每个存储单元从 0 开始顺序编号，例如一个存储器有 128 个存储单元，编号从 0～127，如图 1.2 所示。

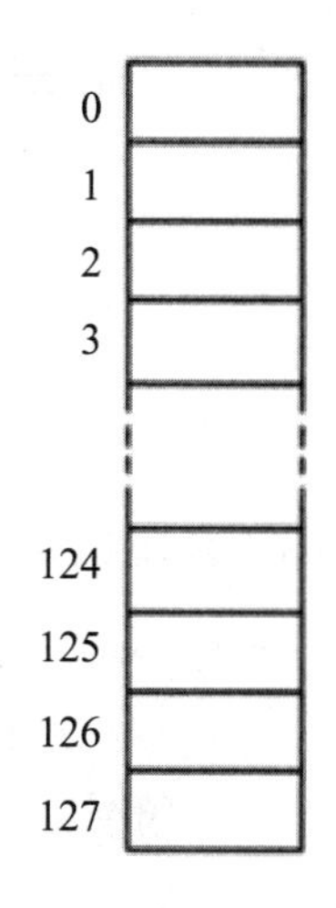

图 1.2 存储单元的编号

那么一个存储单元能存储多少信息呢？我们知道电子计算机的最小信息单位是 bit(音译为比特)，也就是一个二进制位。8 个 bit 组成一个 Byte，也就是通常讲的一个字节。微型机存储器的存储单元可以存储一个 Byte，即 8 个二进制位。一个存储器有 128 个存储单元，它可以存储 128 个 Byte。

微机存储器的容量是以字节为最小单位来计算的。对于拥有 128 个存储单元的存储器，我们可以说，它的容量是 128 个字节。

对于大容量的存储器一般还用以下单位来计量容量(以下用 B 来代表 Byte)：

1KB＝1024B　　1MB＝1024KB　　1GB＝1024MB　　1TB＝1024GB

磁盘的容量单位同内存的一样，实际上以上单位是微机中常用的计量单位。

1.7　CPU 对存储器的读写

以上讲到，存储器被划分成多个存储单元，存储单元从零开始顺序编号。这些编号可以看作存储单元在存储器中的地址。就像一条街，每个房子都有门牌号码。

CPU 要从内存中读数据，首先要指定存储单元的地址。也就是说它要先确定它要读取哪一个存储单元中的数据。就像在一条街上找人，先要确定他住在哪个房子里。

另外，在一台微机中，不只有存储器这一种器件。CPU 在读写数据时还要指明，它要对哪一个器件进行操作，进行哪种操作，是从中读出数据，还是向里面写入数据。

可见，CPU 要想进行数据的读写，必须和外部器件(标准的说法是芯片)进行下面 3 类信息的交互。

- 存储单元的地址(地址信息)；
- 器件的选择，读或写的命令(控制信息)；
- 读或写的数据(数据信息)。

那么 CPU 是通过什么将地址、数据和控制信息传到存储器芯片中的呢？电子计算机能处理、传输的信息都是电信号，电信号当然要用导线传送。在计算机中专门有连接 CPU 和其他芯片的导线，通常称为总线。总线从物理上来讲，就是一根根导线的集合。根据传送信息的不同，总线从逻辑上又分为 3 类，地址总线、控制总线和数据总线。

CPU 从 3 号单元中读取数据的过程(见图 1.3)如下。

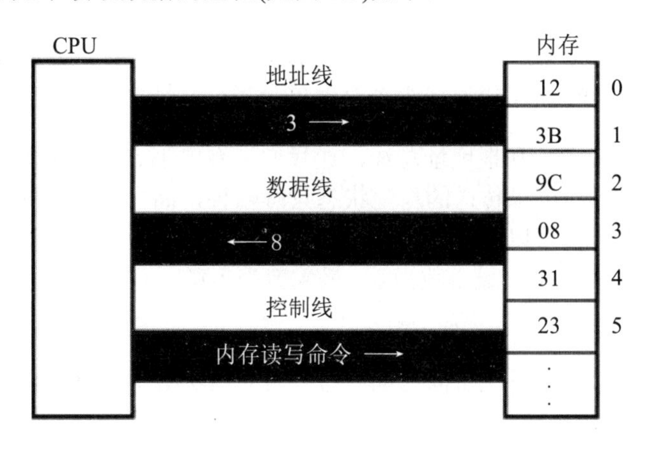

图 1.3　CPU 从内存中读取数据的过程

(1) CPU 通过地址线将地址信息 3 发出。

(2) CPU 通过控制线发出内存读命令，选中存储器芯片，并通知它，将要从中读取数据。

(3) 存储器将3号单元中的数据8通过数据线送入CPU。

写操作与读操作的步骤相似。如向3号单元写入数据26。

(1) CPU通过地址线将地址信息3发出。

(2) CPU 通过控制线发出内存写命令，选中存储器芯片，并通知它，要向其中写入数据。

(3) CPU通过数据线将数据26送入内存的3号单元中。

从上面我们知道了 CPU 是如何进行数据读写的。可是，如何命令计算机进行数据的读写呢？

要让一个计算机或微处理器工作，应向它输入能够驱动它进行工作的电平信息(机器码)。

对于8086CPU，下面的机器码，能够完成从3号单元读数据。

机器码：　　　　101000010000001100000000
含义：　　　　　从3号单元读取数据送入寄存器AX

CPU接收这条机器码后将完成我们上面所述的读写工作。

机器码难于记忆，用汇编指令来表示，情况如下。

机器码：　　　　10100001 00000011 00000000
对应的汇编指令：MOV AX,[3]
含义：　　　　　传送3号单元的内容入AX

1.8 地址总线

现在我们知道，CPU 是通过地址总线来指定存储器单元的。可见地址总线上能传送多少个不同的信息，CPU就可以对多少个存储单元进行寻址。

现假设，一个CPU有10根地址总线，让我们来看一下它的寻址情况。我们知道，在电子计算机中，一根导线可以传送的稳定状态只有两种，高电平或是低电平。用二进制表示就是1或0，10根导线可以传送10位二进制数据。而10位二进制数可以表示多少个不同的数据呢？2的10次方个。最小数为0，最大数为1023。

图1.4展示了一个具有10根地址线的CPU向内存发出地址信息11时10根地址线上传送的二进制信息。考虑一下，访问地址为 12、13、14 等的内存单元时，地址总线上传送的内容是什么？

一个 CPU 有 N 根地址线，则可以说这个 CPU 的地址总线的宽度为 N。这样的 CPU 最多可以寻找2的N次方个内存单元。

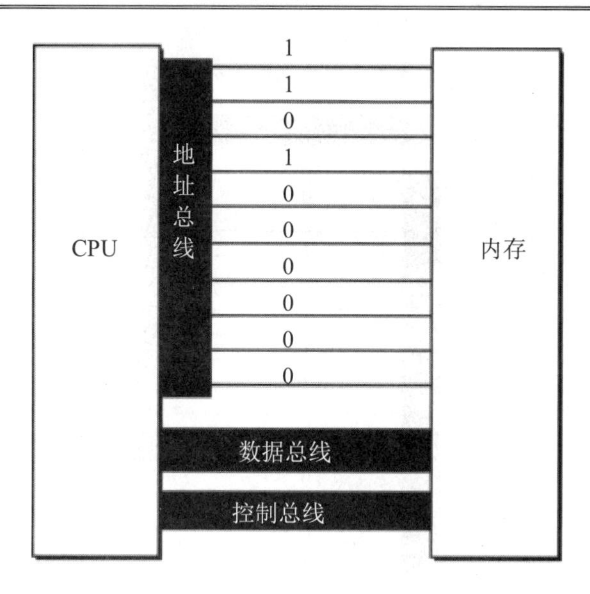

图 1.4　地址总线上发送的地址信息

1.9　数 据 总 线

CPU 与内存或其他器件之间的数据传送是通过数据总线来进行的。数据总线的宽度决定了 CPU 和外界的数据传送速度。8 根数据总线一次可传送一个 8 位二进制数据(即一个字节)。16 根数据总线一次可传送两个字节。

8088CPU 的数据总线宽度为 8，8086CPU 的数据总线宽度为 16。我们来分别看一下它们向内存中写入数据 89D8H 时，是如何通过数据总线传送数据的。图 1.5 展示了 8088CPU 数据总线上的数据传送情况；图 1.6 展示了 8086CPU 数据总线上的数据传送情况。

8088CPU 分两次传送 89D8，第一次传送 D8，第二次传送 89。

CPU
地址总线
数据总线
1　0
0　0
0　0
1　1
0　1
0　0
0　1
1　1
第二次，89　第一次，D8
控制总线
内存

图 1.5　8 位数据总线上传送的信息

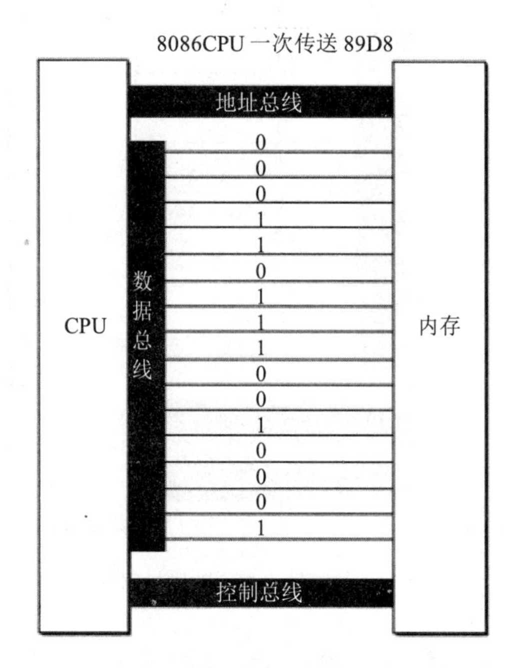

图 1.6　16 位数据总线上传送的信息

8086 有 16 根数据线，可一次传送 16 位数据，所以可一次传送数据 89D8H；而 8088 只有 8 根数据线，一次只能传 8 位数据，所以向内存写入数据 89D8H 时需要进行两次数据传送。

1.10　控 制 总 线

CPU 对外部器件的控制是通过控制总线来进行的。在这里控制总线是个总称，控制总线是一些不同控制线的集合。有多少根控制总线，就意味着 CPU 提供了对外部器件的多少种控制。所以，控制总线的宽度决定了 CPU 对外部器件的控制能力。

前面所讲的内存读或写命令是由几根控制线综合发出的，其中有一根称为“读信号输出”的控制线负责由 CPU 向外传送读信号，CPU 向该控制线上输出低电平表示将要读取数据；有一根称为“写信号输出”的控制线则负责传送写信号。

1.1~1.10　小　结

(1) 汇编指令是机器指令的助记符，同机器指令一一对应。

(2) 每一种 CPU 都有自己的汇编指令集。

(3) CPU 可以直接使用的信息在存储器中存放。

(4) 在存储器中指令和数据没有任何区别，都是二进制信息。

(5) 存储单元从零开始顺序编号。

(6) 一个存储单元可以存储 8 个 bit，即 8 位二进制数。

(7) 1Byte＝8bit　1KB＝1024B　1MB＝1024KB　1GB＝1024MB。

(8) 每一个 CPU 芯片都有许多管脚，这些管脚和总线相连。也可以说，这些管脚引出总线。一个 CPU 可以引出 3 种总线的宽度标志了这个 CPU 的不同方面的性能：

地址总线的宽度决定了 CPU 的寻址能力；
数据总线的宽度决定了 CPU 与其他器件进行数据传送时的一次数据传送量；
控制总线的宽度决定了 CPU 对系统中其他器件的控制能力。

在汇编课程中，我们从功能的角度介绍了 3 类总线，对实际的连接情况不做讨论。

检测点 1.1

(1) 1 个 CPU 的寻址能力为 8KB，那么它的地址总线的宽度为_______。

(2) 1KB 的存储器有_______个存储单元。存储单元的编号从_______到_______。

(3) 1KB 的存储器可以存储_______个 bit，_______个 Byte。

(4) 1GB、1MB、1KB 分别是_______Byte。

(5) 8080、8088、80286、80386 的地址总线宽度分别为 16 根、20 根、24 根、32 根，则它们的寻址能力分别为：______(KB)、______(MB)、______(MB)、______(GB)。

(6) 8080、8088、8086、80286、80386 的数据总线宽度分别为 8 根、8 根、16 根、16 根、32 根。则它们一次可以传送的数据为：____(B)、____(B)、____(B)、___(B)、____(B)。

(7) 从内存中读取 1024 字节的数据，8086 至少要读____次，80386 至少要读____次。

(8) 在存储器中，数据和程序以______形式存放。

1.11 内存地址空间(概述)

什么是内存地址空间呢？举例来讲，一个 CPU 的地址总线宽度为 10，那么可以寻址 1024 个内存单元，这 1024 个可寻到的内存单元就构成这个 CPU 的内存地址空间。下面进行深入讨论。首先需要介绍两部分基本知识，主板和接口卡。

1.12 主　　板

在每一台 PC 机中，都有一个主板，主板上有核心器件和一些主要器件，这些器件通过总线(地址总线、数据总线、控制总线)相连。这些器件有 CPU、存储器、外围芯片组、扩展插槽等。扩展插槽上一般插有 RAM 内存条和各类接口卡。

1.13 接　口　卡

计算机系统中，所有可用程序控制其工作的设备，必须受到 CPU 的控制。CPU 对外部设备都不能直接控制，如显示器、音箱、打印机等。直接控制这些设备进行工作的是插在扩展插槽上的接口卡。扩展插槽通过总线和 CPU 相连，所以接口卡也通过总线同 CPU 相连。CPU 可以直接控制这些接口卡，从而实现 CPU 对外设的间接控制。简单地讲，就是 CPU 通过总线向接口卡发送命令，接口卡根据 CPU 的命令控制外设进行工作。

1.14 各类存储器芯片

一台 PC 机中，装有多个存储器芯片，这些存储器芯片从物理连接上看是独立的、不同的器件。从读写属性上看分为两类：随机存储器(RAM)和只读存储器(ROM)。随机存储器可读可写，但必须带电存储，关机后存储的内容丢失；只读存储器只能读取不能写入，关机后其中的内容不丢失。这些存储器从功能和连接上又可分为以下几类。

- 随机存储器
  用于存放供 CPU 使用的绝大部分程序和数据，主随机存储器一般由两个位置上的 RAM 组成，装在主板上的 RAM 和插在扩展插槽上的 RAM。
- 装有 BIOS(Basic Input/Output System，基本输入/输出系统)的 ROM
  BIOS 是由主板和各类接口卡(如显卡、网卡等)厂商提供的软件系统，可以通过它利用该硬件设备进行最基本的输入输出。在主板和某些接口卡上插有存储相应 BIOS 的 ROM。例如，主板上的 ROM 中存储着主板的 BIOS(通常称为系统 BIOS)；显卡上的 ROM 中存储着显卡的 BIOS；如果网卡上装有 ROM，那其中就可以存储网卡的 BIOS。
- 接口卡上的 RAM
  某些接口卡需要对大批量输入、输出数据进行暂时存储，在其上装有 RAM。最典型的是显示卡上的 RAM，一般称为显存。显示卡随时将显存中的数据向显示器上输出。换句话说，我们将需要显示的内容写入显存，就会出现在显示器上。

图 1.7 展示了 PC 系统中各类存储器的逻辑连接情况。

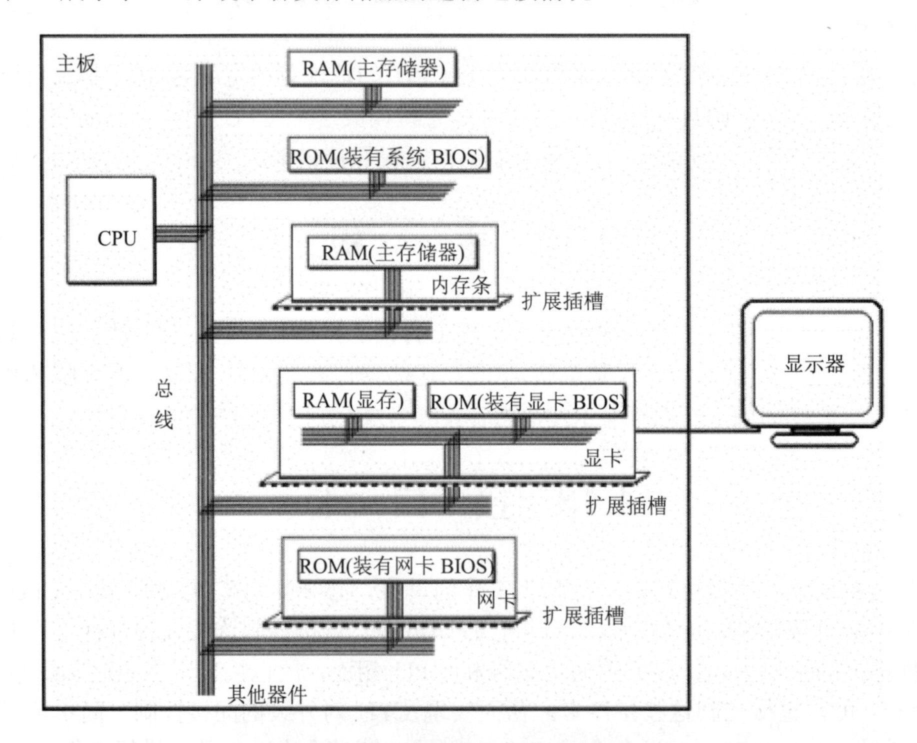

图 1.7 PC 机中各类存储器的逻辑连接

1.15　内存地址空间

上述的那些存储器，在物理上是独立的器件，但是在以下两点上相同。

- 都和 CPU 的总线相连。
- CPU 对它们进行读或写的时候都通过控制线发出内存读写命令。

这也就是说，CPU 在操控它们的时候，把它们都当作内存来对待，把它们总的看作一个由若干存储单元组成的逻辑存储器，这个逻辑存储器就是我们所说的内存地址空间。在汇编这门课中，我们所面对的是内存地址空间。

图 1.8 展示了 CPU 将系统中各类存储器看作一个逻辑存储器的情况。

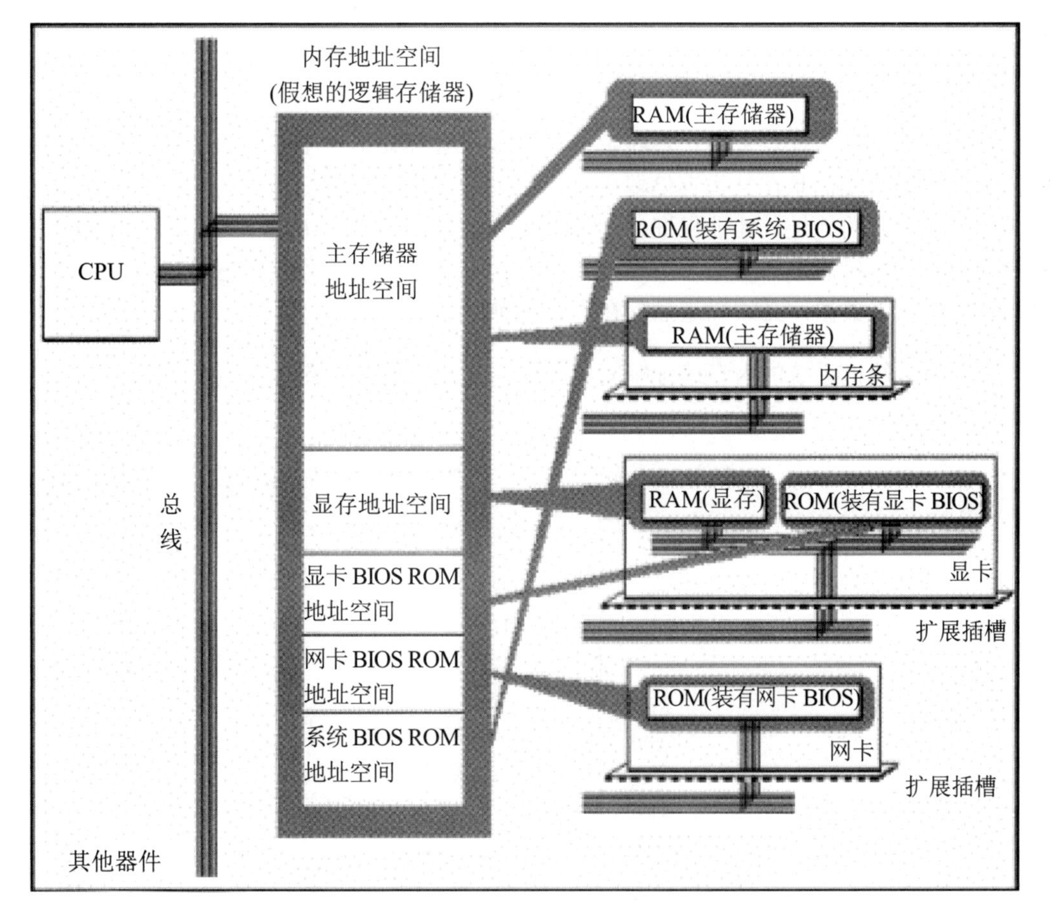

图 1.8　将各类存储器看作一个逻辑存储器

在图 1.8 中，所有的物理存储器被看作一个由若干存储单元组成的逻辑存储器，每个物理存储器在这个逻辑存储器中占有一个地址段，即一段地址空间。CPU 在这段地址空间中读写数据，实际上就是在相对应的物理存储器中读写数据。

假设，图 1.8 中的内存地址空间的地址段分配如下。

地址 0~7FFFH 的 32KB 空间为主随机存储器的地址空间；
地址 8000H~9FFFH 的 8KB 空间为显存地址空间；
地址 A000H~FFFFH 的 24KB 空间为各个 ROM 的地址空间。

这样，CPU 向内存地址为 1000H 的内存单元中写入数据，这个数据就被写入主随机存储器中；CPU 向内存地址为 8000H 的内存单元中写入数据，这个数据就被写入显存中，然后会被显卡输出到显示器上；CPU 向内存地址为 C000H 的内存单元中写入数据的操作是没有结果的，C000H 单元中的内容不会被改变，C000H 单元实际上就是 ROM 存储器中的一个单元。

内存地址空间的大小受 CPU 地址总线宽度的限制。8086CPU 的地址总线宽度为 20，可以传送 2^{20} 个不同的地址信息(大小从 0 至 $2^{20}-1$)。即可以定位 2^{20} 个内存单元，则 8086PC 的内存地址空间大小为 1MB。同理，80386CPU 的地址总线宽度为 32，则内存地址空间最大为 4GB。

我们在基于一个计算机硬件系统编程的时候，必须知道这个系统中的内存地址空间分配情况。因为当我们想在某类存储器中读写数据的时候，必须知道它的第一个单元的地址和最后一个单元的地址，才能保证读写操作是在预期的存储器中进行。比如，我们希望向显示器输出一段信息，那么必须将这段信息写到显存中，显卡才能将它输出到显示器上。要向显存中写入数据，必须知道显存在内存地址空间中的地址。

不同的计算机系统的内存地址空间的分配情况是不同的，图 1.9 展示了 8086PC 机内存地址空间分配的基本情况。

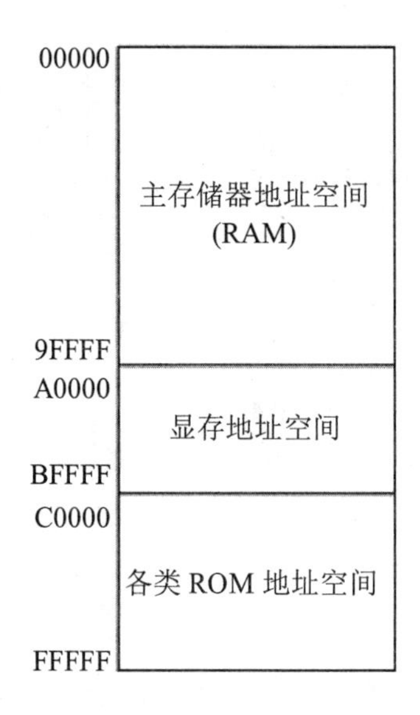

图 1.9　8086PC 机内存地址空间分配

图 1.9 告诉我们，从地址 0~9FFFF 的内存单元中读取数据，实际上就是在读取主随机

存储器中的数据；向地址 A0000~BFFFF 的内存单元中写数据，就是向显存中写入数据，这些数据会被显示卡输出到显示器上；我们向地址 C0000~FFFFF 的内存单元中写入数据的操作是无效的，因为这等于改写只读存储器中的内容。

内存地址空间

最终运行程序的是 CPU，我们用汇编语言编程的时候，必须要从 CPU 的角度考虑问题。对 CPU 来讲，系统中的所有存储器中的存储单元都处于一个统一的逻辑存储器中，它的容量受 CPU 寻址能力的限制。这个逻辑存储器即是我们所说的内存地址空间。

对于初学者，这个概念比较抽象，我们在后续的课程中将通过一些编程实践，来增加感性认识。

第2章 寄 存 器

一个典型的 CPU(此处讨论的不是某一具体的 CPU)由运算器、控制器、寄存器(CPU 工作原理)等器件构成，这些器件靠内部总线相连。前一章所说的总线，相对于 CPU 内部来说是外部总线。内部总线实现 CPU 内部各个器件之间的联系，外部总线实现 CPU 和主板上其他器件的联系。简单地说，在 CPU 中：

- 运算器进行信息处理；
- 寄存器进行信息存储；
- 控制器控制各种器件进行工作；
- 内部总线连接各种器件，在它们之间进行数据的传送。

对于一个汇编程序员来说，CPU 中的主要部件是寄存器。寄存器是 CPU 中程序员可以用指令读写的部件。程序员通过改变各种寄存器中的内容来实现对 CPU 的控制。

不同的 CPU，寄存器的个数、结构是不相同的。8086CPU 有 14 个寄存器，每个寄存器有一个名称。这些寄存器是：AX、BX、CX、DX、SI、DI、SP、BP、IP、CS、SS、DS、ES、PSW。我们不对这些寄存器进行一次性的介绍，在课程的进行中，需要用到哪些寄存器，再介绍哪些寄存器。

2.1 通用寄存器

8086CPU 的所有寄存器都是 16 位的，可以存放两个字节。AX、BX、CX、DX 这 4 个寄存器通常用来存放一般性的数据，被称为通用寄存器。

以 AX 为例，寄存器的逻辑结构如图 2.1 所示。

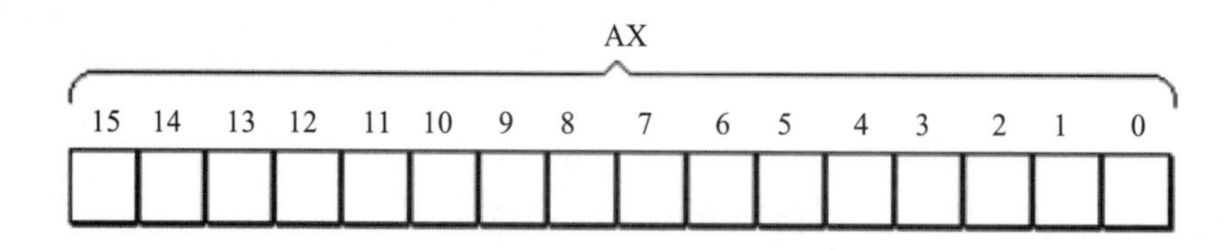

图 2.1 16 位寄存器的逻辑结构

一个 16 位寄存器可以存储一个 16 位的数据，数据在寄存器中的存放情况如图 2.2 所示。

想一想，一个 16 位寄存器所能存储的数据的最大值为多少？

8086CPU 的上一代 CPU 中的寄存器都是 8 位的，为了保证兼容，使原来基于上代 CPU 编写的程序稍加修改就可以运行在 8086 之上，8086CPU 的 AX、BX、CX、DX 这 4 个寄存器都可分为两个可独立使用的 8 位寄存器来用：

- AX 可分为 AH 和 AL；
- BX 可分为 BH 和 BL；
- CX 可分为 CH 和 CL；
- DX 可分为 DH 和 DL。

数据：18
二进制表示：10010
在寄存器 AX 中的存储：

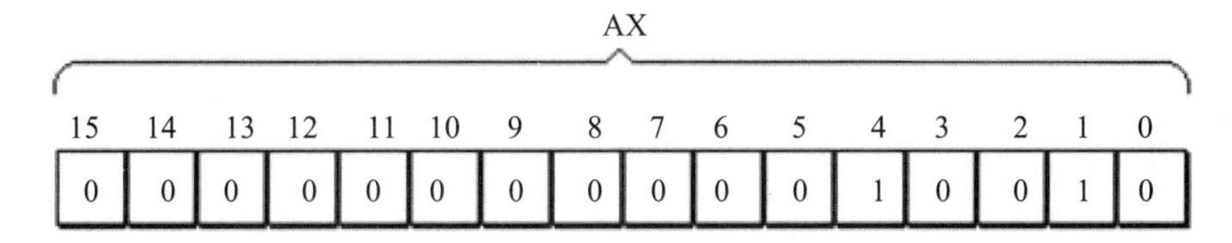

数据：20000
二进制表示：100111000100000
在寄存器 AX 中的存储：

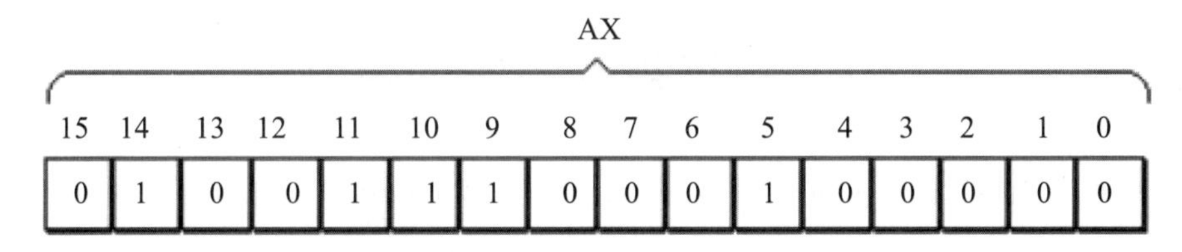

图 2.2　16 位数据在寄存器中的存放情况

以 AX 为例，8086CPU 的 16 位寄存器分为两个 8 位寄存器的情况如图 2.3 所示。

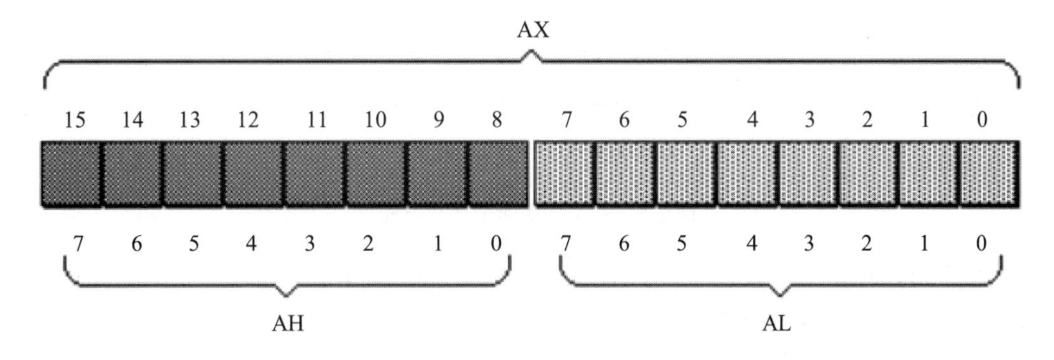

图 2.3　16 位寄存器分为两个 8 位寄存器

AX 的低 8 位(0 位~7 位)构成了 AL 寄存器，高 8 位(8 位~15 位)构成了 AH 寄存器。AH 和 AL 寄存器是可以独立使用的 8 位寄存器。图 2.4 展示了 16 位寄存器及它所分成的两个 8 位寄存器的数据存储的情况。

想一想，一个 8 位寄存器所能存储的数据的最大值为多少？

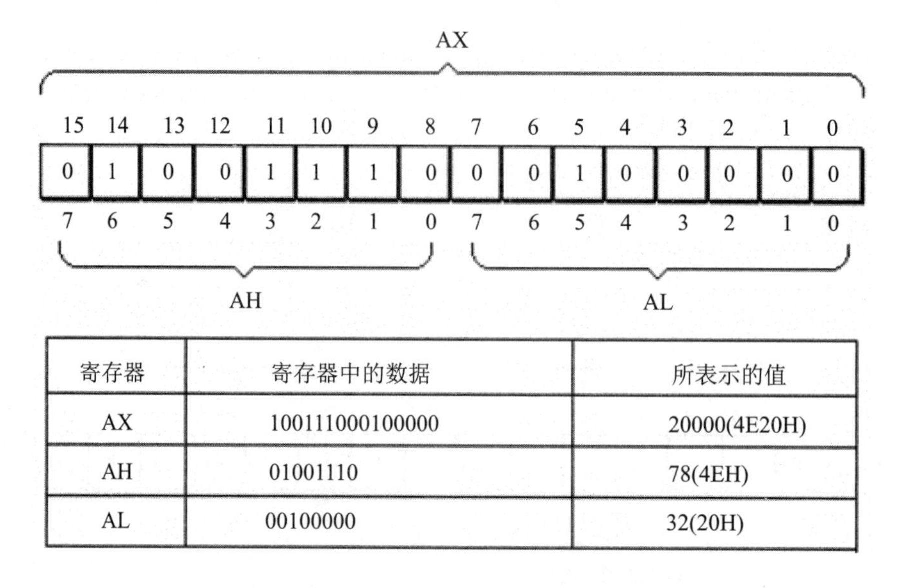

寄存器	寄存器中的数据	所表示的值
AX	100111000100000	20000(4E20H)
AH	01001110	78(4EH)
AL	00100000	32(20H)

图 2.4 16 位寄存器及所分成的两个 8 位寄存器的数据存储情况

2.2 字在寄存器中的存储

出于对兼容性的考虑，8086CPU 可以一次性处理以下两种尺寸的数据。

- 字节：记为 byte，一个字节由 8 个 bit 组成，可以存在 8 位寄存器中。
- 字：记为 word，一个字由两个字节组成，这两个字节分别称为这个字的高位字节和低位字节，如图 2.5 所示。

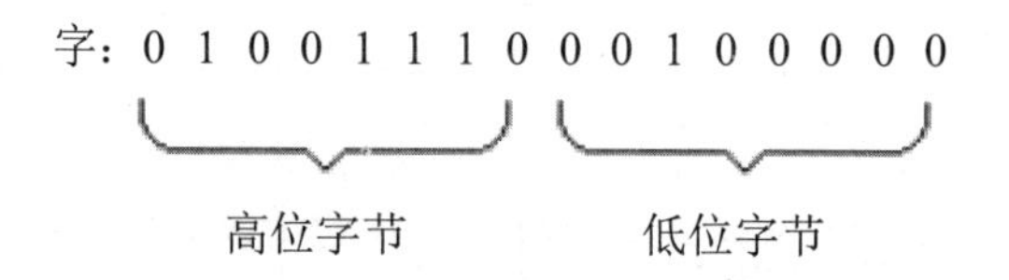

图 2.5 一个字由两个字节组成

一个字可以存在一个 16 位寄存器中，这个字的高位字节和低位字节自然就存在这个寄存器的高 8 位寄存器和低 8 位寄存器中。如图 2.4 所示，一个字型数据 20000，存在 AX 寄存器中，在 AH 中存储了它的高 8 位，在 AL 中存储了它的低 8 位。AH 和 AL 中的数据，既可以看成是一个字型数据的高 8 位和低 8 位，这个字型数据的大小是 20000；又可以看成是两个独立的字节型数据，它们的大小分别是 78 和 32。

关于数制的讨论

任何数据，到了计算机中都是以二进制的形式存放的。为了描述不同的问题，又经常将它们用其他的进制来表示。比如图 2.4 中寄存器 AX 中的数据是 0100111000100000，这就是 AX 中的信息本身，可以用不同的逻辑意义来看待它。可以将它看作一个数值，大小是 20000。

当然，二进制数 0100111000100000 本身也可表示一个数值的大小，但人类习惯的是十进制，用十进制 20000 表示可以使我们直观地感受到这个数值的大小。

十六进制数的一位相当于二进制数的四位，如 0100111000100000 可表示成：4(0100)、E(1110)、2(0010)、0(0000)四位十六进制数。

一个内存单元可存放 8 位数据，CPU 中的寄存器又可存放 n 个 8 位的数据。也就是说，计算机中的数据大多是由 1~N 个 8 位数据构成的。很多时候，需要直观地看出组成数据的各个字节数据的值，用十六进制来表示数据可以直观地看出这个数据是由哪些 8 位数据构成的。比如 20000 写成 4E20 就可以直观地看出，这个数据是由 4E 和 20 两个 8 位数据构成的，如果 AX 中存放 4E20，则 AH 里是 4E，AL 里是 20。这种表示方法便于许多问题的直观分析。在以后的课程中，我们多用十六进制来表示一个数据。

在以后的课程中，为了区分不同的进制，在十六进制表示的数据的后面加 H，在二进制表示的数据后面加 B，十进制表示的数据后面什么也不加。如：可用 3 种不同的进制表示图 2.4 中 AX 里的数据，十进制：20000，十六进制：4E20H，二进制：0100111000100000B。

2.3　几条汇编指令

通过汇编指令控制 CPU 进行工作，看一下表 2.1 中的几条指令。

表 2.1　汇编指令举例

汇编指令	控制 CPU 完成的操作	用高级语言的语法描述
mov ax,18	将 18 送入寄存器 AX	AX=18
mov ah,78	将 78 送入寄存器 AH	AH=78
add ax,8	将寄存器 AX 中的数值加上 8	AX=AX+8
mov ax,bx	将寄存器 BX 中的数据送入寄存器 AX	AX=BX
add ax,bx	将 AX 和 BX 中的数值相加，结果存在 AX 中	AX=AX+BX

注意，为了使具有高级语言基础的读者更好地理解指令的含义，有时会用文字描述和高级语言描述这两种方式来描述一条汇编指令的含义。在写一条汇编指令或一个寄存器的名称时不区分大小写。如：mov ax,18 和 MOV AX,18 的含义相同；bx 和 BX 的含义相同。

接下来看一下 CPU 执行表 2.2 中所列的程序段中的每条指令后，对寄存器中的数据进行的改变。

表 2.2　程序段中指令的执行情况之一(原 AX 中的值：0000H，原 BX 中的值：0000H)

程序段中的指令	指令执行后 AX 中的数据	指令执行后 BX 中的数据
mov ax,4E20H	4E20H	0000H
add ax,1406H	6226H	0000H
mov bx,2000H	6226H	2000H

续表

程序段中的指令	指令执行后 AX 中的数据	指令执行后 BX 中的数据
add ax,bx	8226H	2000H
mov bx,ax	8226H	8226H
add ax,bx	? (参见问题 2.1)	8226H

问题 2.1

指令执行后 AX 中的数据为多少？思考后看分析。

分析：

程序段中的最后一条指令 add ax,bx，在执行前 ax 和 bx 中的数据都为 8226H，相加后所得的值为：1044CH，但是 ax 为 16 位寄存器，只能存放 4 位十六进制的数据，所以最高位的 1 不能在 ax 中保存，ax 中的数据为：044CH。

表 2.3 中所列的一段程序的执行情况。

表 2.3　程序段中指令的执行情况之二(原 AX 中的值：0000H，原 BX 中的值：0000H)

程序段中的指令	指令执行后 AX 中的数据	指令执行后 BX 中的数据
mov ax,001AH	001AH	0000H
mov bx,0026H	001AH	0026H
add al,bl	0040H	0026H
add ah,bl	2640H	0026H
add bh,al	2640H	4026H
mov ah,0	0040H	4026H
add al,85H	00C5H	4026H
add al,93H	? (参见问题 2.2)	4026H

问题 2.2

指令执行后 AX 中的数据为多少？思考后看分析。

分析：

程序段中的最后一条指令 add al,93H，在执行前，al 中的数据为 C5H，相加后所得的值为：158H，但是 al 为 8 位寄存器，只能存放两位十六进制的数据，所以最高位的 1 丢失，ax 中的数据为：0058H。(这里的丢失，指的是进位值不能在 8 位寄存器中保存，但是 CPU 并不真的丢弃这个进位值，关于这个问题，我们将在后面的课程中讨论。)

注意，此时 al 是作为一个独立的 8 位寄存器来使用的，和 ah 没有关系，CPU 在执行这条指令时认为 ah 和 al 是两个不相关的寄存器。不要错误地认为，诸如 add al,93H 的指令产生的进位会存储在 ah 中，add al,93H 进行的是 8 位运算。

如果执行 add ax,93H，低 8 位的进位会存储在 ah 中，CPU 在执行这条指令时认为只有一个 16 位寄存器 ax，进行的是 16 位运算。指令 add ax,93H 执行后，ax 中的值为：0158H。此时，使用的寄存器是 16 位寄存器 ax，add ax,93H 相当于将 ax 中的 16 位数据 00c5H 和另一个 16 位数据 0093H 相加，结果是 16 位的 0158H。

在进行数据传送或运算时，要注意指令的两个操作对象的位数应当是一致的，例如：

```
mov ax,bx
mov bx,cx
mov ax,18H
mov al,18H
add ax,bx
add ax,20000
```

等都是正确的指令，而：

```
mov ax,bl          (在 8 位寄存器和 16 位寄存器之间传送数据)
mov bh,ax          (在 16 位寄存器和 8 位寄存器之间传送数据)
mov al,20000       (8 位寄存器最大可存放值为 255 的数据)
add al,100H        (将一个高于 8 位的数据加到一个 8 位寄存器中)
```

等都是错误的指令，错误的原因都是指令的两个操作对象的位数不一致。

检测点 2.1

(1) 写出每条汇编指令执行后相关寄存器中的值。

```
mov ax,62627       AX=__________
mov ah,31H         AX=__________
mov al,23H         AX=__________
add ax,ax          AX=__________
mov bx,826CH       BX=__________
mov cx,ax          CX=__________
mov ax,bx          AX=__________
add ax,bx          AX=__________
mov al,bh          AX=__________
mov ah,bl          AX=__________
add ah,ah          AX=__________
add al,6           AX=__________
```

```
add al,al            AX=___________

mov ax,cx            AX=___________
```

(2) 只能使用目前学过的汇编指令，最多使用4条指令，编程计算2的4次方。

2.4 物 理 地 址

我们知道，CPU 访问内存单元时，要给出内存单元的地址。所有的内存单元构成的存储空间是一个一维的线性空间，每一个内存单元在这个空间中都有唯一的地址，我们将这个唯一的地址称为物理地址。

CPU 通过地址总线送入存储器的，必须是一个内存单元的物理地址。在 CPU 向地址总线上发出物理地址之前，必须要在内部先形成这个物理地址。不同的 CPU 可以有不同的形成物理地址的方式。我们现在讨论 8086CPU 是如何在内部形成内存单元的物理地址的。

2.5 16位结构的 CPU

我们说 8086CPU 的上一代 CPU(8080、8085)等是 8 位机，而 8086 是 16 位机，也可以说 8086 是 16 位结构的 CPU。那么什么是 16 位结构的 CPU 呢？

概括地讲，16 位结构(16 位机、字长为 16 位等常见说法，与 16 位结构的含义相同)描述了一个 CPU 具有下面几方面的结构特性。

- 运算器一次最多可以处理 16 位的数据；
- 寄存器的最大宽度为 16 位；
- 寄存器和运算器之间的通路为 16 位。

8086 是 16 位结构的 CPU，这也就是说，在 8086 内部，能够一次性处理、传输、暂时存储的信息的最大长度是 16 位的。内存单元的地址在送上地址总线之前，必须在 CPU 中处理、传输、暂时存放，对于 16 位 CPU，能一次性处理、传输、暂时存储 16 位的地址。

2.6 8086CPU 给出物理地址的方法

8086CPU 有 20 位地址总线，可以传送 20 位地址，达到 1MB 寻址能力。8086CPU 又是 16 位结构，在内部一次性处理、传输、暂时存储的地址为 16 位。从 8086CPU 的内部结构来看，如果将地址从内部简单地发出，那么它只能送出 16 位的地址，表现出的寻址能力只有 64KB。

8086CPU 采用一种在内部用两个 16 位地址合成的方法来形成一个 20 位的物理地址。

8086CPU 相关部件的逻辑结构如图 2.6 所示。

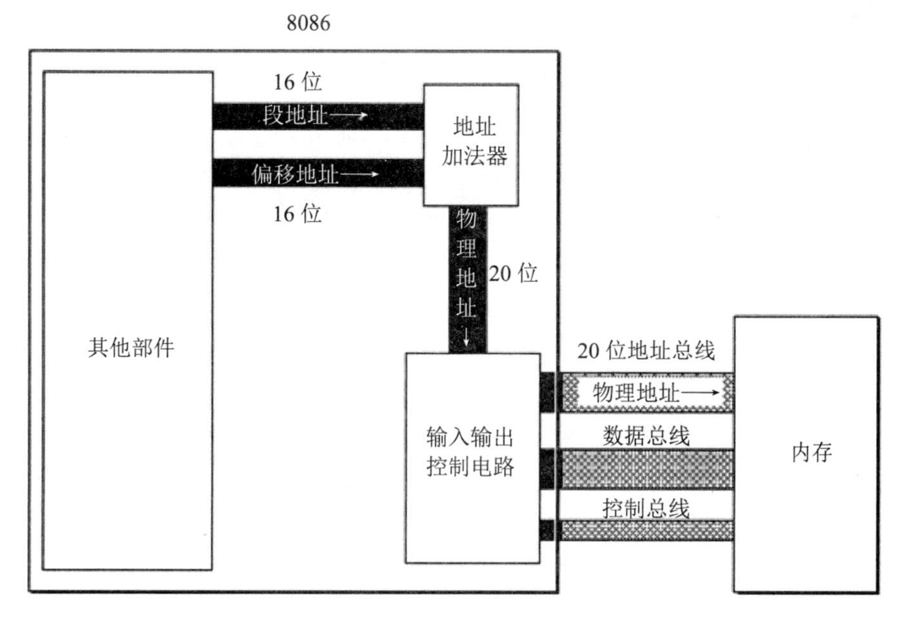

图 2.6 8086CPU 相关部件的逻辑结构

如图 2.6 所示，当 8086CPU 要读写内存时：

(1) CPU 中的相关部件提供两个 16 位的地址，一个称为段地址，另一个称为偏移地址；
(2) 段地址和偏移地址通过内部总线送入一个称为地址加法器的部件；
(3) 地址加法器将两个 16 位地址合成为一个 20 位的物理地址；
(4) 地址加法器通过内部总线将 20 位物理地址送入输入输出控制电路；
(5) 输入输出控制电路将 20 位物理地址送上地址总线；
(6) 20 位物理地址被地址总线传送到存储器。

地址加法器采用**物理地址=段地址×16+偏移地址**的方法用段地址和偏移地址合成物理地址。例如，8086CPU 要访问地址为 123C8H 的内存单元，此时，地址加法器的工作过程如图 2.7 所示(图中数据皆为十六进制表示)。

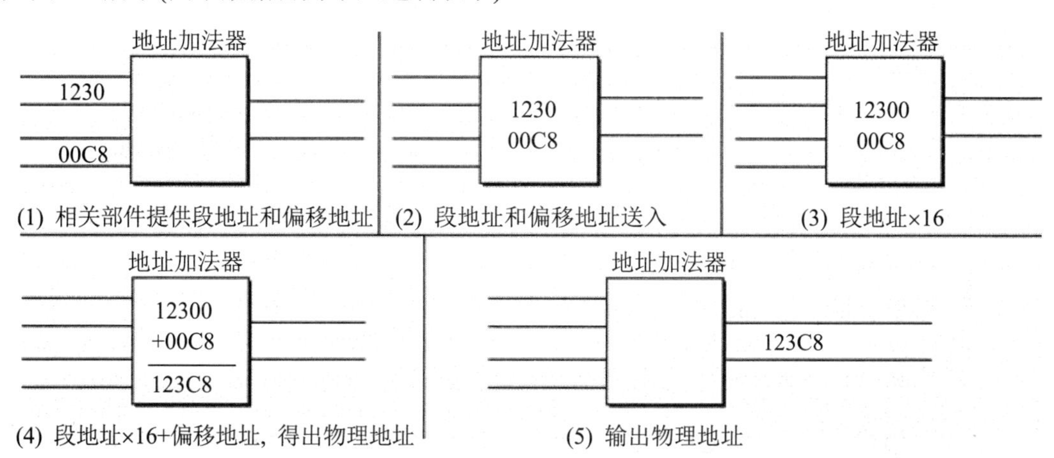

图 2.7 地址加法器的工作过程

由段地址×16 引发的讨论

“段地址×16”有一个更为常用的说法是左移 4 位。计算机中的所有信息都是以二进制的形式存储的，段地址当然也不例外。机器只能处理二进制信息，“左移 4 位”中的位，指的是二进制位。

我们看一个例子，一个数据为 2H，二进制形式为 10B，对其进行左移运算：

左移位数	二进制	十六进制	十进制
0	10B	2H	2
1	100B	4H	4
2	1000B	8H	8
3	10000B	10H	16
4	100000B	20H	32

观察上面移位次数和各种形式数据的关系，我们可以发现：

(1) 一个数据的二进制形式左移 1 位，相当于该数据乘以 2；

(2) 一个数据的二进制形式左移 N 位，相当于该数据乘以 2 的 N 次方；

(3) 地址加法器如何完成段地址×16 的运算？就是将以二进制形式存放的段地址左移 4 位。

进一步思考，我们可看出：一个数据的十六进制形式左移 1 位，相当于乘以 16；一个数据的十进制形式左移 1 位，相当于乘以 10；一个 X 进制的数据左移 1 位，相当于乘以 X。

2.7 “段地址×16+偏移地址=物理地址”的本质含义

注意，这里讨论的是 8086CPU 段地址和偏移地址的本质含义，而不是为了解决具体的问题而在本质含义之上引申出来的更高级的逻辑意义。不管以多少种不同的逻辑意义去看待“段地址×16+偏移地址=物理地址”的寻址模式，一定要清楚地知道它的本质含义，这样才能更灵活地利用它来分析、解决问题。如果只拘泥于某一种引申出来的逻辑含义，而模糊本质含义的话，将从意识上限制对这种寻址功能的灵活应用。

“段地址×16+偏移地址=物理地址”的本质含义是：CPU 在访问内存时，用一个基础地址(段地址×16)和一个相对于基础地址的偏移地址相加，给出内存单元的物理地址。

更一般地说，8086CPU 的这种寻址功能是**“基础地址+偏移地址=物理地址”**寻址模式的一种具体实现方案。8086CPU 中，段地址×16 可看作是基础地址。

下面，我们用两个与 CPU 无关的例子做进一步的比喻说明。

第一个比喻说明“基础地址+偏移地址=物理地址”的思想。

比如说，学校、体育馆、图书馆同在一条笔直的单行路上(参考图 2.8)，学校位于路的起点(从路的起点到学校距离是 0 米)。

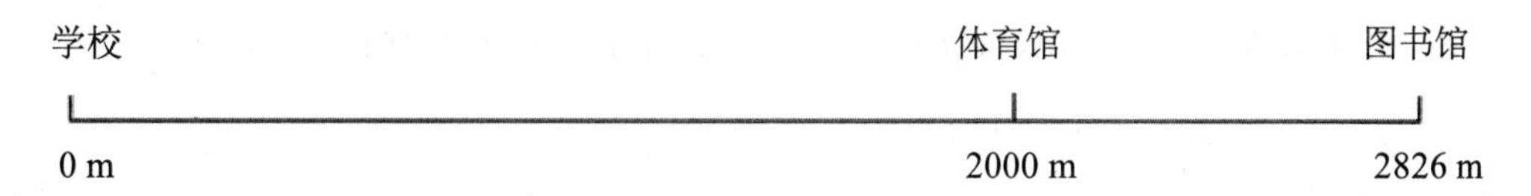

图 2.8 学校、体育馆、图书馆的位置关系

你要去图书馆，问我那里的地址，我可以用两种方式告诉你图书馆的地址：

(1) 从学校走 2826m 到图书馆。这 2826m 可以认为是图书馆的物理地址。

(2) 从学校走 2000m 到体育馆，从体育馆再走 826m 到图书馆。第一个距离 2000m，是相对于起点的基础地址，第二个距离 826m 是相对于基础地址的偏移地址(以基础地址为起点的地址)。

第一种方式是直接给出物理地址 2826m，而第二种方式是用基础地址和偏移地址相加来得到物理地址的。

第二个比喻进一步说明“段地址×16+偏移地址=物理地址”的思想。

我们为上面的例子加一些限制条件，比如，只能通过纸条来互相通信，你问我图书馆的地址我只能将它写在纸上告诉你。显然，我必须有一张可以容纳 4 位数据的纸条，才能写下 2826 这个数据。

可不巧的是，我没有能容纳 4 位数据的纸条，仅有两张可以容纳 3 位数据的纸条。这样我只能以这种方式告诉你 2826 这个数据。

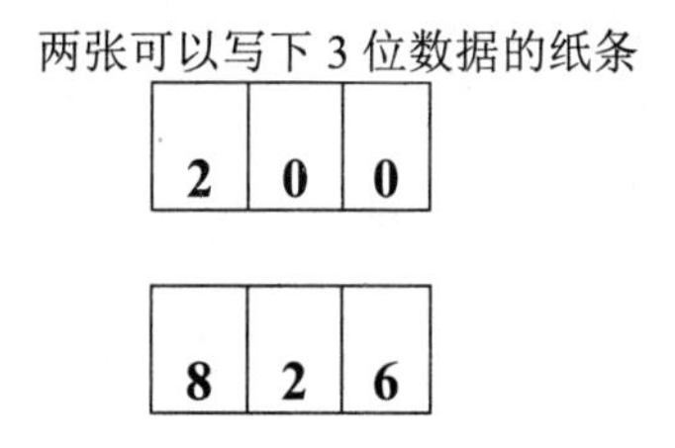

在第一张纸上写上 200(段地址)，在第二张纸上写上 826(偏移地址)。假设我们事前对这种情况又有过相关的约定：你得到这两张纸后，做这样的运算：200(段地址)×10+826(偏移地址)=2826(物理地址)。

8086CPU 就是这样一个只能提供两张 3 位数据纸条的 CPU。

2.8 段的概念

我们注意到，“段地址”这个名称中包含着“段”的概念。这种说法可能对一些学习者产生了误导，使人误以为内存被划分成了一个一个的段，每一个段有一个段地址。如果我们在一开始形成了这种认识，将影响以后对汇编语言的深入理解和灵活应用。

其实，内存并没有分段，段的划分来自于 CPU，由于 8086CPU 用“基础地址(段地址×16)+偏移地址=物理地址”的方式给出内存单元的物理地址，使得我们可以用分段的方式来管理内存。如图 2.9 所示，我们可以认为：地址 10000H~100FFH 的内存单元组成一个段，该段的起始地址(基础地址)为 10000H，段地址为 1000H，大小为 100H；我们也可以认为地址 10000H~1007FH、10080H~100FFH 的内存单元组成两个段，它们的起始地址(基础地址)为：10000H 和 10080H，段地址为：1000H 和 1008H，大小都为 80H。

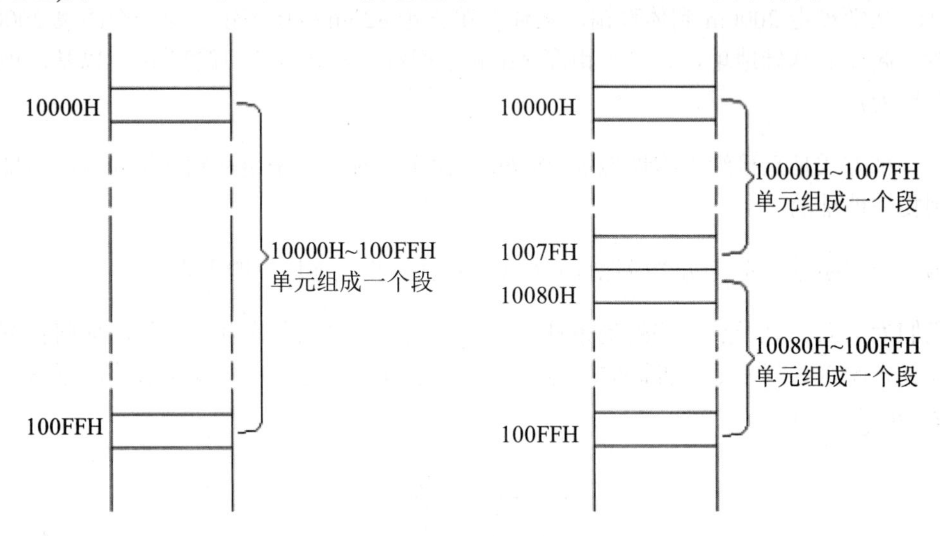

图 2.9 分段

以后，在编程时可以根据需要，将若干地址连续的内存单元看作一个段，用段地址×16 定位段的起始地址(基础地址)，用偏移地址定位段中的内存单元。有两点需要注意：段地址×16 必然是 16 的倍数，所以一个段的起始地址也一定是 16 的倍数；偏移地址为 16 位，16 位地址的寻址能力为 64KB，所以一个段的长度最大为 64KB。

内存单元地址小结

CPU 访问内存单元时，必须向内存提供内存单元的物理地址。8086CPU 在内部用段地址和偏移地址移位相加的方法形成最终的物理地址。

思考下面的两个问题。

(1) 观察下面的地址，你有什么发现？

物理地址	段地址	偏移地址
21F60H	2000H	1F60H
	2100H	0F60H
	21F0H	0060H
	21F6H	0000H
	1F00H	2F60H

结论：CPU可以用不同的段地址和偏移地址形成同一个物理地址。

比如CPU要访问21F60H单元，则它给出的段地址SA和偏移地址EA满足SA×16+EA=21F60H即可。

(2) 如果给定一个段地址，仅通过变化偏移地址来进行寻址，最多可定位多少个内存单元？

结论：偏移地址16位，变化范围为0~FFFFH，仅用偏移地址来寻址最多可寻64KB个内存单元。

比如给定段地址1000H，用偏移地址寻址，CPU的寻址范围为：10000H~1FFFFH。

在8086PC机中，存储单元的地址用两个元素来描述，即段地址和偏移地址。

"数据在21F60H内存单元中。"这句话对于8086PC机一般不这样讲，取而代之的是两种类似的说法：①数据存在内存2000:1F60单元中；②数据存在内存的2000H段中的1F60H单元中。这两种描述都表示"数据在内存21F60H单元中"。

可以根据需要，将地址连续、起始地址为16的倍数的一组内存单元定义为一个段。

检测点2.2

(1) 给定段地址为0001H，仅通过变化偏移地址寻址，CPU的寻址范围为____到____。

(2) 有一数据存放在内存20000H单元中，现给定段地址为SA，若想用偏移地址寻到此单元。则SA应满足的条件是：最小为__________，最大为__________。

提示，反过来思考一下，当段地址给定为多少，CPU无论怎么变化偏移地址都无法寻到20000H单元？

2.9 段寄存器

我们前面讲到，8086CPU在访问内存时要由相关部件提供内存单元的段地址和偏移地址，送入地址加法器合成物理地址。这里，需要看一下，是什么部件提供段地址。段地址在8086CPU的段寄存器中存放。8086CPU有4个段寄存器：CS、DS、SS、ES。当8086CPU要访问内存时由这4个段寄存器提供内存单元的段地址。本章中只看一下CS。

2.10 CS和IP

CS和IP是8086CPU中两个最关键的寄存器，它们指示了CPU当前要读取指令的地址。CS为代码段寄存器，IP为指令指针寄存器，从名称上我们可以看出它们和指令的关系。

在8086PC机中，任意时刻，设CS中的内容为M，IP中的内容为N，8086CPU将从内存M×16+N单元开始，读取一条指令并执行。

也可以这样表述：8086机中，任意时刻，CPU将CS:IP指向的内容当作指令执行。

图2.10展示了8086CPU读取、执行指令的工作原理(图中只包括了和所要说明的问题

密切相关的部件，图中数字都为十六进制)。

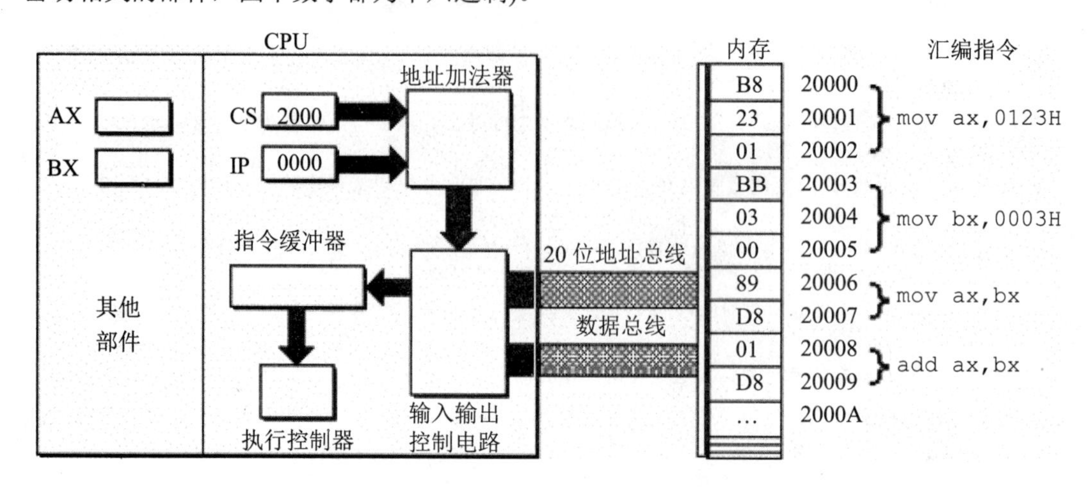

图 2.10　8086PC 读取和执行指令的相关部件

图 2.10 说明如下。

(1) 8086CPU 当前状态：CS 中的内容为 2000H，IP 中的内容为 0000H；

(2) 内存 20000H~20009H 单元存放着可执行的机器码；

(3) 内存 20000H~20009H 单元中存放的机器码对应的汇编指令如下。

地址：20000H~20002H，内容：B8 23 01，长度：3Byte，对应汇编指令：mov ax,0123H

地址：20003H~20005H，内容：BB 03 00，长度：3Byte，对应汇编指令：mov bx,0003H

地址：20006H~20007H，内容：89 D8，长度：2Byte，对应汇编指令：mov ax,bx

地址：20008H~20009H，内容：01 D8，长度：2Byte，对应汇编指令：add ax,bx

下面的一组图(图 2.11~图 2.19)，以图 2.10 描述的情况为初始状态，展示了 8086CPU 读取、执行一条指令的过程。注意每幅图中发生的变化(下面对 8086CPU 的描述，是在逻辑结构、宏观过程的层面上进行的，目的是使读者对 CPU 工作原理有一个清晰、直观的认识，为汇编语言的学习打下基础。其中隐蔽了 CPU 的物理结构以及具体的工作细节)。

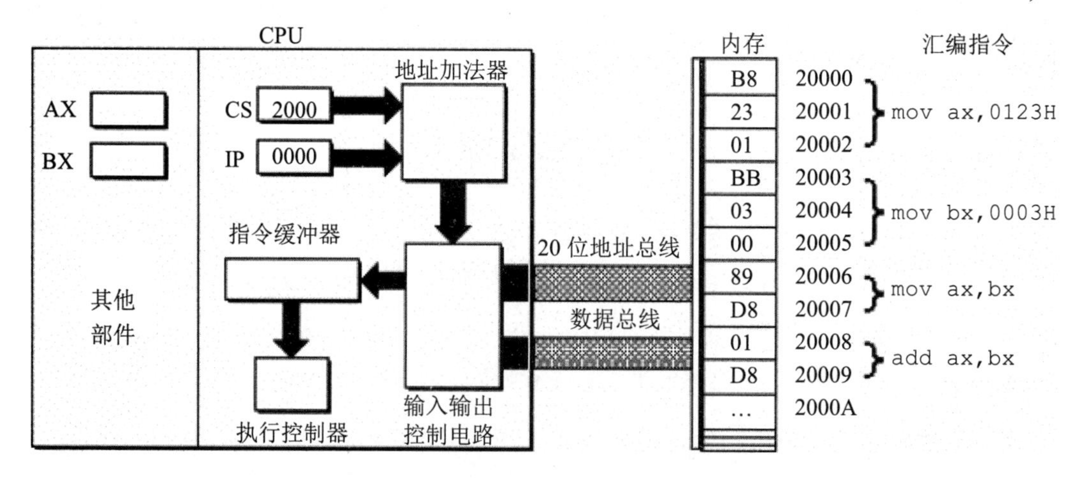

图 2.11　初始状态(CS:2000H，IP:0000H，CPU 将从内存 2000H×16+0000H 处读取指令执行)

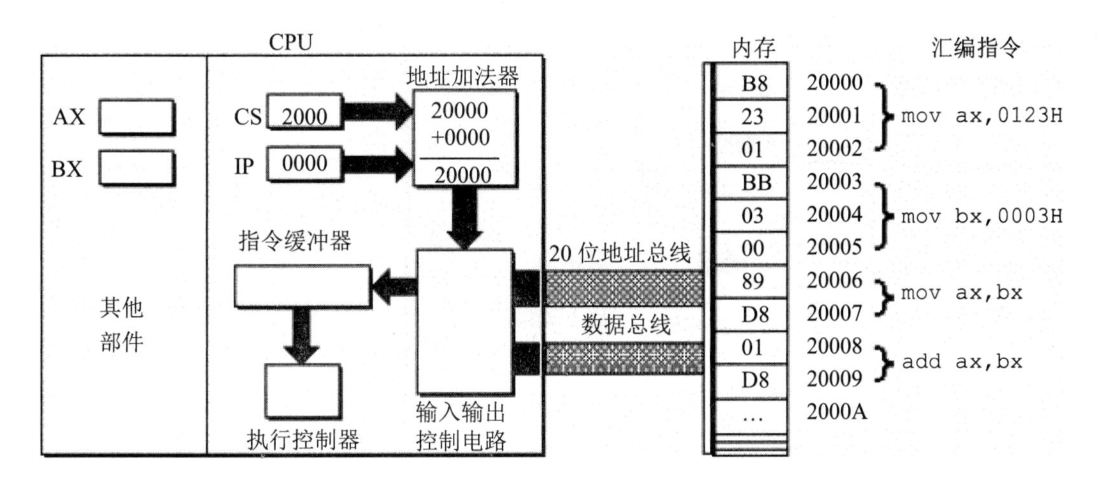

图 2.12　CS、IP 中的内容送入地址加法器(地址加法器完成：物理地址=段地址×16+偏移地址)

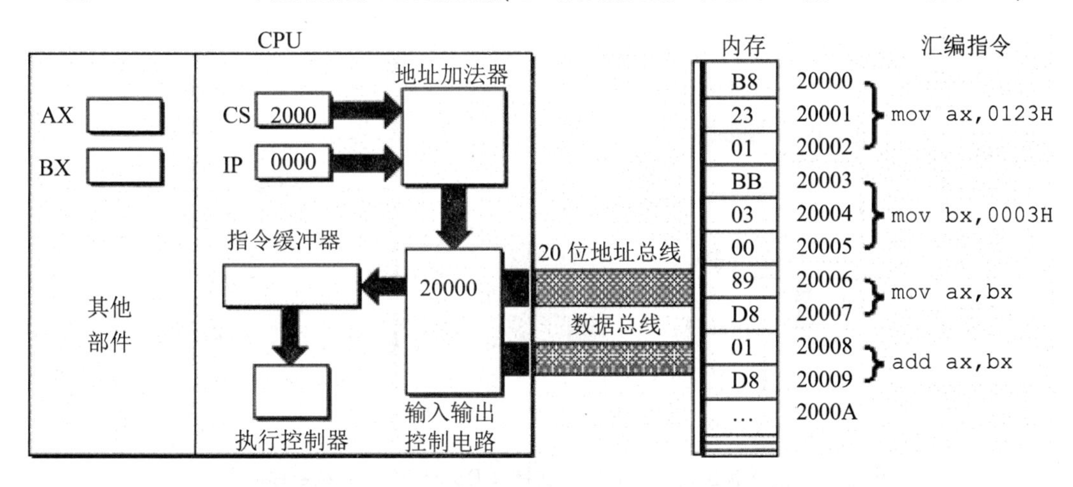

图 2.13　地址加法器将物理地址送入输入输出控制电路

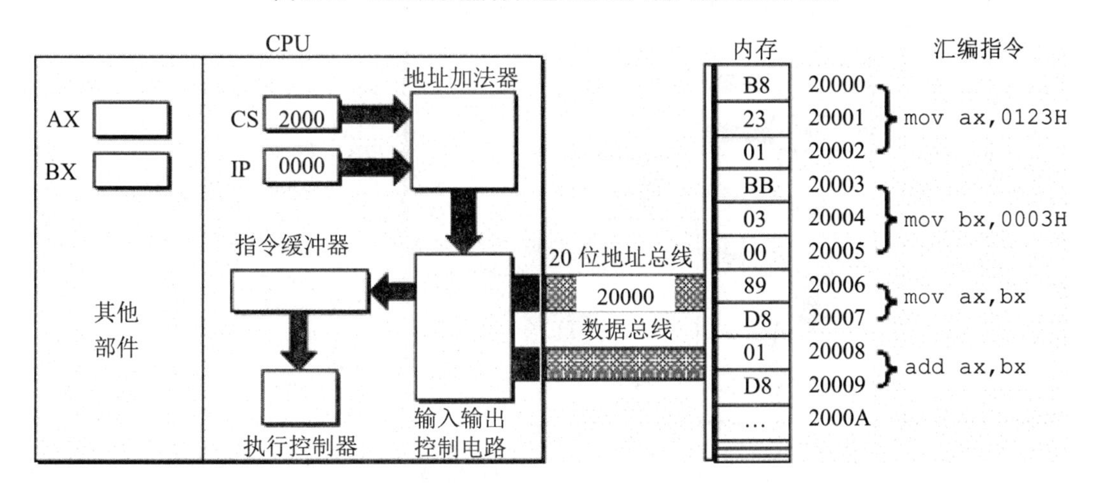

图 2.14　输入输出控制电路将物理地址 20000H 送上地址总线

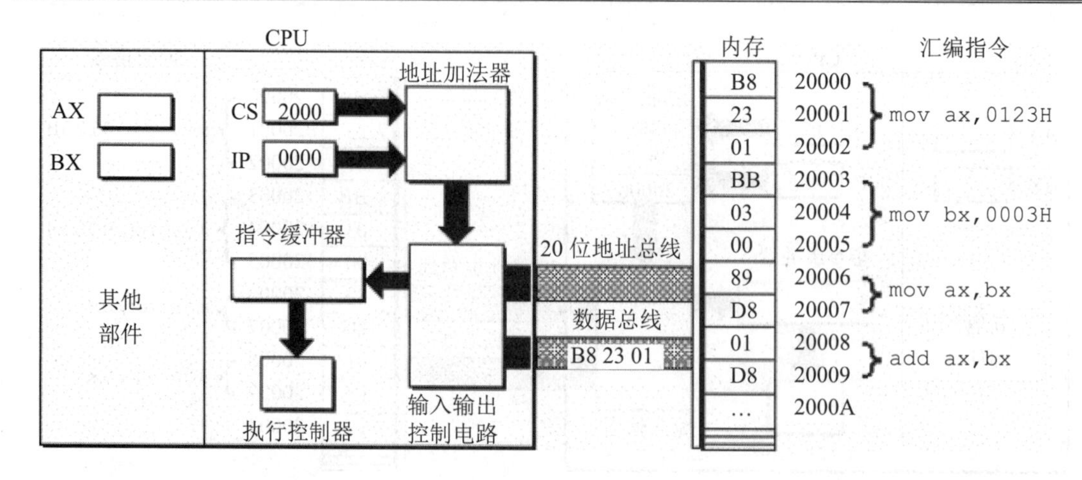

图 2.15　从内存 20000H 单元开始存放的机器指令 B8 23 01 通过数据总线被送入 CPU

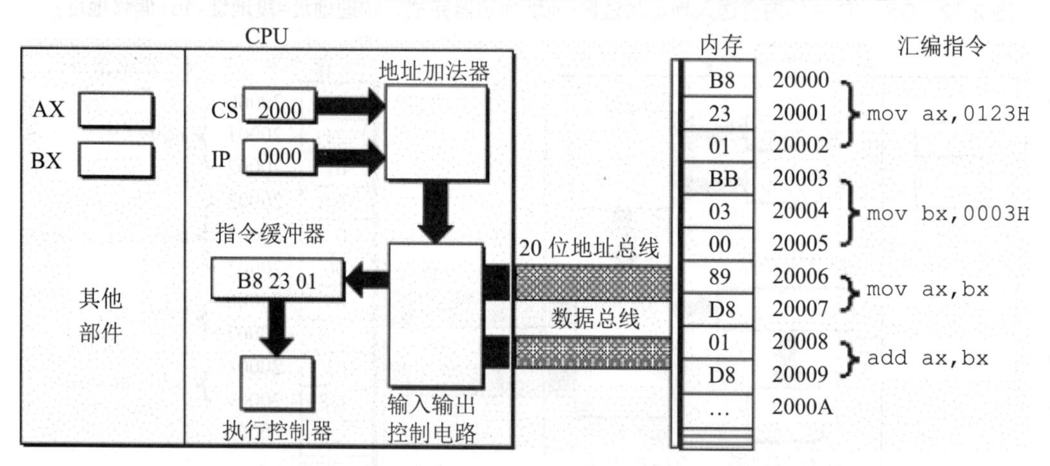

图 2.16　输入输出控制电路将机器指令 B8 23 01 送入指令缓冲器

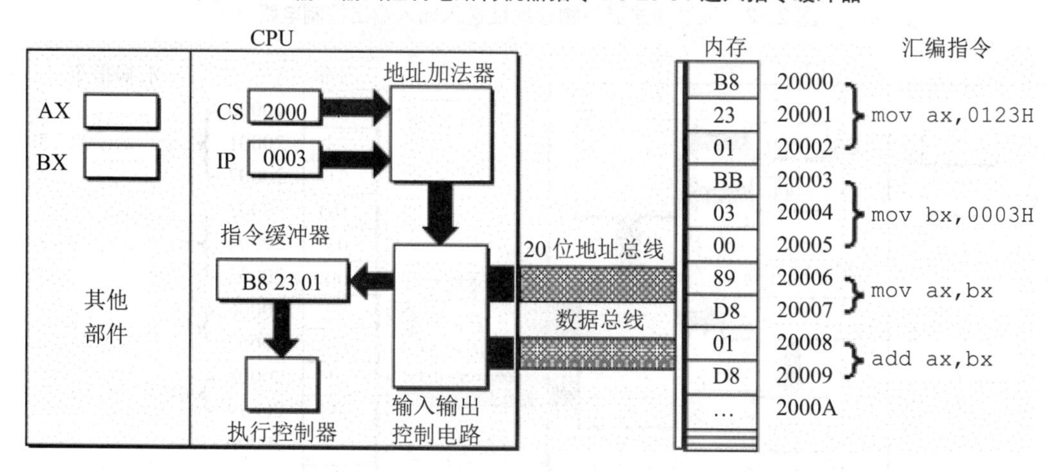

图 2.17　IP 中的值自动增加

(读取一条指令后，IP 中的值自动增加，以使 CPU 可以读取下一条指令。因当前读入的指令 B82301 长度为 3 个字节，所以 IP 中的值加 3。此时，CS:IP 指向内存单元 2000:0003。)

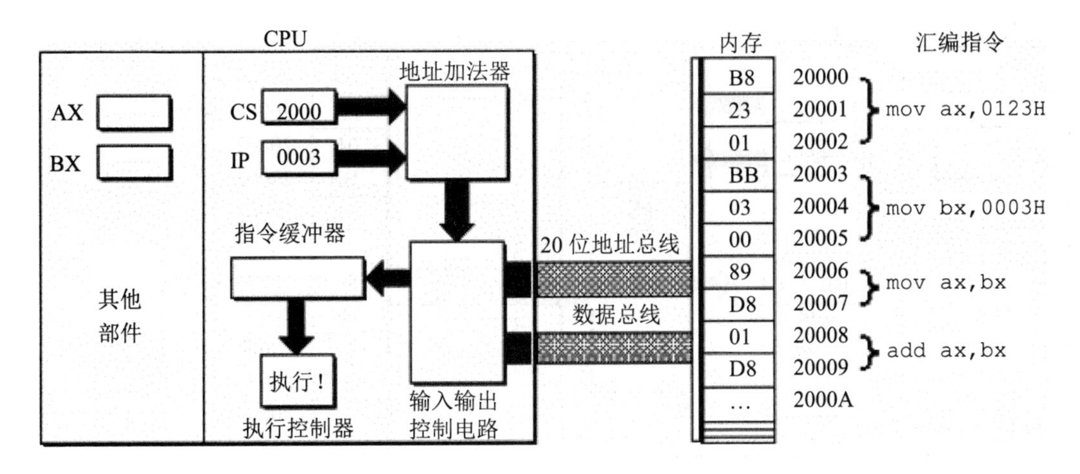

图 2.18　执行控制器执行指令 B8 23 01(即 mov ax,0123H)

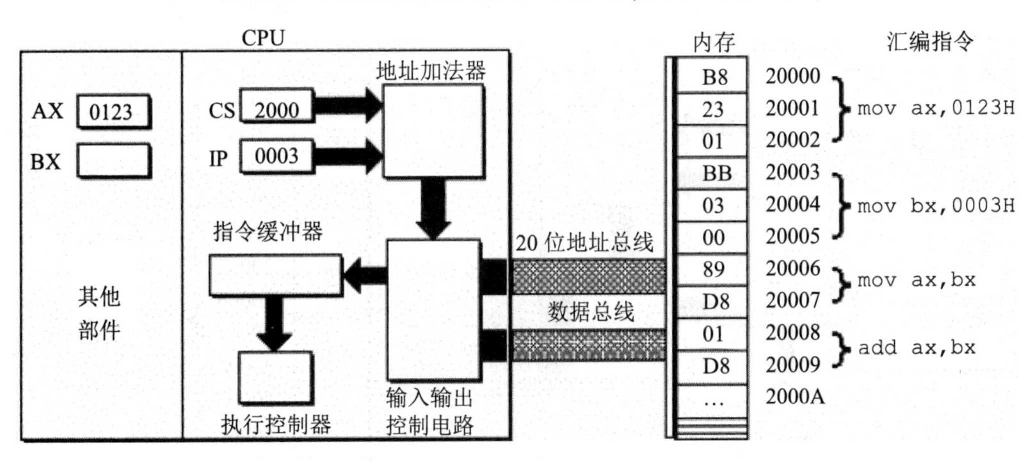

图 2.19　指令 B8 23 01 被执行后 AX 中的内容为 0123H
(此时，CPU 将从内存单元 2000:0003 处读取指令。)

下面的一组图(图 2.20~图 2.26)，以图 2.19 的情况为初始状态，展示了 8086CPU 继续读取、执行 3 条指令的过程。注意 IP 的变化(下面的描述中，隐蔽了读取每条指令的细节)。

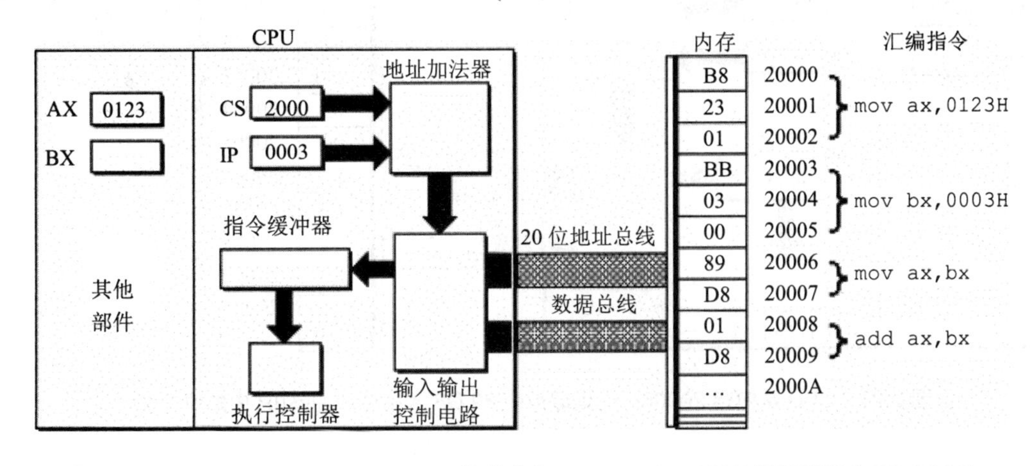

图 2.20　CS:2000H，IP:0003H(CPU 将从内存 2000H×16+0003H 处读取指令 BB 03 00)

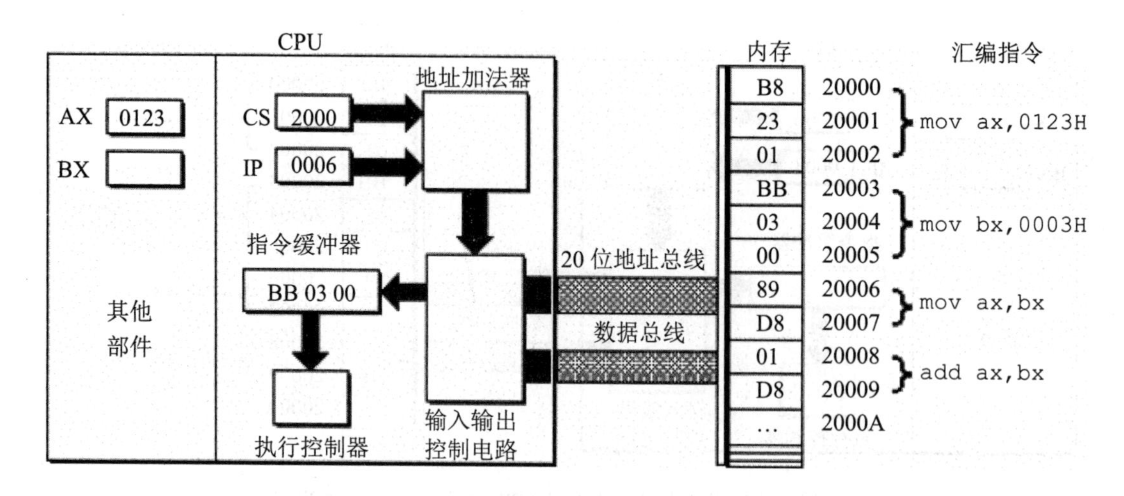

图 2.21　CPU 从内存 20003H 处读取指令 BB 03 00 入指令缓冲器(IP 中的值加 3)

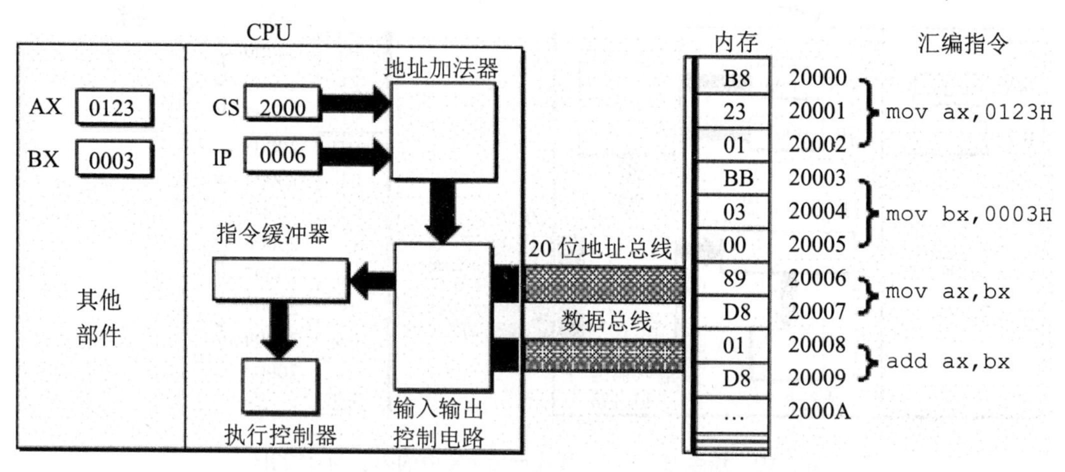

图 2.22　执行指令 BB 03 00(即 mov bx,0003H)

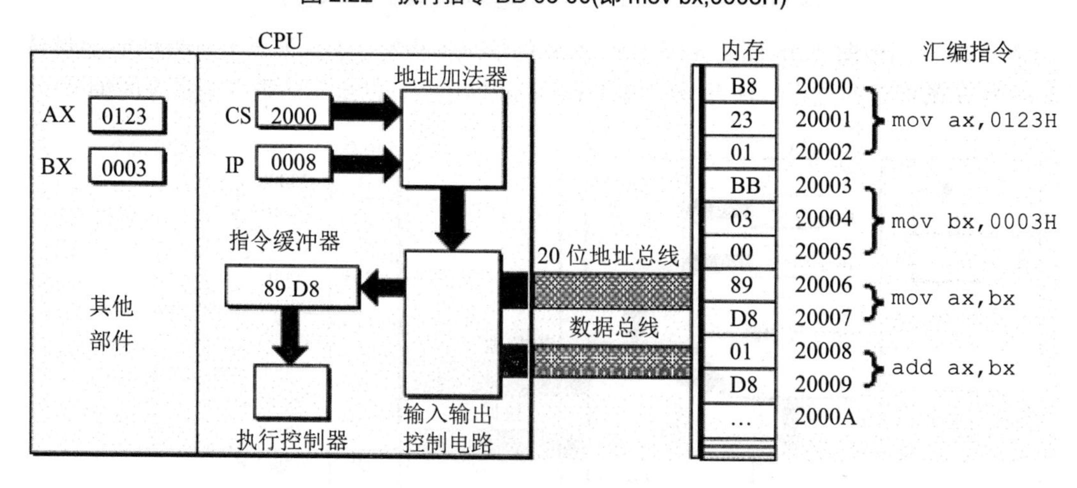

图 2.23　CPU 从内存 20006H 处读取指令 89 D8 入指令缓冲器(IP 中的值加 2)

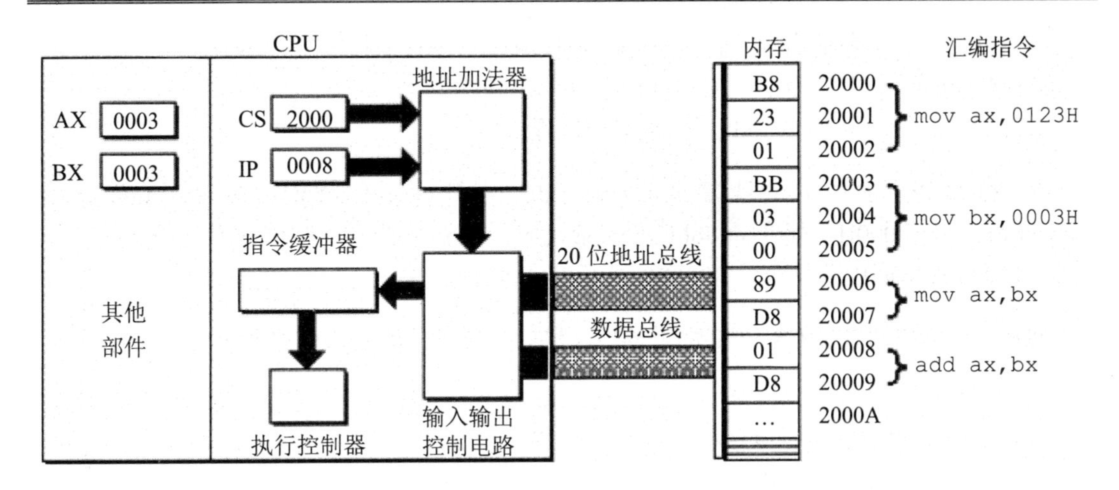

图 2.24　执行指令 89 D8(即 mov ax,bx)后，AX 中的内容为 0003H

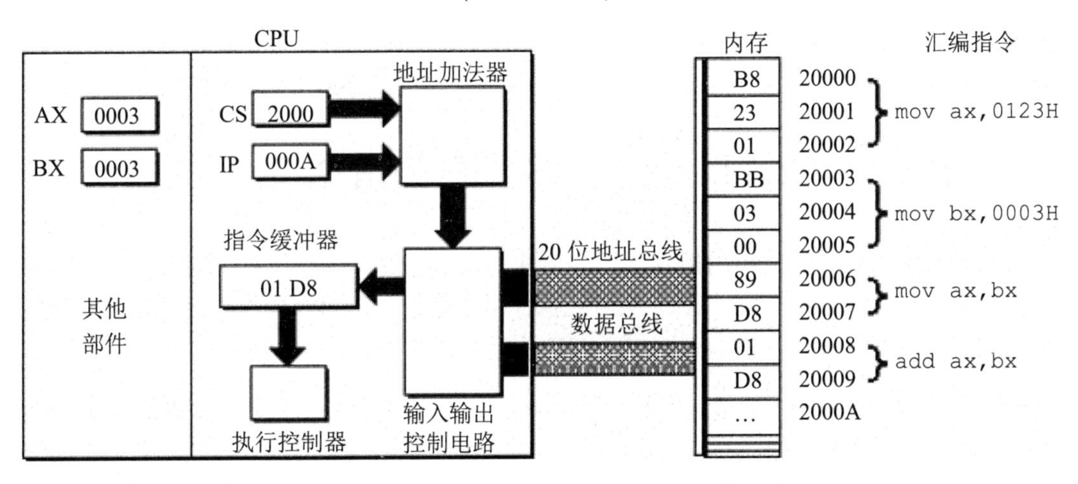

图 2.25　CPU 从内存 20008H 处读取指令 01 D8 入指令缓冲器(IP 中的值加 2)

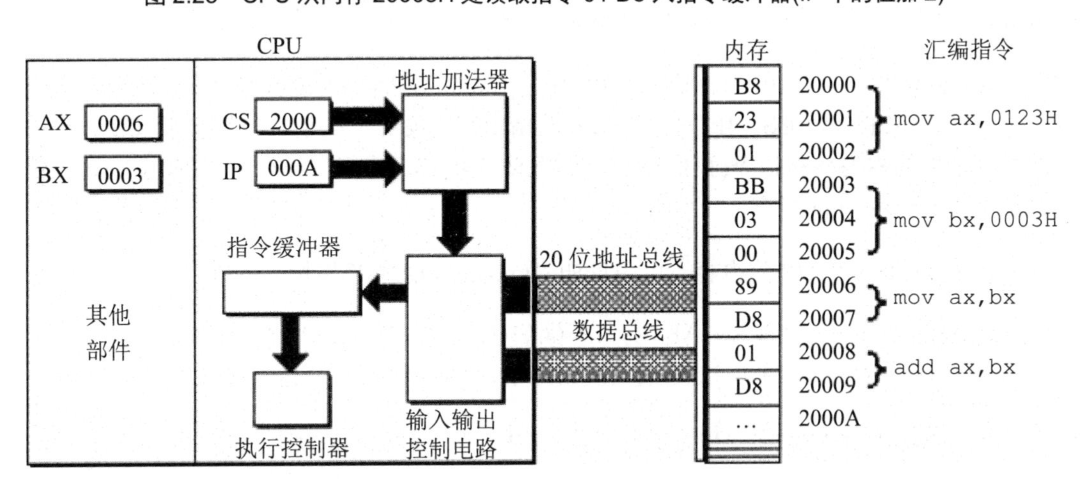

图 2.26　执行指令 01 D8(即 add ax,bx)后，AX 中的内容为 0006H

通过上面的过程展示，8086CPU 的工作过程可以简要描述如下。

(1) 从 CS:IP 指向的内存单元读取指令，读取的指令进入指令缓冲器；

(2) IP=IP+所读取指令的长度，从而指向下一条指令；

(3) 执行指令。转到步骤(1)，重复这个过程。

在 8086CPU 加电启动或复位后(即 CPU 刚开始工作时)CS 和 IP 被设置为 CS=FFFFH，IP=0000H，即在 8086PC 机刚启动时，CPU 从内存 FFFF0H 单元中读取指令执行，FFFF0H 单元中的指令是 8086PC 机开机后执行的第一条指令。

现在，我们更清楚了 CS 和 IP 的重要性，它们的内容提供了 CPU 要执行指令的地址。

我们在第 1 章中讲过，在内存中，指令和数据没有任何区别，都是二进制信息，CPU 在工作的时候把有的信息看作指令，有的信息看作数据。现在，如果提出一个问题：CPU 根据什么将内存中的信息看作指令？如何回答？我们可以说，CPU 将 CS:IP 指向的内存单元中的内容看作指令，因为，在任何时候，CPU 将 CS、IP 中的内容当作指令的段地址和偏移地址，用它们合成指令的物理地址，到内存中读取指令码，执行。如果说，内存中的一段信息曾被 CPU 执行过的话，那么，它所在的内存单元必然被 CS:IP 指向过。

2.11 修改 CS、IP 的指令

在 CPU 中，程序员能够用指令读写的部件只有寄存器，程序员可以通过改变寄存器中的内容实现对 CPU 的控制。CPU 从何处执行指令是由 CS、IP 中的内容决定的，程序员可以通过改变 CS、IP 中的内容来控制 CPU 执行目标指令。

我们如何改变 CS、IP 的值呢？显然，8086CPU 必须提供相应的指令。我们如何修改 AX 中的值？可以用 mov 指令，如 mov ax,123 将 ax 中的值设为 123，显然，我们也可以用同样的方法设置其他寄存器的值，如 mov bx,123，mov cx,123，mov dx,123 等。其实，8086CPU 大部分寄存器的值，都可以用 mov 指令来改变，mov 指令被称为传送指令。

但是，mov 指令不能用于设置 CS、IP 的值，原因很简单，因为 8086CPU 没有提供这样的功能。8086CPU 为 CS、IP 提供了另外的指令来改变它们的值。能够改变 CS、IP 的内容的指令被统称为转移指令(我们以后会深入研究)。我们现在介绍一个最简单的可以修改 CS、IP 的指令：jmp 指令。

若想同时修改 CS、IP 的内容，可用形如“jmp 段地址:偏移地址”的指令完成，如

jmp 2AE3:3，执行后：CS=2AE3H，IP=0003H，CPU 将从 2AE33H 处读取指令。
jmp 3:0B16，执行后：CS=0003H，IP=0B16H，CPU 将从 00B46H 处读取指令。

“jmp 段地址:偏移地址”指令的功能为：用指令中给出的段地址修改 CS，偏移地址修改 IP。

若想仅修改 IP 的内容，可用形如“jmp 某一合法寄存器”的指令完成，如

jmp ax，指令执行前：ax=1000H，CS=2000H，IP=0003H
　　　　指令执行后：ax=1000H，CS=2000H，IP=1000H
jmp bx，指令执行前：bx=0B16H，CS=2000H，IP=0003H
　　　　指令执行后：bx=0B16H，CS=2000H，IP=0B16H

"jmp 某一合法寄存器"指令的功能为：用寄存器中的值修改 IP。

jmp ax，在含义上好似：mov IP,ax。

注意，我们在适当的时候，会用已知的汇编指令的语法来描述新学的汇编指令的功能。采用一种"用汇编解释汇编"的方法来使读者更好地理解汇编指令的功能，这样做有助于读者进行知识的相互融会。要强调的是，我们是用"已知的汇编指令的语法"进行描述，并不是用"已知的汇编指令"来描述，比如，我们用 mov IP,ax 来描述 jmp ax，并不是说真有 mov IP,ax 这样的指令，而是用 mov 指令的语法来说明 jmp 指令的功能。我们可以用同样的方法描述 jmp 3:01B6 的功能：jmp 3:01B6 在含义上好似 mov CS,3　mov IP,01B6。

问题 2.3

内存中存放的机器码和对应的汇编指令情况如图 2.27 所示，设 CPU 初始状态：CS=2000H，IP=0000H，请写出指令执行序列。思考后看分析。

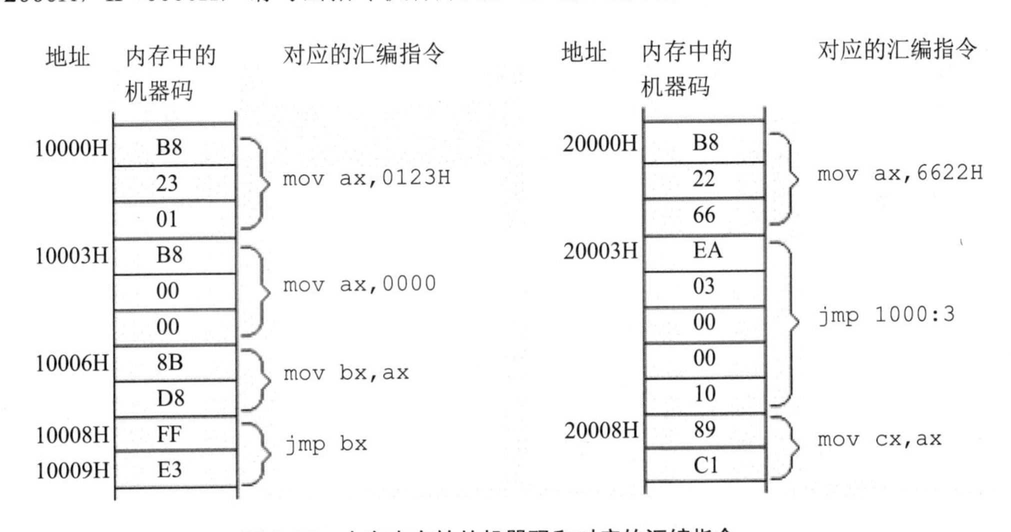

图 2.27　内存中存放的机器码和对应的汇编指令

分析：

CPU 对图 2.27 中的指令的执行过程如下。

(1)　当前 CS=2000H，IP=0000H，则 CPU 从内存 2000H×16+0=20000H 处读取指令，读入的指令是：B8 22 66(mov ax,6622H)，读入后 IP=IP+3=0003H；

(2)　指令执行后，CS=2000H，IP=0003H，则 CPU 从内存 2000H×16+0003H=20003H

处读取指令，读入的指令是：EA 03 00 00 10(jmp 1000:0003)，读入后 IP=IP+5=0008H；

(3) 指令执行后，CS=1000H，IP=0003H，则 CPU 从内存 1000H×16+0003H=10003H 处读取指令，读入的指令是：B8 00 00(mov ax,0000)，读入后 IP=IP+3=0006H；

(4) 指令执行后，CS=1000H，IP=0006H，则 CPU 从内存 1000H×16+0006H=10006H 处读取指令，读入的指令是：8B D8(mov bx,ax)，读入后 IP=IP+2=0008H；

(5) 指令执行后，CS=1000H，IP=0008H，则 CPU 从内存 1000H×16+0008H=10008H 处读取指令，读入的指令是：FF E3(jmp bx)，读入后 IP=IP+2=000AH；

(6) 指令执行后，CS=1000H，IP=0000H，CPU 从内存 10000H 处读取指令……

经分析后，可知指令执行序列为：

(1) mov ax,6622H
(2) jmp 1000:3
(3) mov ax,0000
(4) mov bx,ax
(5) jmp bx
(6) mov ax,0123H
(7) 转到第 3 步执行

2.12 代　码　段

前面讲过，对于 8086PC 机，在编程时，可以根据需要，将一组内存单元定义为一个段。我们可以将长度为 N(N≤64KB)的一组代码，存在一组地址连续、起始地址为 16 的倍数的内存单元中，我们可以认为，这段内存是用来存放代码的，从而定义了一个代码段。比如，将：

```
mov ax,0000      (B8 00 00)
add ax,0123H     (05 23 01)
mov bx,ax        (8B D8)
jmp bx           (FF E3)
```

这段长度为 10 个字节的指令，存放在 123B0H~123B9H 的一组内存单元中，我们就可以认为，123B0H~123B9H 这段内存是用来存放代码的，是一个代码段，它的段地址为 123BH，长度为 10 个字节。

如何使得代码段中的指令被执行呢？将一段内存当作代码段，仅仅是我们在编程时的一种安排，CPU 并不会由于这种安排，就自动地将我们定义的代码段中的指令当作指令来执行。CPU 只认被 CS:IP 指向的内存单元中的内容为指令。所以，要让 CPU 执行我们放在代码段中的指令，必须要将 CS:IP 指向所定义的代码段中的第一条指令的首地址。对于上面的例子，我们将一段代码存放在 123B0H~123B9H 内存单元中，将其定义为代码段，如果要让这段代码得到执行，可设 CS=123BH、IP=0000H。

2.9～2.12　小　　结

(1) 段地址在8086CPU的段寄存器中存放。当8086CPU要访问内存时，由段寄存器提供内存单元的段地址。8086CPU有4个段寄存器，其中CS用来存放指令的段地址。

(2) CS存放指令的段地址，IP存放指令的偏移地址。

8086机中，任意时刻，CPU将CS:IP指向的内容当作指令执行。

(3) 8086CPU的工作过程：

① 从CS:IP指向的内存单元读取指令，读取的指令进入指令缓冲器；
② IP指向下一条指令；
③ 执行指令。(转到步骤①，重复这个过程。)

(4) 8086CPU提供转移指令修改CS、IP的内容。

检测点2.3

下面的3条指令执行后，CPU几次修改IP？都是在什么时候？最后IP中的值是多少？

```
mov ax,bx
sub ax,ax
jmp ax
```

实验1　查看CPU和内存，用机器指令和汇编指令编程

1. 预备知识：Debug的使用

我们以后所有的实验中，都将用到Debug程序，首先学习一下它的主要用法。

(1) 什么是Debug?

Debug是DOS、Windows都提供的实模式(8086方式)程序的调试工具。使用它，可以查看CPU各种寄存器中的内容、内存的情况和在机器码级跟踪程序的运行。

(2) 我们用到的Debug功能。

- 用Debug的R命令查看、改变CPU寄存器的内容；
- 用Debug的D命令查看内存中的内容；
- 用Debug的E命令改写内存中的内容；
- 用Debug的U命令将内存中的机器指令翻译成汇编指令；
- 用Debug的T命令执行一条机器指令；
- 用Debug的A命令以汇编指令的格式在内存中写入一条机器指令。

Debug 的命令比较多，共有 20 多个，但这 6 个命令是和汇编学习密切相关的。在以后的实验中，我们还会用到一个 P 命令。

(3) 进入 Debug。

Debug 是在 DOS 方式下使用的程序。我们在进入 Debug 前，应先进入到 DOS 方式。用以下方式可以进入 DOS。

① 重新启动计算机，进入 DOS 方式，此时进入的是实模式的 DOS。
② 在 Windows 中进入 DOS 方式，此时进入的是虚拟 8086 模式的 DOS。

下面说明在 Windows 2000 中进入 Debug 的一种方法，在其它 Windows 系统中进入的方法与此类似。

选择【开始】菜单中的【运行】命令，如图 2.28 所示，打开【运行】对话框，如图 2.29 所示，在文本框中输入“command”后，单击【确定】按钮。

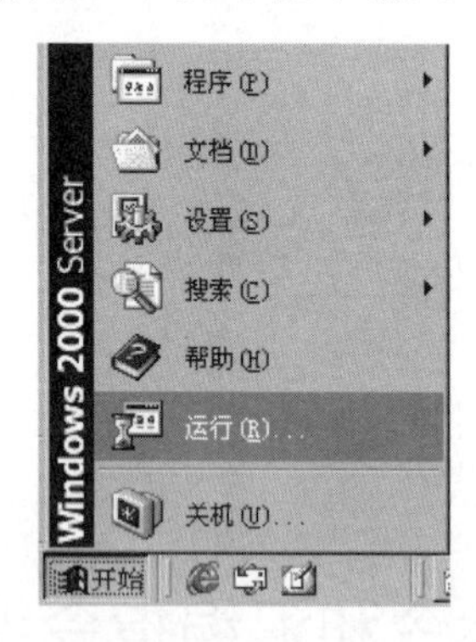

图 2.28　选择【运行】命令

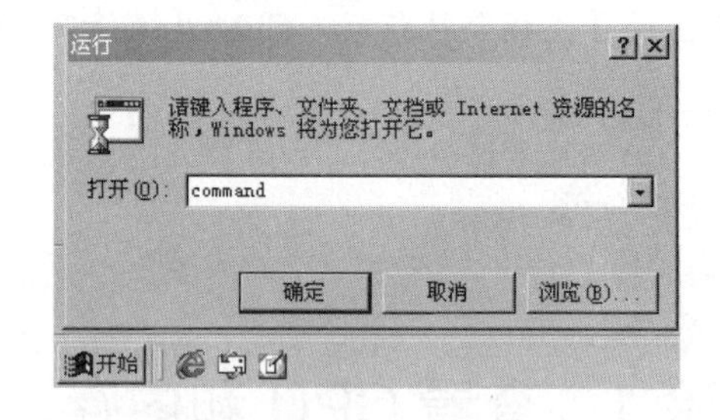

图 2.29　在文本框中输入“command”

进入 DOS 方式后，如果显示为窗口方式，可以按下 Alt+Enter 组合键将窗口变为全屏方式。然后运行 Debug 程序，如图 2.30 所示。这个程序在不同的 Windows 系统中所在的路径不尽相同，在 Windows 2000 中通常在 c:\winnt\system 下。由于系统指定了搜索路径，所以在任何一个路径中都可以运行。

图 2.30　运行 Debug 程序

(4) 用 R 命令查看、改变 CPU 寄存器的内容。

我们已经知道了 AX、BX、CX、DX、CS、IP 这 6 个寄存器，现在看一下它们之中的内容，如图 2.31 所示。其他寄存器如 SP、BP、SI、DI、DS、ES、SS、标志寄存器等我们先不予理会。

```
Microsoft(R) Windows DOS
(C)Copyright Microsoft Corp 1990-1999.

C:\>debug
-r
AX=0000  BX=0000  CX=0000  DX=0000  SP=FFEE  BP=0000  SI=0000  DI=0000
DS=0CA2  ES=0CA2  SS=0CA2  CS=0CA2  IP=0100   NV UP EI PL NZ NA PO NC
0CA2:0100 027548        ADD     DH,[DI+48]                         DS:0048=00
-
```

图 2.31　使用 R 命令查看 CPU 中各个寄存器中的内容

注意 CS 和 IP 的值，CS=0CA2，IP=0100，也就是说，内存 0CA2:0100 处的指令为 CPU 当前要读取、执行的指令。在所有寄存器的下方，Debug 还列出了 CS:IP 所指向的内存单元处所存放的机器码，并将它翻译为汇编指令。可以看到，CS:IP 所指向的内存单元为 0CA2:0100，此处存放的机器码为 02 75 48，对应的汇编指令为 ADD DH,[DI+48](这条指令的含义我们还不知道，先不必深究)。

Debug 输出的右下角还有一个信息："DS:0048=0"，我们以后会进行说明，这里同样不必深究。

还可以用 R 命令来改变寄存器中的内容，如图 2.32 所示。

```
C:\>debug
-r
AX=0000  BX=0000  CX=0000  DX=0000  SP=FFEE  BP=0000  SI=0000  DI=0000
DS=0B39  ES=0B39  SS=0B39  CS=0B39  IP=0100   NV UP EI PL NZ NA PO NC
0B39:0100 40            INC     AX
-r ax
AX 0000
:1111
-r
AX=1111  BX=0000  CX=0000  DX=0000  SP=FFEE  BP=0000  SI=0000  DI=0000
DS=0B39  ES=0B39  SS=0B39  CS=0B39  IP=0100   NV UP EI PL NZ NA PO NC
0B39:0100 40            INC     AX
-
```

图 2.32　用 R 命令修改寄存器 AX 中的内容

若要修改一个寄存器中的值，比如 AX 中的值，可用 R 命令后加寄存器名来进行，输入"r ax"后按 Enter 键，将出现"："作为输入提示，在后面输入要写入的数据后按 Enter 键，即完成了对 AX 中内容的修改。若想看一下修改的结果，可再用 R 命令查看，如图 2.32 所示。

在图 2.33 中，一进入 Debug，用 R 命令查看，CS:IP 指向 0B39:0100，此处存放的机器码为 40，对应的汇编指令是 INC AX；

```
C:\>debug
-r
AX=0000  BX=0000  CX=0000  DX=0000  SP=FFEE  BP=0000  SI=0000  DI=0000
DS=0B39  ES=0B39  SS=0B39  CS=0B39  IP=0100   NV UP EI PL NZ NA PO NC
0B39:0100 40            INC     AX
-r ip
IP 0100
:200
-r
AX=0000  BX=0000  CX=0000  DX=0000  SP=FFEE  BP=0000  SI=0000  DI=0000
DS=0B39  ES=0B39  SS=0B39  CS=0B39  IP=0200   NV UP EI PL NZ NA PO NC
0B39:0200 5B            POP     BX
-r cs
CS 0B39
:ff00
-r
AX=0000  BX=0000  CX=0000  DX=0000  SP=FFEE  BP=0000  SI=0000  DI=0000
DS=0B39  ES=0B39  SS=0B39  CS=FF00  IP=0200   NV UP EI PL NZ NA PO NC
FF00:0200 51            PUSH    CX
-
```

图 2.33　用 R 命令修改 CS 和 IP 中的内容

接着，用 R 命令将 IP 修改为 200，则 CS:IP 指向 0B39:0200，此处存放的机器码为 5B，对应的汇编指令是 POP BX；

接着，用 R 命令将 CS 修改为 ff00，则 CS:IP 指向 ff00:0200，此处存放的机器码为 51，对应的汇编指令是 PUSH CX。

(5) 用 Debug 的 D 命令查看内存中的内容。

用 Debug 的 D 命令，可以查看内存中的内容，D 命令的格式较多，这里只介绍在本次实验中用到的格式。

如果我们想知道内存 10000H 处的内容，可以用“d 段地址:偏移地址”的格式来查看，如图 2.34 所示。

```
C:\>debug
-d 1000:0
1000:0000  72 64 73 20 63 6F 6D 6D-65 6E 74 73 20 28 72 65   rds comments (re
1000:0010  6D 61 72 6B 73 29 20 69-6E 20 61 20 62 61 74 63   marks) in a batc
1000:0020  68 20 66 69 6C 65 20 6F-72 20 43 4F 4E 46 49 47   h file or CONFIG
1000:0030  2E 53 59 53 2E 0D 0A 0D-0A 52 45 4D 20 5B 63 6F   .SYS.....REM [co
1000:0040  6D 6D 65 6E 74 5D 0D 0A-6B 53 75 73 70 65 6E 64   mment]..kSuspend
1000:0050  73 20 70 72 6F 63 65 73-73 69 6E 67 20 6F 66 20   s processing of
1000:0060  61 20 62 61 74 63 68 20-70 72 6F 67 72 61 6D 20   a batch program
1000:0070  61 6E 64 20 64 69 73 70-6C 61 79 73 20 74 68 65   and displays the
-
```

图 2.34 用 D 命令查看内存 1000:0 处的内容

要查看内存 10000H 处的内容，首先将这个地址表示为段地址:偏移地址的格式，可以是 1000:0，然后用“d 1000:0”列出 1000:0 处的内容。

使用“d 段地址:偏移地址”的格式，Debug 将列出从指定内存单元开始的 128 个内存单元的内容。图 2.34 中，在使用 d 1000:0 后，Debug 列出了 1000:0~1000:7F 中的内容。

使用 D 命令，Debug 将输出 3 部分内容(如图 2.34 所示)。

① 中间是从指定地址开始的 128 个内存单元的内容，用十六进制的格式输出，每行的输出从 16 的整数倍的地址开始，最多输出 16 个单元的内容。从图中，我们可以知道，内存 1000:0 单元中的内容是 72H，内存 1000:1 单元中的内容是 64H，内存 1000:0~1000:F 中的内容都在第一行；内存 1000:10 中的内容是 6DH，内存 1000:11 处的内容是 61H，内存 1000:10~1000:1F 中的内容都在第二行。注意在每行的中间有一个“-”，它将每行的输出分为两部分，这样便于查看。比如，要想从图中找出 1000:6B 单元中内容，可以从 1000:60 找到行，“-”前面是 1000:60~1000:67 的 8 个单元，后面是 1000:68~1000:6F 的 8 个单元，这样我们就可以从 1000:68 单元向后数 3 个单元，找到 1000:6B 单元，可以看到，1000:6B 中的内容为 67H。

② 左边是每行的起始地址。

③　右边是每个内存单元中的数据对应的可显示的 ASCII 码字符。比如，内存单元 1000:0、1000:1、1000:2 中存放的数据是 72H、64H、73H，它对应的 ASCII 字符分别是“r”、“d”、“s”；内存单元 1000:36 中的数据是 0AH，它没有对应可显示的 ASCII 字符，Debug 就用“.”来代替。

注意，我们看到的内存中的内容，在不同的计算机中是不一样的，也可能每次用 Debug 看到的内容都不相同，因为我们用 Debug 看到的都是原来就在内存中的内容，这些内容受随时都有可能变化的系统环境的影响。当然，我们也可以改变内存、寄存器中的内容。

我们使用 d 1000:9 查看 1000:9 处的内容，Debug 将怎样输出呢？如图 2.35 所示。

```
C:\>debug
-d1000:9
1000:0000                              6E 74 73 20 28 72 65           nts (re
1000:0010  6D 61 72 6B 73 29 20 69-6E 20 61 20 62 61 74 63   marks) in a batc
1000:0020  68 20 66 69 6C 65 20 6F-72 20 43 4F 4E 46 49 47   h file or CONFIG
1000:0030  2E 53 59 53 2E 0D 0A 0D-0A 52 45 4D 20 5B 63 6F   .SYS.....REM [co
1000:0040  6D 6D 65 6E 74 5D 0D 0A-6B 53 75 73 70 65 6E 64   mment]..kSuspend
1000:0050  73 20 70 72 6F 63 65 73-73 69 6E 67 20 6F 66 20   s processing of
1000:0060  61 20 62 61 74 63 68 20-70 72 6F 67 72 61 6D 20   a batch program
1000:0070  61 6E 64 20 64 69 73 70-6C 61 79 73 20 74 68 65   and displays the
1000:0080  20 6D 65 73 73 61 67 65-20                         message
-
```

图 2.35　查看 1000:9 处的内容

Debug 从 1000:9 开始显示，一直到 1000:88，一共是 128 个字节。第一行中的 1000:0~1000:8 单元中的内容不显示。

在一进入 Debug 后，用 D 命令直接查看，将列出 Debug 预设的地址处的内容，如图 2.36 所示。

```
C:\>debug
-d
0CA2:0100  02 75 48 89 3E E6 99 FF-06 E6 99 C6 06 E8 99 FF   .uH.>...........
0CA2:0110  C6 06 E9 99 00 E8 99 00-AC E8 29 E2 34 00 91 0C   ...........).4...
0CA2:0120  74 34 3A 06 B6 96 74 2E-3A C3 74 2A 3C 3A 74 03   t4:...t.:.t*<:t.
0CA2:0130  E9 5F FF 80 3E A4 98 02-75 05 E8 74 00 EB D9 46   ._..>...u..t...F
0CA2:0140  EB 14 E9 4D FF BA 89 8A-E9 93 E5 BA B1 8B E9 8D   ...M............
0CA2:0150  E5 4E 5F 9D F9 C3 4E EB-51 80 CF 01 81 CD 00 80   .N_...N.Q.......
0CA2:0160  E8 DA E1 46 E8 AC DF 74-0D E8 45 00 AC E8 41 00   ...F...t..E...A.
0CA2:0170  81 CD 00 40 EB 34 3C 0D-75 09 B0 00 AA 81 CD 00   ...@.4<.u.......
-
```

图 2.36　列出 Debug 预设的地址处的内容

在使用“d 段地址:偏移地址”之后，接着使用 D 命令，可列出后续的内容，如图 2.37 所示。

也可以指定 D 命令的查看范围，此时采用“d 段地址:起始偏移地址 结尾偏移地址”的格式。比如要看 1000:0~1000:9 中的内容，可以用“d 1000:0 9”实现，如图 2.38 所示。

```
C:\>debug
-d1000:0
1000:0000  72 64 73 20 63 6F 6D 6D-65 6E 74 73 20 28 72 65   rds comments (re
1000:0010  6D 61 72 6B 73 29 20 69-6E 20 61 20 62 61 74 63   marks) in a batc
1000:0020  68 20 66 69 6C 65 20 6F-72 20 43 4F 4E 46 49 47   h file or CONFIG
1000:0030  2E 53 59 53 2E 0D 0A 0D-0A 52 45 4D 20 5B 63 6F   .SYS.....REM [co
1000:0040  6D 6D 65 6E 74 5D 0D 0A-6B 53 75 73 70 65 6E 64   mment]..kSuspend
1000:0050  73 20 70 72 6F 63 65 73-73 69 6E 67 20 6F 66 20   s processing of
1000:0060  61 20 62 61 74 63 68 20-70 72 6F 67 72 61 6D 20   a batch program
1000:0070  61 6E 64 20 64 69 73 70-6C 61 79 73 20 74 68 65   and displays the
-d
1000:0080  20 6D 65 73 73 61 67 65-20 22 50 72 65 73 73 20    message "Press
1000:0090  61 6E 79 0D 0A 6B 65 79-20 74 6F 20 63 6F 6E 74   any..key to cont
1000:00A0  69 6E 75 65 2E 2E 2E 2E-22 0D 0A 0D 0A 50 41 55   inue...."....PAU
1000:00B0  53 45 0D 0A 4D 44 69 73-70 6C 61 79 73 20 6D 65   SE..MDisplays me
1000:00C0  73 73 61 67 65 73 2C 20-6F 72 20 74 75 72 6E 73   ssages, or turns
1000:00D0  20 63 6F 6D 6D 61 6E 64-2D 65 63 68 6F 69 6E 67    command-echoing
1000:00E0  20 6F 6E 20 6F 72 20 6F-66 66 2E 0D 0A 0D 0A 20    on or off.....
1000:00F0  20 45 43 48 4F 20 5B 4F-4E 20 7C 20 4F 46 46 5D    ECHO [ON ¦ OFF]
-
```

图 2.37 列出后续的内容

```
C:\>debug
-d1000:0 9
1000:0000  72 64 73 20 63 6F 6D 6D-65 6E                     rds commen
-
```

图 2.38 查看 1000:0~1000:9 单元中的内容

如果我们就想查看内存单元 10000H 中的内容，可以用图 2.39 中的任何一种方法看到，因为图中的所有“段地址:偏移地址”都表示了 10000H 这一物理地址。

```
C:\>debug
-d 1000:0 0
1000:0000  72                                                r
-
-d 0fff:10 10
0FFF:0010  72                                                r
-
-d 0100:f000 f000
0100:F000  72                                                r
-
-
```

图 2.39 用 3 种不同的段地址和偏移地址查看同一个物理地址中的内容

(6) 用 Debug 的 E 命令改写内存中的内容。

可以使用 E 命令来改写内存中的内容，比如，要将内存 1000:0~1000:9 单元中的内容分别写为 0、1、2、3、4、5、6、7、8、9，可以用“e 起始地址 数据 数据 数据 ……”的格式来进行，如图 2.40 所示。

```
C:\>debug
-d 1000:0 f
1000:0000  72 64 73 20 63 6F 6D 6D-65 6E 74 73 20 28 72 65   rds comments (re
-
-e 1000:0 0 1 2 3 4 5 6 7 8 9
-
-d 1000:0 f
1000:0000  00 01 02 03 04 05 06 07-08 09 74 73 20 28 72 65   ..........ts (re
-
```

图 2.40 用 E 命令修改从 1000:0 开始的 10 个单元的内容

图 2.40 中，先用 D 命令查看 1000:0~1000:f 单元的内容，再用 E 命令修改从 1000:0 开始的 10 个单元的内容，最后用 D 命令查看 1000:0~1000:f 中内容的变化。

也可以采用提问的方式来一个一个地改写内存中的内容，如图 2.41 所示。

```
-d 1000:10 19
1000:0010  6D 61 72 6B 73 29 20 69-6E 20                    marks) in
-e 1000:10
1000:0010  6D.0    61.1    72.2    6B.1c
-
```

图 2.41　用 E 命令修改从 1000:10 开始的 4 个单元的内容

如图 2.41 中，可以用 E 命令以提问的方式来逐个地修改从某一地址开始的内存单元中的内容，以从 1000:10 单元开始为例，步骤如下。

① 输入 e 1000:10，按 Enter 键。

② Debug 显示起始地址 1000:0010，和第一单元(即 1000:0010 单元)的原始内容：6D，然后光标停在“.”的后面提示输入想要写入的数据，此时可以有两个选择：其一为输入数据(我们输入的是 0)，然后按空格键，即用输入的数据改写当前的内存单元；其二为不输入数据，直接按空格键，则不对当前内存单元进行改写。

③ 当前单元处理完成后(不论是改写或没有改写，只要按了空格键，就表示处理完成)，Debug 将接着显示下一个内存单元的原始内容，并提示进行修改，读者可以用同样的方法处理。

④ 所有希望改写的内存单元改写完毕后，按 Enter 键，E 命令操作结束。

可以用 E 命令向内存中写入字符，比如，用 E 命令从内存 1000:0 开始写入数值 1、字符“a”、数值 2、字符“b”、数值 3、字符“c”，可采用图 2.42 中所示的方法进行。

```
C:\>debug
-e 1000:0 1 'a' 2 'b' 3 'c'
-
-d 1000:0 f
1000:0000  01 61 02 62 03 63 00 00-00 00 00 00 00 00 00 00   .a.b.c..........
-
```

图 2.42　用 E 命令向内存中写入字符

从图 2.42 中可以看出，Debug 对 E 命令的执行结果是，向 1000:0、1000:2、1000:4 单元中写入数值 1、2、3，向 1000:1、1000:3、1000: 5 单元中写入字符“a”、“b”、“c”的 ASCII 码值：61H、62H、63H。

也可以用 E 命令向内存中写入字符串，比如，用 E 命令从内存 1000:0 开始写入：数值 1、字符串“a+b”、数值 2、字符串“c++”、字符 3、字符串“IBM”，如图 2.43 所示。

(7) 用 E 命令向内存中写入机器码，用 U 命令查看内存中机器码的含义，用 T 命令执行内存中的机器码。

```
C:\>debug
-e 1000:0 1 "a+b" 2 "c++" 3 "IBM"
-
-d 1000:0 f
1000:0000  01 61 2B 62 02 63 2B 2B-03 49 42 4D 00 00 00 00   .a+b.c++.IBM....
-
```

图 2.43　用 E 命令向内存中写入字符串

如何向内存中写入机器码呢？我们知道，机器码也是数据，当然可以用 E 命令将机器码写入内存。比如我们要从内存 1000:0 单元开始写入这样一段机器码：

```
机器码        对应的汇编指令
b80100       mov ax,0001
b90200       mov cx,0002
01c8         add ax,cx
```

可用如图 2.44 中所示的方法进行。

```
C:\>debug
-e 1000:0 b8 01 00 b9 02 00 01 c8
-
```

图 2.44　用 E 命令将机器码写入内存

如何查看写入的或内存中原有的机器码所对应的汇编指令呢？可以使用 U 命令。比如可以用 U 命令将从 1000:0 开始的内存单元中的内容翻译为汇编指令，并显示出来，如图 2.45 所示。

```
C:\>debug
-e 1000:0 b8 01 00 b9 02 00 01 c8
-
-d 1000:0 1f
1000:0000  B8 01 00 B9 02 00 01 C8-03 49 42 4D 00 00 00 00   .........IBM.
1000:0010  00 00 00 00 00 00 00 00-00 00 00 00 00 00 00 00   .............
-
-u 1000:0
1000:0000 B80100        MOV     AX,0001
1000:0003 B90200        MOV     CX,0002
1000:0006 01C8          ADD     AX,CX
1000:0008 034942        ADD     CX,[BX+DI+42]
1000:000B 4D            DEC     BP
1000:000C 0000          ADD     [BX+SI],AL
1000:000E 0000          ADD     [BX+SI],AL
1000:0010 0000          ADD     [BX+SI],AL
1000:0012 0000          ADD     [BX+SI],AL
1000:0014 0000          ADD     [BX+SI],AL
1000:0016 0000          ADD     [BX+SI],AL
1000:0018 0000          ADD     [BX+SI],AL
1000:001A 0000          ADD     [BX+SI],AL
1000:001C 0000          ADD     [BX+SI],AL
1000:001E 0000          ADD     [BX+SI],AL
-
```

图 2.45　用 U 命令将内存单元中的内容翻译为汇编指令显示

图 2.45 中，首先用 E 命令向从 1000:0 开始的内存单元中写入了 8 个字节的机器码；然后用 D 命令查看内存 1000:0~1000:1f 中的数据(从数据的角度看一下写入的内容)；最后用 U 命令查看从 1000:0 开始的内存单元中的机器指令和它们所对应的汇编指令。

U 命令的显示输出分为 3 部分，每一条机器指令的地址、机器指令、机器指令所对应的汇编指令。我们可以看到：

1000:0 处存放的是写入的机器码 b8 01 00 所组成的机器指令，对应的汇编指令是 mov ax,1；

1000:3 处存放的是写入的机器码 b9 02 00 所组成的机器指令；对应的汇编指令是 mov cx,2；

1000:6 处存放的是写入的机器码 01 c8 所组成的机器指令；对应的汇编指令是 add ax,cx；

1000:8 处存放的是内存中的机器码 03 49 42 所组成的机器指令；对应的汇编指令是 add cx,[bx+di+42]。

由此，我们可以再一次看到内存中的数据和代码没有任何区别，关键在于如何解释。

如何执行我们写入的机器指令呢？使用 Debug 的 T 命令可以执行一条或多条指令，简单地使用 T 命令，可以执行 CS:IP 指向的指令，如图 2.46 所示。

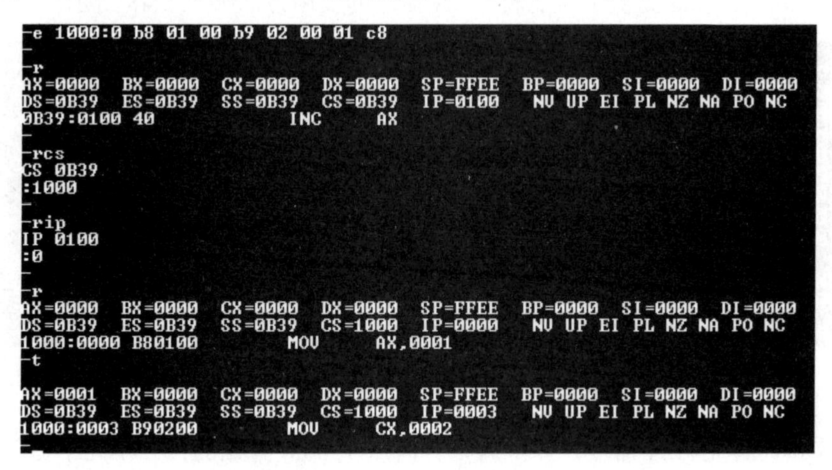

图 2.46　使用 T 命令执行 CS:IP 指向的指令

图 2.46 中，首先用 E 命令向从 1000:0 开始的内存单元中写入了 8 个字节的机器码；然后用 R 命令查看 CPU 中寄存器的状态，可以看到，CS=0b39H、IP=0100H，指向内存 0b39:0100；若要用 T 命令控制 CPU 执行我们写到 1000:0 的指令，必须先让 CS:IP 指向 1000:0；接着用 R 命令修改 CS、IP 中的内容，使 CS:IP 指向 1000:0。

完成上面的步骤后，就可以使用 T 命令来执行我们写入的指令了(此时，CS:IP 指向我们的指令所在的内存单元)。执行 T 命令后，CPU 执行 CS:IP 指向的指令，则 1000:0 处的指令 b8 01 00(mov ax,0001)得到执行，指令执行后，Debug 显示输出 CPU 中寄存器的状态。

注意，指令执行后，AX 中的内容被改写为 1，IP 改变为 IP+3(因为 mov ax,0001 的指令长度为 3 个字节)，CS:IP 指向下一条指令。

接着图 2.46，我们可以继续使用 T 命令执行下面的指令，如图 2.47 所示。

```
AX=0001  BX=0000  CX=0000  DX=0000  SP=FFEE  BP=0000  SI=0000  DI=0000
DS=0B39  ES=0B39  SS=0B39  CS=1000  IP=0003   NV UP EI PL NZ NA PO NC
1000:0003 B90200        MOV     CX,0002
-t

AX=0001  BX=0000  CX=0002  DX=0000  SP=FFEE  BP=0000  SI=0000  DI=0000
DS=0B39  ES=0B39  SS=0B39  CS=1000  IP=0006   NV UP EI PL NZ NA PO NC
1000:0006 01C8          ADD     AX,CX
-t

AX=0003  BX=0000  CX=0002  DX=0000  SP=FFEE  BP=0000  SI=0000  DI=0000
DS=0B39  ES=0B39  SS=0B39  CS=1000  IP=0008   NV UP EI PL NZ NA PE NC
1000:0008 40            INC     AX
-
```

图 2.47 用 T 命令继续执行

在图 2.47 中，用 T 命令继续执行后面的指令，注意每条指令执行后，CPU 相关寄存器内容的变化。

(8) 用 Debug 的 A 命令以汇编指令的形式在内存中写入机器指令。

前面我们使用 E 命令写入机器指令，这样做很不方便，最好能直接以汇编指令的形式写入指令。为此，Debug 提供了 A 命令。 A 命令的使用方法如图 2.48 所示。

```
C:\>debug
-a 1000:0
1000:0000 mov ax,1
1000:0003 mov bx,2
1000:0006 mov cx,3
1000:0009 add ax,bx
1000:000B add ax,cx
1000:000D add ax,ax
1000:000F
-
-d 1000:0 f
1000:0000  B8 01 00 BB 02 00 B9 03-00 01 D8 01 C8 01 C0 00   ........
-
```

图 2.48 用 A 命令向从 1000:0 开始的内存单元中写入指令

图 2.48 中，首先用 A 命令，以汇编语言向从 1000:0 开始的内存单元中写入了几条指令，然后用 D 命令查看 A 命令的执行结果。可以看到，在使用 A 命令写入指令时，我们输入的是汇编指令，Debug 将这些汇编指令翻译为对应的机器指令，将它们的机器码写入内存。

使用 A 命令写入汇编指令时，在给出的起始地址后直接按 Enter 键表示操作结束。

如图 2.49 中，简单地用 A 命令，从一个预设的地址开始输入指令。

```
C:\>debug
-a
0B39:0100 mov ax,1
0B39:0103 mov bx,2
0B39:0106 mov cx,3
0B39:0109 add ax,bx
0B39:010B add ax,cx
0B39:010D add ax,ax
0B39:010F
-
```

图 2.49 从一个预设的地址开始输入指令

本次实验中需要用到的命令

查看、修改 CPU 中寄存器的内容：R 命令

查看内存中的内容：D 命令

修改内存中的内容：E 命令(可以写入数据、指令，在内存中，它们实际上没有区别)

将内存中的内容解释为机器指令和对应的汇编指令：U 命令

执行 CS:IP 指向的内存单元处的指令：T 命令

以汇编指令的形式向内存中写入指令：A 命令

在预备知识中，详细讲解了 Debug 的基本功能和用法。在汇编语言的学习中，Debug 是一个经常用到的工具，在学习预备知识中，应该一边看书一边在机器上操作。

前面提到，我们的原则是：以后用到的，以后再说。所以在这里只讲了一些在本次实验中需要用到的命令的相关的使用方法。以后根据需要，我们会讲解其他的用法。

2. 实验任务

(1) 使用 Debug，将下面的程序段写入内存，逐条执行，观察每条指令执行后 CPU 中相关寄存器中内容的变化。

```
  机器码              汇编指令
b8 20 4e            mov ax,4E20H
05 16 14            add ax,1416H
bb 00 20            mov bx,2000H
01 d8               add ax,bx
89 c3               mov bx,ax
01 d8               add ax,bx
b8 1a 00            mov ax,001AH
bb 26 00            mov bx,0026H
00 d8               add al,bl
00 dc               add ah,bl
00 c7               add bh,al
b4 00               mov ah,0
00 d8               add al,bl
04 9c               add al,9CH
```

提示，可用 E 命令和 A 命令以两种方式将指令写入内存。注意用 T 命令执行时，CS:IP 的指向。

(2) 将下面 3 条指令写入从 2000:0 开始的内存单元中，利用这 3 条指令计算 2 的 8 次方。

```
mov ax,1
```

```
add ax,ax
jmp 2000:0003
```

(3) 查看内存中的内容。

PC 机主板上的 ROM 中写有一个生产日期，在内存 FFF00H~FFFFFH 的某几个单元中，请找到这个生产日期并试图改变它。

提示，如果读者对实验的结果感到疑惑，请仔细阅读第 1 章中的 1.15 节。

(4) 向内存从 B8100H 开始的单元中填写数据，如：

```
-e B810:0000 01 01 02 02 03 03 04 04
```

请读者先填写不同的数据，观察产生的现象；再改变填写的地址，观察产生的现象。

提示，如果读者对实验的结果感到疑惑，请仔细阅读第 1 章中的 1.15 节。

第 3 章　寄存器(内存访问)

第 2 章中，我们主要从 CPU 如何执行指令的角度讲解了 8086CPU 的逻辑结构、形成物理地址的方法、相关的寄存器以及一些指令。读者应在通过了前一章所有的检测点，并完成了实验任务之后，再开始学习当前的课程。这一章中，我们从访问内存的角度继续学习几个寄存器。

3.1　内存中字的存储

CPU 中，用 16 位寄存器来存储一个字。高 8 位存放高位字节，低 8 位存放低位字节。在内存中存储时，由于内存单元是字节单元(一个单元存放一个字节)，则一个字要用两个地址连续的内存单元来存放，这个字的低位字节存放在低地址单元中，高位字节存放在高地址单元中。比如我们从 0 地址开始存放 20000，这种情况如图 3.1 所示。

地址	内容
0	20H
1	4EH
2	12H
3	00H
4	
5	

图 3.1　内存中字的存储

在图 3.1 中，我们用 0、1 两个内存单元存放数据 20000(4E20H)。0、1 两个内存单元用来存储一个字，这两个单元可以看作一个起始地址为 0 的字单元(存放一个字的内存单元，由 0、1 两个字节单元组成)。对于这个字单元来说，0 号单元是低地址单元，1 号单元是高地址单元，则字型数据 4E20H 的低位字节存放在 0 号单元中，高位字节存放在 1 号单元中。同理，将 2、3 号单元看作一个字单元，它的起始地址为 2。在这个字单元中存放数据 18(0012H)，则在 2 号单元中存放低位字节 12H，在 3 号单元中存放高位字节 00H。

我们提出字单元的概念：字单元，即存放一个字型数据(16 位)的内存单元，由两个地址连续的内存单元组成。高地址内存单元中存放字型数据的高位字节，低地址内存单元中存放字型数据的低位字节。

在以后的课程中，我们将起始地址为 N 的字单元简称为 N 地址字单元。比如一个字单元由 2、3 两个内存单元组成，则这个字单元的起始地址为 2，我们可以说这是 2 地址字单元。

问题 3.1

对于图 3.1：

(1)　0 地址单元中存放的字节型数据是多少？

(2)　0 地址字单元中存放的字型数据是多少？

(3) 2 地址单元中存放的字节型数据是多少？
(4) 2 地址字单元中存放的字型数据是多少？
(5) 1 地址字单元中存放的字型数据是多少？

思考后看分析。

分析：

(1) 0 地址单元中存放的字节型数据：20H；
(2) 0 地址字单元中存放的字型数据：4E20H；
(3) 2 地址单元中存放的字节型数据：12H；
(4) 2 地址字单元中存放的字型数据：0012H；
(5) 1 地址字单元，即起始地址为 1 的字单元，它由 1 号单元和 2 号单元组成，用这两个单元存储一个字型数据，高位放在 2 号单元中，即：12H，低位放在 1 号单元中，即：4EH，它们组成字型数据是 124EH，大小为：4686。

从上面的问题中我们看到，任何两个地址连续的内存单元，N 号单元和 N+1 号单元，可以将它们看成两个内存单元，也可看成一个地址为 N 的字单元中的高位字节单元和低位字节单元。

3.2 DS 和[address]

CPU 要读写一个内存单元的时候，必须先给出这个内存单元的地址，在 8086PC 中，内存地址由段地址和偏移地址组成。8086CPU 中有一个 DS 寄存器，通常用来存放要访问数据的段地址。比如我们要读取 10000H 单元的内容，可以用如下的程序段进行。

```
mov bx,1000H
mov ds,bx
mov al,[0]
```

上面的 3 条指令将 10000H(1000:0)中的数据读到 al 中。

下面详细说明指令的含义。

```
mov al,[0]
```

前面我们使用 mov 指令，可完成两种传送：①将数据直接送入寄存器；②将一个寄存器中的内容送入另一个寄存器。

也可以使用 mov 指令将一个内存单元中的内容送入一个寄存器中。从哪一个内存单元送到哪一个寄存器中呢？在指令中必须指明。寄存器用寄存器名来指明，内存单元则需用内存单元的地址来指明。显然，此时 mov 指令的格式应该是：mov 寄存器名，内存单元地址。

“[…]”表示一个内存单元，“[…]”中的 0 表示内存单元的偏移地址。我们知道，只有偏移地址是不能定位一个内存单元的，那么内存单元的段地址是多少呢？指令执行时，8086CPU 自动取 ds 中的数据为内存单元的段地址。

再来看一下，如何用 mov 指令从 10000H 中读取数据。10000H 用段地址和偏移地址表示为 1000:0，我们先将段地址 1000H 放入 ds，然后用 mov al,[0]完成传送。mov 指令中的[]说明操作对象是一个内存单元，[]中的 0 说明这个内存单元的偏移地址是 0，它的段地址默认放在 ds 中，指令执行时，8086CPU 会自动从 ds 中取出。

```
mov bx,1000H
mov ds,bx
```

若要用 mov al,[0]完成数据从 1000:0 单元到 al 的传送，这条指令执行时，ds 中的内容应为段地址 1000H，所以在这条指令之前应该将 1000H 送入 ds。

如何把一个数据送入寄存器呢？我们以前用类似“mov ax,1”这样的指令来完成，从理论上讲，我们可以用相似的方式：mov ds,1000H，来将 1000H 送入 ds。可是，现实并非如此，8086CPU 不支持将数据直接送入段寄存器的操作，ds 是一个段寄存器，所以 mov ds,1000H 这条指令是非法的。那么如何将 1000H 送入 ds 呢？只好用一个寄存器来进行中转，即先将 1000H 送入一个一般的寄存器，如 bx，再将 bx 中的内容送入 ds。

为什么 8086CPU 不支持将数据直接送入段寄存器的操作？这属于 8086CPU 硬件设计的问题，我们只要知道这一点就行了。

问题 3.2

写几条指令，将 al 中的数据送入内存单元 10000H 中，思考后看分析。

分析：

怎样将数据从寄存器送入内存单元？从内存单元到寄存器的格式是：“mov 寄存器名,内存单元地址”，从寄存器到内存单元则是：“mov 内存单元地址,寄存器名”。10000H 可表示为 1000:0，用 ds 存放段地址 1000H，偏移地址是 0，则 mov [0],al 可完成从 al 到 10000H 的数据传送。完整的几条指令是：

```
mov bx,1000H
mov ds,bx
mov [0],al
```

3.3 字的传送

前面我们用 mov 指令在寄存器和内存之间进行字节型数据的传送。因为 8086CPU 是 16 位结构，有 16 根数据线，所以，可以一次性传送 16 位的数据，也就是说可以一次性传送一个字。只要在 mov 指令中给出 16 位的寄存器就可以进行 16 位数据的传送了。比如：

```
mov bx,1000H
mov ds,bx
mov ax,[0]        ;1000:0 处的字型数据送入 ax
mov [0],cx        ;cx 中的 16 位数据送到 1000:0 处
```

问题 3.3

内存中的情况如图 3.2 所示，写出下面的指令执行后寄存器 ax,bx,cx 中的值。

```
mov ax,1000H
mov ds,ax
mov ax,[0]
mov bx,[2]
mov cx,[1]
add bx,[1]
add cx,[2]
```

地址	内容
10000H	23
10001H	11
10002H	22
10003H	66

图 3.2 内存情况示意(1)

思考后看分析。

分析：

进行单步跟踪，看一下每条指令执行后相关寄存器中的值，见表 3.1。

表 3.1 指令执行与寄存器中的内容(1)

指 令	执行后相关寄存器中的内容	说 明
mov ax,1000H	ax=1000H	前两条指令的目的是将 ds 设为 1000H
mov ds,ax	ds=1000H	
mov ax,[0]	ax=1123H	1000:0 处存放的字型数据送入 ax： 1000:1 单元存放字型数据的高 8 位：11H， 1000:0 单元存放字型数据的低 8 位：23H， 所以 1000:0 处存放的字型数据为 1123H。 指令执行时，字型数据的高 8 位送入 ah，字型数据的低 8 位送入 al，则 ax 中的数据为 1123H
mov bx,[2]	bx=6622H	原理同上
mov cx,[1]	cx=2211H	
add bx,[1]	bx=8833H	
add cx,[2]	cx=8833H	

问题 3.4

内存中的情况如图 3.3 所示，写出下面的指令执行后内存中的值，思考后看分析。

```
mov ax,1000H
mov ds,ax
mov ax,11316
mov [0],ax
mov bx,[0]
sub bx,[2]
mov [2],bx
```

地址	内容
10000H	23
10001H	11
10002H	22
10003H	11

图 3.3　内存情况示意(2)

分析：

进行单步跟踪，看一下每条指令执行后相关寄存器或内存单元中的值，见表 3.2。

表 3.2　指令执行与寄存器中的内容(2)

指　令	执行后相关寄存器或内存单元中的内容	说　明
mov ax,1000H	ax=1000H	前两条指令的目的是将 ds 设为 1000H
mov ds,ax	ds=1000H	
mov ax,11316	ax=2C34H	十进制 11316，十六进制 2C34H
mov [0],ax	10000H 34 10001H 2C 10002H 22 10003H 11	ax 中的字型数据送到 1000:0 处： ax 中的字型数据是 2C34H， 高 8 位：2CH，在 ah 中， 低 8 位：34H，在 al 中， 指令执行时，高 8 位送入高地址 1000:1 单元，低 8 位送入低地址 1000:0 单元
mov bx,[0]	bx=2C34H	bx=bx 中的字型数据-1000:2 处的字型数据=2C34H-1122H=1B12H
sub bx,[2]	bx=1B12H	
mov [2],bx	10000H 34 10001H 2C 10002H 12 10003H 1B	bx 中的字型数据送到 1000:2 处

3.4　mov、add、sub 指令

前面我们用到了 mov、add、sub 指令，它们都带有两个操作对象。

到现在，我们知道，mov 指令可以有以下几种形式。

mov　寄存器，数据　　　　比如：mov ax,8
mov　寄存器，寄存器　　　比如：mov ax,bx
mov　寄存器，内存单元　　比如：mov ax,[0]
mov　内存单元，寄存器　　比如：mov [0],ax
mov　段寄存器，寄存器　　比如：mov ds,ax

我们可以根据这些已知指令进行下面的推测。

(1) 既然有“mov 段寄存器，寄存器”，从寄存器向段寄存器传送数据，那么也应该有“mov 寄存器，段寄存器”，从段寄存器向寄存器传送数据。一个合理的设想是：8086CPU 内部有寄存器到段寄存器的通路，那么也应该有相反的通路。

有了推测，我们还要验证一下。进入 Debug，用 A 命令，如图 3.4 所示。

```
C:\>debug
-a
0B39:0100 mov ax,ds
0B39:0102
-r
AX=0000  BX=0000  CX=0000  DX=0000  SP=FFEE  BP=0000  SI=0000  DI=0000
DS=0B39  ES=0B39  SS=0B39  CS=0B39  IP=0100   NV UP EI PL NZ NA PO NC
0B39:0100 8CD8          MOV     AX,DS
-t

AX=0B39  BX=0000  CX=0000  DX=0000  SP=FFEE  BP=0000  SI=0000  DI=0000
DS=0B39  ES=0B39  SS=0B39  CS=0B39  IP=0102   NV UP EI PL NZ NA PO NC
0B39:0102 CE            INTO
-
```

图 3.4 试验 mov ax,ds

图 3.4 中，用 A 命令在一个预设的地址 0B39:0100 处，用汇编的形式 mov ax,ds 写入指令，再用 T 命令执行，可以看到执行的结果，段寄存器 ds 中的值送到了寄存器 ax 中。通过验证我们知道，“mov 寄存器，段寄存器”是正确的指令。

(2) 既然有“mov 内存单元，寄存器”，从寄存器向内存单元传送数据，那么也应该有“mov 内存单元，段寄存器”，从段寄存器向内存单元传送数据。比如我们可以将段寄存器 cs 中的内容送入内存 10000H 处，指令如下。

```
mov ax,1000H
mov ds,ax
mov [0],cs
```

在 Debug 中进行试验，如图 3.5 所示。

```
C:\>debug
-a
0B39:0100 mov ax,1000
0B39:0103 mov ds,ax
0B39:0105 mov [0],cs
0B39:0109
-r
AX=0000  BX=0000  CX=0000  DX=0000  SP=FFEE  BP=0000  SI=0000  DI=0000
DS=0B39  ES=0B39  SS=0B39  CS=0B39  IP=0100   NV UP EI PL NZ NA PO NC
0B39:0100 B80010        MOV     AX,1000
-t

AX=1000  BX=0000  CX=0000  DX=0000  SP=FFEE  BP=0000  SI=0000  DI=0000
DS=0B39  ES=0B39  SS=0B39  CS=0B39  IP=0103   NV UP EI PL NZ NA PO NC
0B39:0103 8ED8          MOV     DS,AX
-t

AX=1000  BX=0000  CX=0000  DX=0000  SP=FFEE  BP=0000  SI=0000  DI=0000
DS=1000  ES=0B39  SS=0B39  CS=0B39  IP=0105   NV UP EI PL NZ NA PO NC
0B39:0105 8C0E0000      MOV     [0000],CS                       DS:0000=0000
-t

AX=1000  BX=0000  CX=0000  DX=0000  SP=FFEE  BP=0000  SI=0000  DI=0000
DS=1000  ES=0B39  SS=0B39  CS=0B39  IP=0109   NV UP EI PL NZ NA PO NC
0B39:0109 06            PUSH    ES
-d 1000:0
1000:0000  39 0B 00 00 00 00 00 00-00 00 00 00 00 00 00 00   9...............
1000:0010  00 00 00 00 00 00 00 00-00 00 00 00 00 00 00 00   ................
1000:0020  00 00 00 00 00 00 00 00-00 00 00 00 00 00 00 00   ................
1000:0030  00 00 00 00 00 00 00 00-00 00 00 00 00 00 00 00   ................
1000:0040  00 00 00 00 00 00 00 00-00 00 00 00 00 00 00 00   ................
1000:0050  00 00 00 00 00 00 00 00-00 00 00 00 00 00 00 00   ................
1000:0060  00 00 00 00 00 00 00 00-00 00 00 00 00 00 00 00   ................
1000:0070  00 00 00 00 00 00 00 00-00 00 00 00 00 00 00 00   ................
-
```

图 3.5 试验 mov [0],cs

图 3.5 中，当 CS:IP 指向 0B39:0105 的时候，Debug 显示当前的指令 mov [0000],cs，因为这是一条访问内存的指令，Debug 还显示出指令要访问的内存单元中的内容。由于指令中的 CS 是一个 16 位寄存器，所以要访问(写入)的内存单元是一个字单元，它的偏移地址为 0，段地址在 ds 中，Debug 在屏幕右边显示出“DS:0000=0000”，我们可以知道这个字单元中的内容为 0。

mov [0000],cs 执行后，CS 中的数据(0B39H)被写入 1000:0 处，1000:1 单元存放 0BH，1000:0 单元存放 39H。

最后，用 D 命令从 1000:0 开始查看指令执行后内存中的情况，注意 1000:0、1000:1 两个单元的内容。

(3) “mov 段寄存器，内存单元”也应该可行，比如我们可以用 10000H 处存放的字型数据设置 ds(即将 10000H 处存放的字型数据送入 ds)，指令如下。

```
mov ax,1000H
mov ds,ax
mov ds,[0]
```

可以自行在 Debug 中进行试验。

add 和 sub 指令同 mov 一样，都有两个操作对象。它们也可以有以下几种形式。

add	寄存器，数据	比如：add ax,8
add	寄存器，寄存器	比如：add ax,bx
add	寄存器，内存单元	比如：add ax,[0]
add	内存单元，寄存器	比如：add [0],ax
sub	寄存器，数据	比如：sub ax,9
sub	寄存器，寄存器	比如：sub ax,bx
sub	寄存器，内存单元	比如：sub ax,[0]
sub	内存单元，寄存器	比如：sub [0],ax

它们可以对段寄存器进行操作吗？比如“add ds,ax”。请自行在 Debug 中试验。

3.5 数　据　段

前面讲过(参见 2.8 节)，对于 8086PC 机，在编程时，可以根据需要，将一组内存单元定义为一个段。我们可以将一组长度为 N(N≤64KB)、地址连续、起始地址为 16 的倍数的内存单元当作专门存储数据的内存空间，从而定义了一个数据段。比如用 123B0H~123B9H 这段内存空间来存放数据，我们就可以认为，123B0H~123B9H 这段内存是一个数据段，它的段地址为 123BH，长度为 10 个字节。

如何访问数据段中的数据呢？将一段内存当作数据段，是我们在编程时的一种安排，可以在具体操作的时候，用 ds 存放数据段的段地址，再根据需要，用相关指令访问数据段中的具体单元。

比如，将 123B0H~123B9H 的内存单元定义为数据段。现在要累加这个数据段中的前 3 个单元中的数据，代码如下。

```
mov ax,123BH
mov ds,ax          ;将 123BH 送入 ds 中，作为数据段的段地址
mov al,0           ;用 al 存放累加结果
add al,[0]         ;将数据段第一个单元(偏移地址为 0)中的数值加到 al 中
add al,[1]         ;将数据段第二个单元(偏移地址为 1)中的数值加到 al 中
add al,[2]         ;将数据段第三个单元(偏移地址为 2)中的数值加到 al 中
```

问题 3.5

写几条指令，累加数据段中的前 3 个字型数据，思考后看分析。

分析：

代码如下。

```
mov ax,123BH
mov ds,ax          ;将 123BH 送入 ds 中，作为数据段的段地址
mov ax,0           ;用 ax 存放累加结果
add ax,[0]         ;将数据段第一个字(偏移地址为 0)加到 ax 中
add ax,[2]         ;将数据段第二个字(偏移地址为 2)加到 ax 中
add ax,[4]         ;将数据段第三个字(偏移地址为 4)加到 ax 中
```

注意，一个字型数据占两个单元，所以偏移地址是 0、2、4。

3.1~3.5 小　结

(1) 字在内存中存储时，要用两个地址连续的内存单元来存放，字的低位字节存放在低地址单元中，高位字节存放在高地址单元中。

(2) 用 mov 指令访问内存单元，可以在 mov 指令中只给出单元的偏移地址，此时，段地址默认在 DS 寄存器中。

(3) [address]表示一个偏移地址为 address 的内存单元。

(4) 在内存和寄存器之间传送字型数据时，高地址单元和高 8 位寄存器、低地址单元和低 8 位寄存器相对应。

(5) mov、add、sub是具有两个操作对象的指令。jmp是具有一个操作对象的指令。

(6) 可以根据自己的推测，在Debug中实验指令的新格式。

检测点 3.1

(1) 在Debug中，用"d 0:0 1f"查看内存，结果如下。

```
0000:0000 70 80 F0 30 EF 60 30 E2-00 80 80 12 66 20 22 60
0000:0010 62 26 E6 D6 CC 2E 3C 3B-AB BA 00 00 26 06 66 88
```

下面的程序执行前，AX=0，BX=0，写出每条汇编指令执行完后相关寄存器中的值。

```
mov ax,1
mov ds,ax
mov ax,[0000]        AX=__________
mov bx,[0001]        BX=__________
mov ax,bx            AX=__________
mov ax,[0000]        AX=__________
mov bx,[0002]        BX=__________
add ax,bx            AX=__________
add ax,[0004]        AX=__________
mov ax,0             AX=__________
mov al,[0002]        AX=__________
mov bx,0             BX=__________
mov bl,[000C]        BX=__________
add al,bl            AX=__________
```

提示，注意ds的设置。

(2) 内存中的情况如图3.6所示。

各寄存器的初始值：CS=2000H，IP=0，DS=1000H，AX=0，BX=0；

① 写出CPU执行的指令序列(用汇编指令写出)。

② 写出CPU执行每条指令后，CS、IP和相关寄存器中的数值。

③ 再次体会：数据和程序有区别吗？如何确定内存中的信息哪些是数据，哪些是程序？

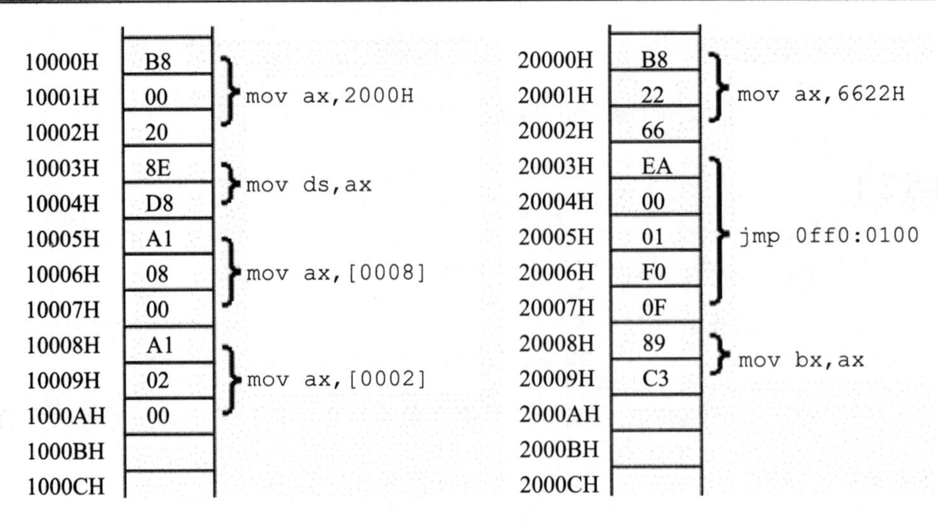

图 3.6　内存情况示意

3.6　栈

在这里，我们对栈的研究仅限于这个角度：栈是一种具有特殊的访问方式的存储空间。它的特殊性就在于，最后进入这个空间的数据，最先出去。

可以用一个盒子和 3 本书来描述栈的这种操作方式。

一个开口的盒子就可以看成一个栈空间，现在有 3 本书，《高等数学》、《C 语言》、《软件工程》，把它们放到盒子中，操作的过程如图 3.7 所示。

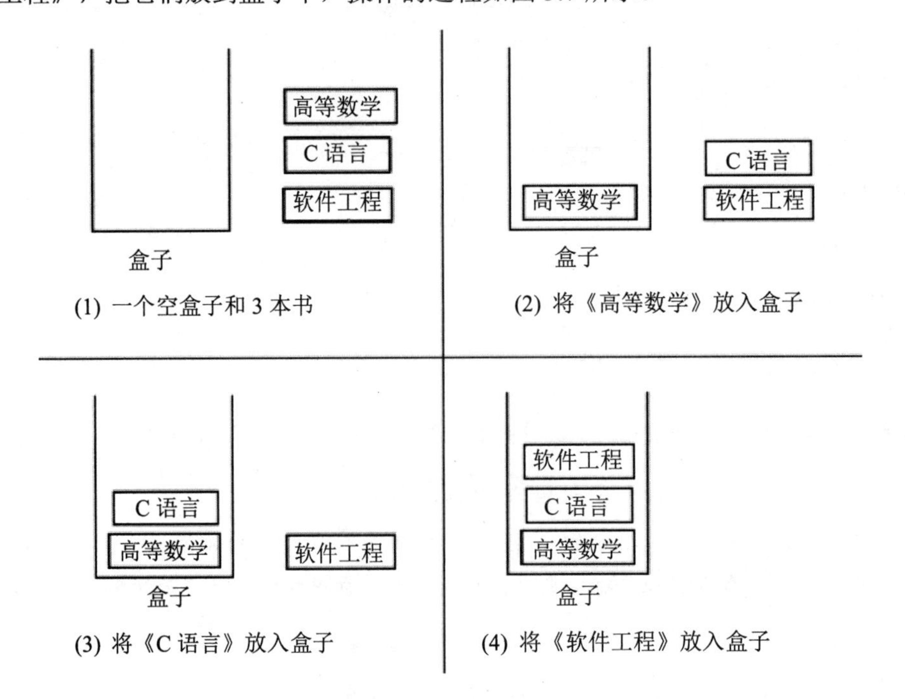

图 3.7　入栈的方式

现在的问题是，一次只允许取一本，我们如何将 3 本书从盒子中取出来？

显然，必须从盒子的最上边取。这样取出的顺序就是：《软件工程》、《C 语言》、《高等数学》，和放入的顺序相反，如图 3.8 所示。

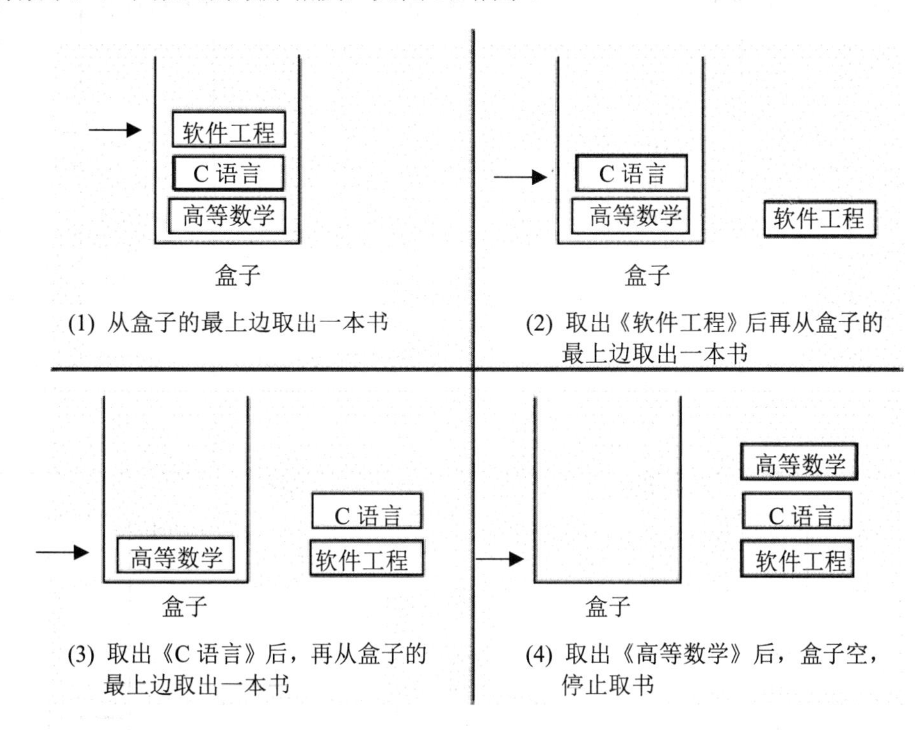

图 3.8　出栈的方式

从程序化的角度来讲，应该有一个标记，这个标记一直指示着盒子最上边的书。

如果说，上例中的盒子就是一个栈，我们可以看出，栈有两个基本的操作：入栈和出栈。入栈就是将一个新的元素放到栈顶，出栈就是从栈顶取出一个元素。栈顶的元素总是最后入栈，需要出栈时，又最先被从栈中取出。栈的这种操作规则被称为：LIFO(Last In First Out，后进先出)。

3.7　CPU 提供的栈机制

现今的 CPU 中都有栈的设计，8086CPU 也不例外。8086CPU 提供相关的指令来以栈的方式访问内存空间。这意味着，在基于 8086CPU 编程的时候，可以将一段内存当作栈来使用。

8086CPU 提供入栈和出栈指令，最基本的两个是 PUSH(入栈) 和 POP(出栈)。比如，push ax 表示将寄存器 ax 中的数据送入栈中，pop ax 表示从栈顶取出数据送入 ax。8086CPU 的入栈和出栈操作都是以字为单位进行的。

下面举例说明，我们可以将 10000H~1000FH 这段内存当作栈来使用。

图 3.9 描述了下面一段指令的执行过程。

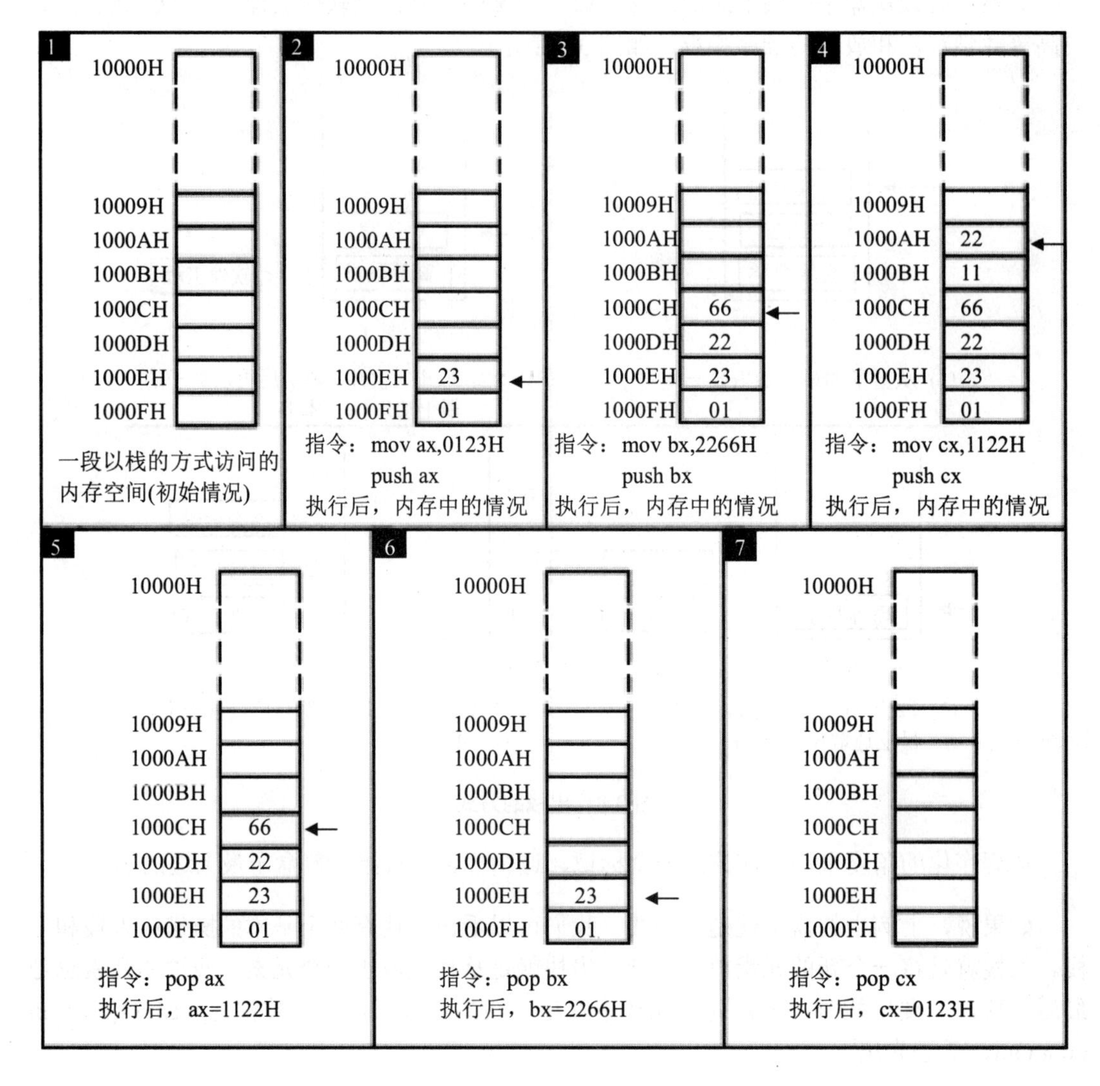

图 3.9　8086CPU 的栈操作

```
mov ax,0123H
push ax
mov bx,2266H
push bx
mov cx,1122H
push cx
pop ax
pop bx
pop cx
```

注意，字型数据用两个单元存放，高地址单元存放高 8 位，低地址单元存放低 8 位。

读者看到图 3.9 所描述的 push 和 pop 指令的执行过程，是否有一些疑惑？总结一下，大概是这两个问题。

其一，我们将 10000H~1000FH 这段内存当作栈来使用，CPU 执行 push 和 pop 指令时，将对这段空间按照栈的后进先出的规则进行访问。但是，一个重要的问题是，CPU 如何知道 10000H~1000FH 这段空间被当作栈来使用？

其二，push ax 等入栈指令执行时，要将寄存器中的内容放入当前栈顶单元的上方，成为新的栈顶元素；pop ax 等指令执行时，要从栈顶单元中取出数据，送入寄存器中。显然，push、pop 在执行的时候，必须知道哪个单元是栈顶单元，可是，如何知道呢？

这不禁让我们想起另外一个讨论过的问题，就是，CPU 如何知道当前要执行的指令所在的位置？我们现在知道答案，那就是 CS、IP 中存放着当前指令的段地址和偏移地址。现在的问题是：CPU 如何知道栈顶的位置？显然，也应该有相应的寄存器来存放栈顶的地址，8086CPU 中，有两个寄存器，段寄存器 SS 和寄存器 SP，栈顶的段地址存放在 SS 中，偏移地址存放在 SP 中。**任意时刻，SS:SP 指向栈顶元素**。push 指令和 pop 指令执行时，CPU 从 SS 和 SP 中得到栈顶的地址。

现在，我们可以完整地描述 push 和 pop 指令的功能了，例如 push ax。

push ax 的执行，由以下两步完成。

(1) SP=SP−2，SS:SP 指向当前栈顶前面的单元，以当前栈顶前面的单元为新的栈顶；
(2) 将 ax 中的内容送入 SS:SP 指向的内存单元处，SS:SP 此时指向新栈顶。

图 3.10 描述了 8086CPU 对 push 指令的执行过程。

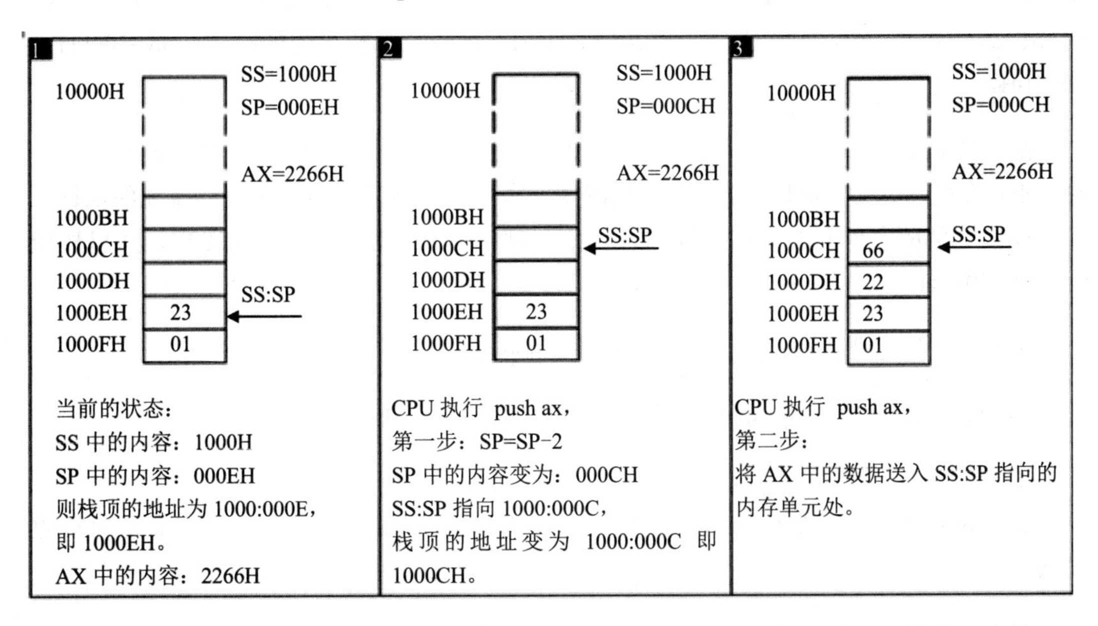

图 3.10　push 指令的执行过程

从图中我们可以看出，8086CPU 中，入栈时，栈顶从高地址向低地址方向增长。

问题 3.6

如果将 10000H~1000FH 这段空间当作栈，初始状态栈是空的，此时，SS=1000H，SP=？思考后看分析。

分析：

SP=0010H，如图 3.11 所示。

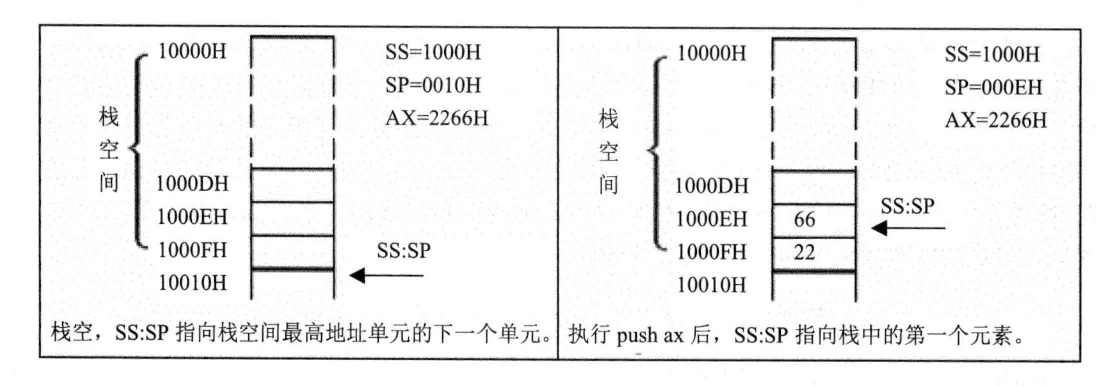

图 3.11 栈空的状态

将 10000H~1000FH 这段空间当作栈段，SS=1000H，栈空间大小为 16 字节，栈最底部的字单元地址为 1000:000E。任意时刻，SS:SP 指向栈顶，当栈中只有一个元素的时候，SS=1000H，SP=000EH。栈为空，就相当于栈中唯一的元素出栈，出栈后，SP=SP+2，SP 原来为 000EH，加 2 后 SP=10H，所以，当栈为空的时候，SS=1000H，SP=10H。

换一个角度看，任意时刻，SS:SP 指向栈顶元素，当栈为空的时候，栈中没有元素，也就不存在栈顶元素，所以 SS:SP 只能指向栈的最底部单元下面的单元，该单元的偏移地址为栈最底部的字单元的偏移地址+2，栈最底部字单元的地址为 1000:000E，所以栈空时，SP=0010H。

接下来，我们描述 pop 指令的功能，例如 pop ax。

pop ax 的执行过程和 push ax 刚好相反，由以下两步完成。

(1) 将 SS:SP 指向的内存单元处的数据送入 ax 中；

(2) SP=SP+2，SS:SP 指向当前栈顶下面的单元，以当前栈顶下面的单元为新的栈顶。

图 3.12 描述了 8086CPU 对 pop 指令的执行过程。

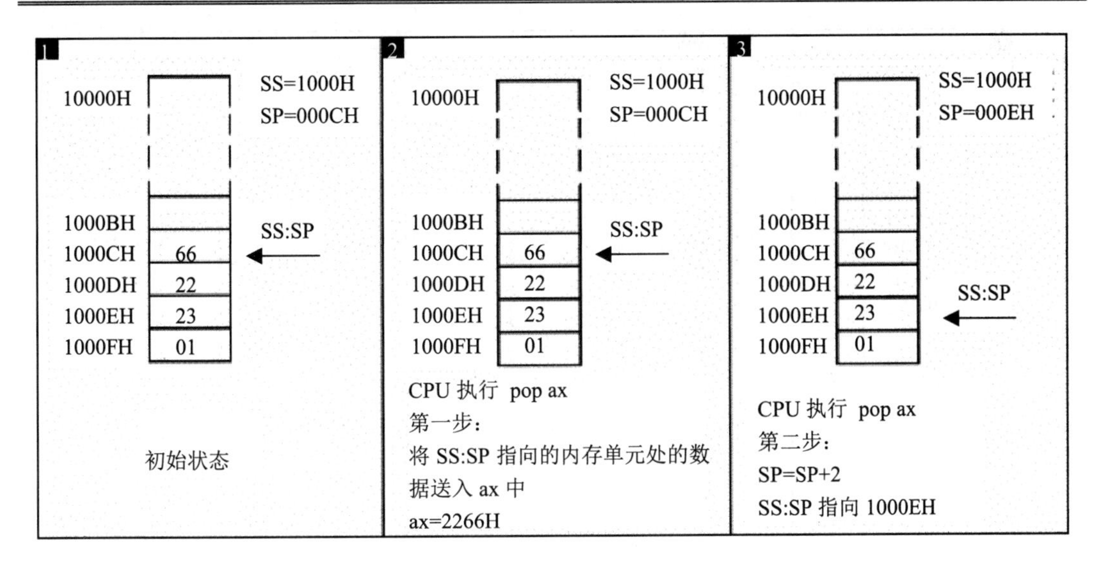

图 3.12 pop 指令的执行过程

注意，图 3.12 中，出栈后，SS:SP 指向新的栈顶 1000EH，pop 操作前的栈顶元素，1000CH 处的 2266H 依然存在，但是，它已不在栈中。当再次执行 push 等入栈指令后，SS:SP 移至 1000CH，并在里面写入新的数据，它将被覆盖。

3.8 栈顶超界的问题

我们现在知道，8086CPU 用 SS 和 SP 指示栈顶的地址，并提供 push 和 pop 指令实现入栈和出栈。

但是，还有一个问题需要讨论，就是 SS 和 SP 只是记录了栈顶的地址，依靠 SS 和 SP 可以保证在入栈和出栈时找到栈顶。可是，如何能够保证在入栈、出栈时，栈顶不会超出栈空间？

图 3.13 描述了在执行 push 指令后，栈顶超出栈空间的情况。

图 3.13 中，将 10010H~1001FH 当作栈空间，该栈空间容量为 16 字节(8 字)，初始状态为空，SS=1000H、SP=0020H，SS:SP 指向 10020H；

在执行 8 次 push ax 后，向栈中压入 8 个字，栈满，SS:SP 指向 10010H；

再次执行 push ax：sp=sp−2，SS:SP 指向 1000EH，栈顶超出了栈空间，ax 中的数据送入 1000EH 单元处，将栈空间外的数据覆盖。

图 3.14 描述了在执行 pop 指令后，栈顶超出栈空间的情况。

图 3.14 中，将 10010H~1001FH 当作栈空间，该栈空间容量为 16 字节(8 字)，当前状态为满，SS=1000H、SP=0010H，SS:SP 指向 10010H；

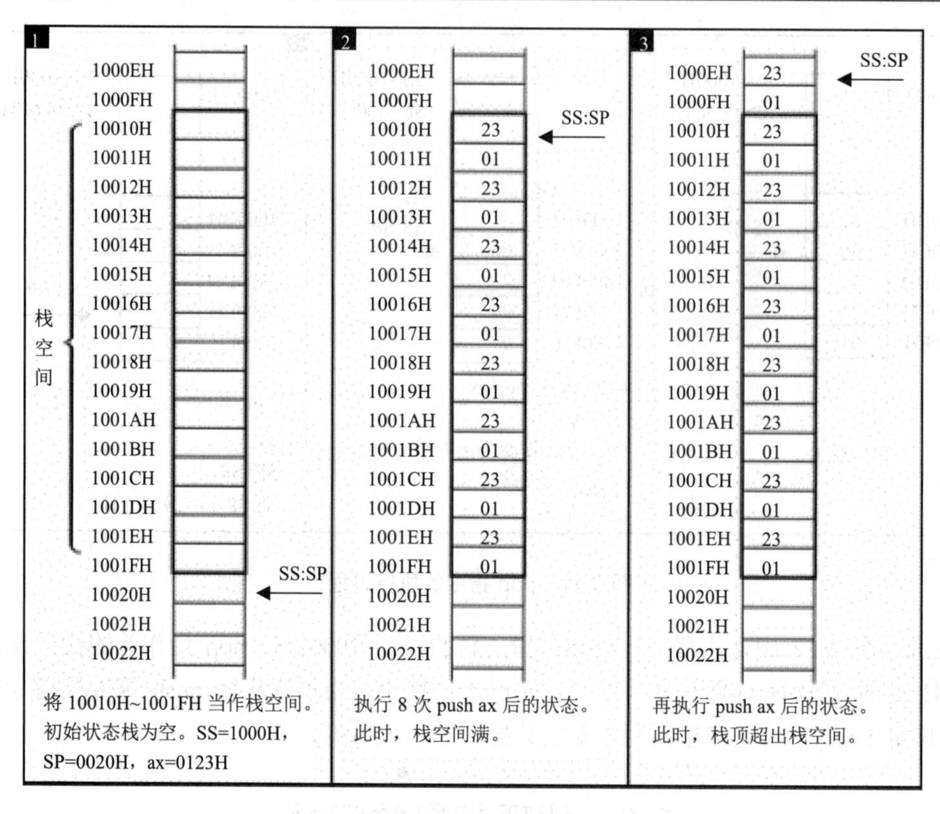

图 3.13　执行 push 后栈顶超出栈空间

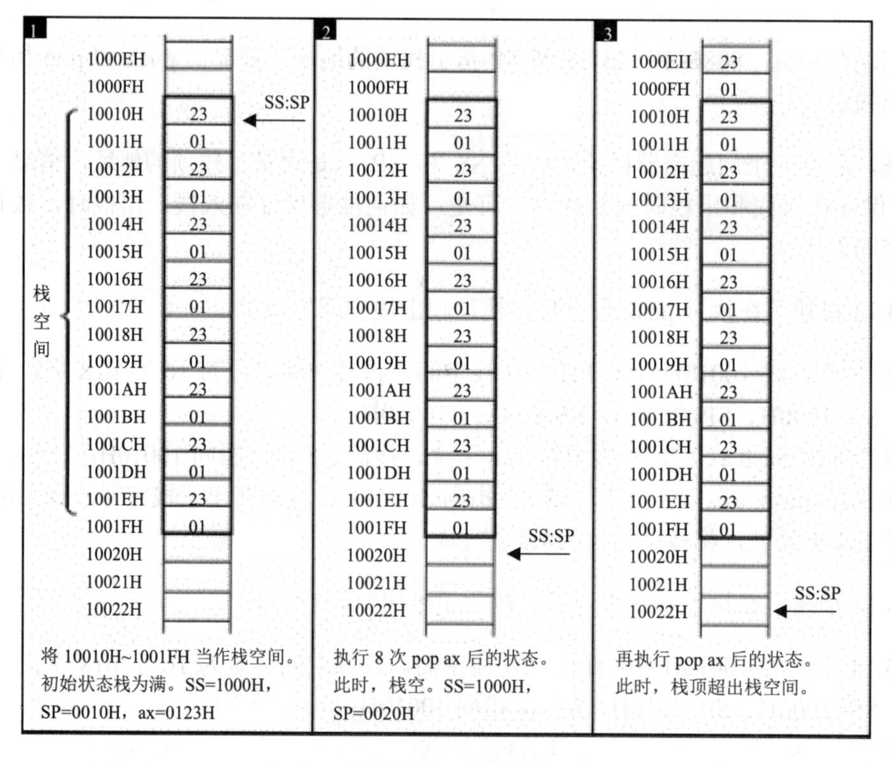

图 3.14　执行 pop 后栈顶超出栈空间

在执行 8 次 pop ax 后，从栈中弹出 8 个字，栈空，SS:SP 指向 10020H；

再次执行 pop ax：sp=sp+2，SS:SP 指向 10022H，栈顶超出了栈空间。此后，如果再执行 push 指令，10020H、10021H 中的数据将被覆盖。

上面描述了执行 push、pop 指令时，发生的栈顶超界问题。可以看到，当栈满的时候再使用 push 指令入栈，或栈空的时候再使用 pop 指令出栈，都将发生栈顶超界问题。

栈顶超界是危险的，因为我们既然将一段空间安排为栈，那么在栈空间之外的空间里很可能存放了具有其他用途的数据、代码等，这些数据、代码可能是我们自己程序中的，也可能是别的程序中的(毕竟一个计算机系统中并不是只有我们自己的程序在运行)。但是由于我们在入栈出栈时的不小心，而将这些数据、代码意外地改写，将会引发一连串的错误。

我们当然希望 CPU 可以帮我们解决这个问题，比如说在 CPU 中有记录栈顶上限和栈底的寄存器，我们可以通过填写这些寄存器来指定栈空间的范围，然后，CPU 在执行 push 指令的时候靠检测栈顶上限寄存器、在执行 pop 指令的时候靠检测栈底寄存器保证不会超界。

不过，对于 8086CPU，这只是我们的一个设想(我们当然可以这样设想，如果 CPU 是我们设计的话，这也就不仅仅是一个设想)。实际的情况是，8086CPU 中并没有这样的寄存器。

8086CPU 不保证我们对栈的操作不会超界。这也就是说，8086CPU 只知道栈顶在何处(由 SS:SP 指示)，而不知道我们安排的栈空间有多大。这点就好像 CPU 只知道当前要执行的指令在何处(由 CS:IP 指示)，而不知道要执行的指令有多少。从这两点上我们可以看出 8086CPU 的工作机理，它只考虑当前的情况：当前的栈顶在何处、当前要执行的指令是哪一条。

我们在编程的时候要自己操心栈顶超界的问题，要根据可能用到的最大栈空间，来安排栈的大小，防止入栈的数据太多而导致的超界；执行出栈操作的时候也要注意，以防栈空的时候继续出栈而导致的超界。

3.9　push、pop 指令

前面我们一直在使用 push ax 和 pop ax，显然 push 和 pop 指令是可以在寄存器和内存(栈空间当然也是内存空间的一部分，它只是一段可以以一种特殊的方式进行访问的内存空间。)之间传送数据的。

push 和 pop 指令的格式可以是如下形式：

```
push 寄存器        ;将一个寄存器中的数据入栈
pop 寄存器         ;出栈，用一个寄存器接收出栈的数据
```

当然也可以是如下形式：

```
push 段寄存器      ;将一个段寄存器中的数据入栈
pop 段寄存器       ;出栈，用一个段寄存器接收出栈的数据
```

push 和 pop 也可以在内存单元和内存单元之间传送数据，我们可以：

```
push 内存单元      ;将一个内存字单元处的字入栈(注意：栈操作都是以字为单位)
pop 内存单元       ;出栈，用一个内存字单元接收出栈的数据
```

比如：

```
mov ax,1000H
mov ds,ax          ;内存单元的段地址要放在 ds 中
push [0]           ;将 1000:0 处的字压入栈中
pop [2]            ;出栈，出栈的数据送入 1000:2 处
```

指令执行时，CPU 要知道内存单元的地址，可以在 push、pop 指令中只给出内存单元的偏移地址，段地址在指令执行时，CPU 从 ds 中取得。

问题 3.7

编程，将 10000H~1000FH 这段空间当作栈，初始状态栈是空的，将 AX、BX、DS 中的数据入栈。

思考后看分析。

分析：

代码如下。

```
mov ax,1000H
mov ss,ax          ;设置栈的段地址，SS=1000H，不能直接向段寄存器 SS 中送入
                   ;数据，所以用 ax 中转。

mov sp,0010H       ;设置栈顶的偏移地址，因栈为空，所以 sp=0010H。如果
                   ;对栈为空时 SP 的设置还有疑问，复习 3.7 节、问题 3.6
                   ;上面的 3 条指令设置栈顶地址。编程中要自己注意栈的大小。

push ax
push bx
push ds
```

问题 3.8

编程：

(1) 将 10000H~1000FH 这段空间当作栈，初始状态栈是空的；

(2) 设置 AX=001AH，BX=001BH；

(3) 将 AX、BX 中的数据入栈；

(4) 然后将 AX、BX 清零；
(5) 从栈中恢复 AX、BX 原来的内容。

思考后看分析。

分析：

代码如下。

```
mov ax,1000H
mov ss,ax
mov sp,0010H            ;初始化栈顶，栈的情况如图 3.15(a)所示

mov ax,001AH
mov bx,001BH

push ax
push bx                 ;ax、bx 入栈，栈的情况如图 3.15(b)所示

sub ax,ax               ;将 ax 清零，也可以用 mov ax,0，
                        ;sub ax,ax 的机器码为 2 个字节，
                        ;mov ax,0 的机器码为 3 个字节。
sub bx,bx

pop bx                  ;从栈中恢复 ax、bx 原来的数据，当前栈顶的内容是 bx
pop ax                  ;中原来的内容：001BH，ax 中原来的内容 001AH 在栈顶
                        ;的下面，所以要先 pop bx，然后再 pop ax。
```

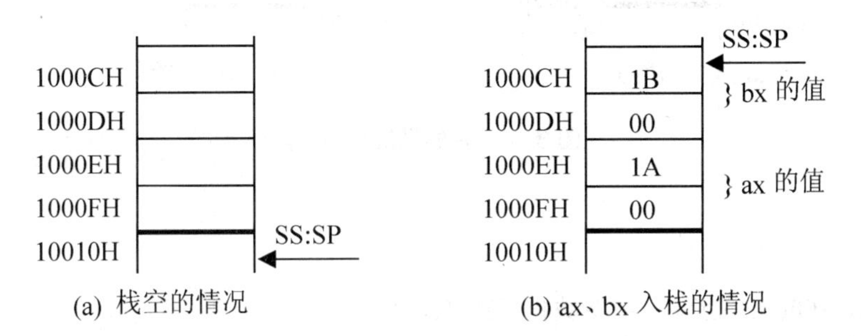

图 3.15　栈的情况示意(1)

从上面的程序我们看到，用栈来暂存以后需要恢复的寄存器中的内容时，出栈的顺序要和入栈的顺序相反，因为最后入栈的寄存器的内容在栈顶，所以在恢复时，要最先出栈。

问题 3.9

编程：
(1) 将 10000H~1000FH 这段空间当作栈，初始状态栈是空的；
(2) 设置 AX=001AH，BX=001BH；
(3) 利用栈，交换 AX 和 BX 中的数据。

思考后看分析。

分析：

代码如下。

```
mov ax,1000H
mov ss,ax
mov sp,0010H            ;初始化栈顶，栈的情况如图 3.16(a)所示

mov ax,001AH
mov bx,001BH

push ax
push bx                 ;ax、bx 入栈，栈的情况如图 3.16(b)所示

pop ax                  ;当前栈顶的数据是 bx 中原来的数据：001BH;
                        ;所以先 pop ax，ax=001BH;

pop bx                  ;执行 pop ax 后，栈顶的数据为 ax 原来的数据;
                        ;所以再 pop bx，bx=001AH;
```

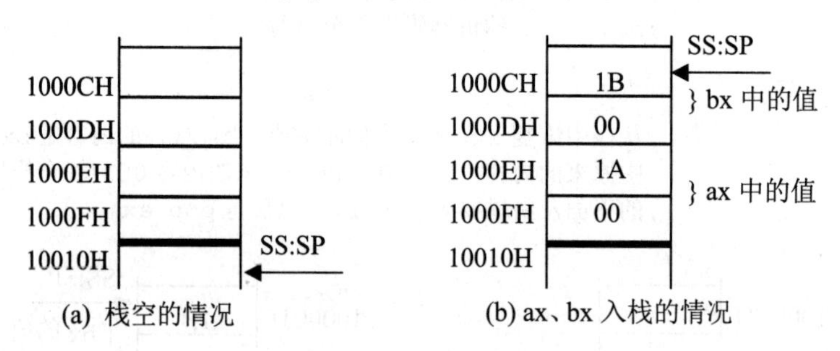

图 3.16　栈的情况示意(2)

问题 3.10

如果要在 10000H 处写入字型数据 2266H，可以用以下的代码完成：

```
mov ax,1000H
mov ds,ax
mov ax,2266H
mov [0],ax
```

补全下面的代码，使它能够完成同样的功能：在 10000H 处写入字型数据 2266H。

要求：不能使用“mov 内存单元，寄存器”这类指令。

____

____

____

```
mov ax,2266H

push ax
```

思考后看分析。

分析：

我们来看需补全代码的最后两条指令，将 ax 中的 2266H 压入栈中，也就是说，最终应由 push ax 将 2266H 写入 10000H 处。问题的关键就在于：如何使 push ax 访问的内存单元是 10000H。

push ax 是入栈指令，它将在栈顶之上压入新的数据。一定要注意：它的执行过程是，先将记录栈顶偏移地址的 SP 寄存器中的内容减 2，使得 SS:SP 指向新的栈顶单元，然后再将寄存器中的数据送入 SS:SP 指向的新的栈顶单元。

所以，要在执行 push ax 之前，将 SS:SP 指向 10002H(可以设 SS=1000H，SP=0002H)，这样，在执行 push ax 的时候，CPU 先将 SP=SP-2，使得 SS:SP 指向 10000H，再将 ax 中的数据送入 SS:SP 指向的内存单元处，即 10000H 处。

完成的程序如下。

```
mov ax,1000H
mov ss,ax
mov sp,2
mov ax,2266H
push ax
```

从问题 3.10 的分析中可以看出，push、pop 实质上就是一种内存传送指令，可以在寄存器和内存之间传送数据，与 mov 指令不同的是，push 和 pop 指令访问的内存单元的地址不是在指令中给出的，而是由 SS:SP 指出的。同时，push 和 pop 指令还要改变 SP 中的内容。

我们要十分清楚的是，push 和 pop 指令同 mov 指令不同，CPU 执行 mov 指令只需一步操作，就是传送，而执行 push、pop 指令却需要两步操作。执行 push 时，CPU 的两步操作是：先改变 SP，后向 SS:SP 处传送。执行 pop 时，CPU 的两步操作是：先读取 SS:SP 处的数据，后改变 SP。

注意，push，pop 等栈操作指令，修改的只是 SP。也就是说，栈顶的变化范围最大为：0~FFFFH。

提供：SS、SP 指示栈顶；改变 SP 后写内存的入栈指令；读内存后改变 SP 的出栈指令。这就是 8086CPU 提供的栈操作机制。

栈 的 综 述

(1) 8086CPU 提供了栈操作机制，方案如下。

在 SS、SP 中存放栈顶的段地址和偏移地址；

提供入栈和出栈指令，它们根据 SS:SP 指示的地址，按照栈的方式访问内存单元。

(2) push 指令的执行步骤：①SP=SP−2；②向 SS:SP 指向的字单元中送入数据。

(3) pop 指令的执行步骤：①从 SS:SP 指向的字单元中读取数据；②SP=SP+2。

(4) 任意时刻，SS:SP 指向栈顶元素。

(5) 8086CPU 只记录栈顶，栈空间的大小我们要自己管理。

(6) 用栈来暂存以后需要恢复的寄存器的内容时，寄存器出栈的顺序要和入栈的顺序相反。

(7) push、pop 实质上是一种内存传送指令，注意它们的灵活应用。

栈是一种非常重要的机制，一定要深入理解，灵活掌握。

3.10 栈 段

前面讲过(参见 2.8 节)，对于 8086PC 机，在编程时，可以根据需要，将一组内存单元定义为一个段。我们可以将长度为 N(N≤64KB)的一组地址连续、起始地址为 16 的倍数的内存单元，当作栈空间来用，从而定义了一个栈段。比如，我们将 10010H~1001FH 这段长度为 16 字节的内存空间当作栈来用，以栈的方式进行访问。这段空间就可以称为一个栈段，段地址为 1001H，大小为 16 字节。

将一段内存当作栈段，仅仅是我们在编程时的一种安排，CPU 并不会由于这种安排，就在执行 push、pop 等栈操作指令时自动地将我们定义的栈段当作栈空间来访问。如何使得如 push、pop 等栈操作指令访问我们定义的栈段呢？前面我们已经讨论过，就是要将 SS:SP 指向我们定义的栈段。

问题 3.11

如果将 10000H~1FFFFH 这段空间当作栈段，初始状态栈是空的，此时，SS=1000H，SP=?

思考后看分析。

分析：

如果将 10000H~1FFFFH 这段空间当作栈段，SS=1000H，栈空间为 64KB，栈最底部的字单元地址为 1000:FFFE。任意时刻，SS:SP 指向栈顶单元，当栈中只有一个元素的时候，SS=1000H，SP=FFFEH。栈为空，就相当于栈中唯一的元素出栈，出栈后，SP=SP+2。

SP 原来为 FFFEH，加 2 后 SP=0，所以，当栈为空的时候，SS=1000H，SP=0。

换一个角度看，任意时刻，SS:SP 指向栈顶元素，当栈为空的时候，栈中没有元素，也就不存在栈顶元素，所以 SS:SP 只能指向栈的最底部单元下面的单元，该单元的地址为栈最底部的字单元的地址+2。栈最底部字单元的地址为 1000:FFFE，所以栈空时，

SP=0000H。

问题 3.12

一个栈段最大可以设为多少？为什么？

思考后看分析。

分析：

这个问题显而易见，提出来只是为了提示我们将相关的知识融会起来。首先从栈操作指令所完成的功能的角度上来看，push、pop 等指令在执行的时候只修改 SP，所以栈顶的变化范围是 0~FFFFH，从栈空时候的 SP=0，一直压栈，直到栈满时 SP=0；如果再次压栈，栈顶将环绕，覆盖了原来栈中的内容。所以一个栈段的容量最大为 64KB。

段 的 综 述

我们可以将一段内存定义为一个段，用一个段地址指示段，用偏移地址访问段内的单元。这完全是我们自己的安排。

我们可以用一个段存放数据，将它定义为“数据段”；
我们可以用一个段存放代码，将它定义为“代码段”；
我们可以用一个段当作栈，将它定义为“栈段”。

我们可以这样安排，但若要让 CPU 按照我们的安排来访问这些段，就要：

对于数据段，将它的段地址放在 DS 中，用 mov、add、sub 等访问内存单元的指令时，CPU 就将我们定义的数据段中的内容当作数据来访问；
对于代码段，将它的段地址放在 CS 中，将段中第一条指令的偏移地址放在 IP 中，这样 CPU 就将执行我们定义的代码段中的指令；
对于栈段，将它的段地址放在 SS 中，将栈顶单元的偏移地址放在 SP 中，这样 CPU 在需要进行栈操作的时候，比如执行 push、pop 指令等，就将我们定义的栈段当作栈空间来用。

可见，不管我们如何安排，CPU 将内存中的某段内容当作代码，是因 CS:IP 指向了那里；CPU 将某段内存当作栈，是因为 SS:SP 指向了那里。我们一定要清楚，什么是我们的安排，以及如何让 CPU 按我们的安排行事。要非常清楚 CPU 的工作机理，才能在控制 CPU 按照我们的安排运行的时候做到游刃有余。

比如我们将 10000H~1001FH 安排为代码段，并在里面存储如下代码：

```
mov ax,1000H
mov ss,ax
mov sp,0020H                ;初始化栈顶
mov ax,cs
mov ds,ax                   ;设置数据段段地址
mov ax,[0]
```

```
add ax,[2]
mov bx,[4]
add bx,[6]
push ax
push bx
pop ax
pop bx
```

设置 CS=1000H，IP=0，这段代码将得到执行。可以看到，在这段代码中，我们又将10000H~1001FH 安排为栈段和数据段。10000H~1001FH 这段内存，既是代码段，又是栈段和数据段。

一段内存，可以既是代码的存储空间，又是数据的存储空间，还可以是栈空间，也可以什么也不是。关键在于 CPU 中寄存器的设置，即 CS、IP，SS、SP，DS 的指向。

检测点 3.2

(1) 补全下面的程序，使其可以将 10000H~1000FH 中的 8 个字，逆序复制到 20000H~2000FH 中。逆序复制的含义如图 3.17 所示(图中内存里的数据均为假设)。

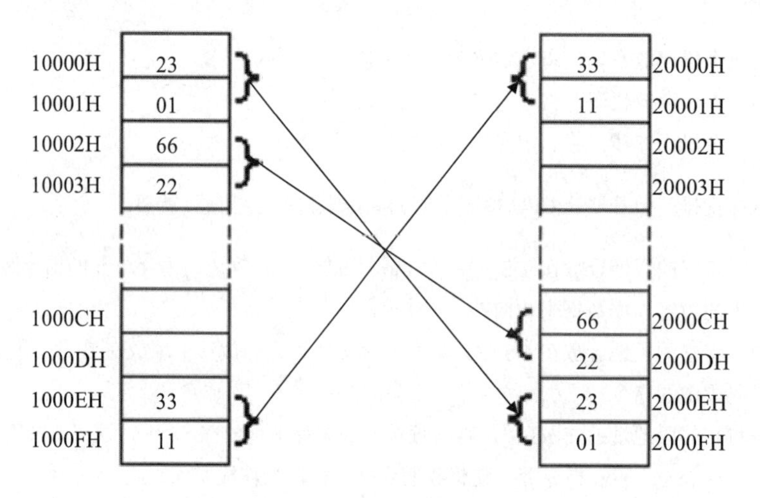

图 3.17 逆序复制示意图

```
mov ax,1000H
mov ds,ax

____________

____________

____________

push [0]
push [2]
push [4]
push [6]
push [8]
```

```
push [A]
push [C]
push [E]
```

(2) 补全下面的程序，使其可以将 10000H~1000FH 中的 8 个字，逆序复制到 20000H~2000FH 中。

```
mov ax,2000H
mov ds,ax

__________

__________

__________

pop [E]
pop [C]
pop [A]
pop [8]
pop [6]
pop [4]
pop [2]
pop [0]
```

实验 2　用机器指令和汇编指令编程

1. 预备知识：Debug 的使用

前面实验中，讲了 Debug 一些主要命令的用法，这里，再补充一些关于 Debug 的知识。

(1) 关于 D 命令。

从上次实验中，我们知道，D 命令是查看内存单元的命令，可以用“d 段地址:偏移地址”的格式查看指定的内存单元的内容，上次实验中，D 命令后面的段地址和偏移地址都是直接给出的。

现在，我们知道段地址是放在段寄存器中的，在 D 命令后面直接给出段地址，是 Debug 提供的一种直观的操作方式。D 命令是由 Debug 执行的，Debug 在执行“d 1000:0”这样的命令时，也会先将段地址 1000H 送入段寄存器中。

Debug 是靠什么来执行 D 命令的？当然是一段程序。

谁来执行这段程序？当然是 CPU。

CPU 在访问内存单元的时候从哪里得到内存单元的段地址？从段寄存器中得到。

所以，Debug 在其处理 D 命令的程序段中，必须有将段地址送入段寄存器的代码。

段寄存器有 4 个：CS、DS、SS、ES，将段地址送入哪个段寄存器呢？

首先不能是 CS，因为 CS:IP 必须指向 Debug 处理 D 命令的代码，也不能是 SS，因为 SS:SP 要指向栈顶。这样只剩下了 DS 和 ES 可以选择，放在哪里呢？我们知道，访问内存的指令如“mov ax,[0]”等一般都默认段地址在 ds 中，所以 Debug 在执行如“d 段地址:偏移地址”这种 D 命令时，将段地址送入 ds 中比较方便。

D 命令也提供了一种符合 CPU 机理的格式：“d 段寄存器:偏移地址”，以段寄存器中的数据为段地址 SA，列出从 SA:偏移地址开始的内存区间中的数据。以下是几个例子。

```
①  -r ds
    :1000
    -d ds:0              ;查看从 1000:0 开始的内存区间中的内容
②  -r ds
    :1000
    -d ds:10 18          ;查看 1000:10~1000:18 中的内容
③  -d cs:0               ;查看当前代码段中的指令代码
④  -d ss:0               ;查看当前栈段中的内容
```

(2) 在 E、A、U 命令中使用段寄存器。

在 E、A、U 这些可以带有内存单元地址的命令中，也可以同 D 命令一样，用段寄存器表示内存单元的段地址，以下是几个例子。

```
①  -r ds
    :1000
    -e ds:0 11 22 33 44 55 66          ;在从 1000:0 开始的内存区间中写入数据
②  -u cs:0              ;以汇编指令的形式，显示当前代码段中的代码，0 代码的偏移地址
③  -r ds
    :1000
    -a ds:0              ;以汇编指令的形式，向从 1000:0 开始的内存单元中写入指令
```

(3) 下一条指令执行了吗？

在 Debug 中，用 A 命令写一段程序：

```
mov ax,2000
mov ss,ax
mov sp,10                    ;安排 2000:0000~2000:000F 为栈空间，初始化栈顶

mov ax,3123
push ax
mov ax,3366
push ax                      ;在栈中压入两个数据
```

仔细看一下图 3.18 中单步执行的结果，你发现了什么问题？

```
C:\>debug
-a
0B39:0100 mov ax,2000
0B39:0103 mov ss,ax
0B39:0105 mov sp,10
0B39:0108 mov ax,3123
0B39:010B push ax
0B39:010C mov ax,3366
0B39:010F push ax
0B39:0110
-r
AX=0000  BX=0000  CX=0000  DX=0000  SP=FFEE  BP=0000  SI=0000  DI=0000
DS=0B39  ES=0B39  SS=0B39  CS=0B39  IP=0100   NV UP EI PL NZ NA PO NC
0B39:0100 B80020        MOV     AX,2000
-t

AX=2000  BX=0000  CX=0000  DX=0000  SP=FFEE  BP=0000  SI=0000  DI=0000
DS=0B39  ES=0B39  SS=0B39  CS=0B39  IP=0103   NV UP EI PL NZ NA PO NC
0B39:0103 8ED0          MOV     SS,AX
-t

AX=2000  BX=0000  CX=0000  DX=0000  SP=0010  BP=0000  SI=0000  DI=0000
DS=0B39  ES=0B39  SS=2000  CS=0B39  IP=0108   NV UP EI PL NZ NA PO NC
0B39:0108 B82331        MOV     AX,3123
-
```

图 3.18　mov sp,10 到哪里去了？

在用 T 命令单步执行 mov ax,2000 后，显示出当前 CPU 各个寄存器的状态和下一步要执行的指令：mov ss,ax；

在用 T 命令单步执行 mov ss,ax 后，显示出当前 CPU 各个寄存器的状态和下一步要执行的指令……，在这里我们发现了一个问题：mov ss,ax 的下一条指令应该是 mov sp,10，怎么变成了 mov ax,3123？

mov sp,10 到哪里去了？它被执行了吗？

我们再仔细观察，发现：

在程序执行前，ax=0000，ss=0b39，sp=ffee
在用 T 命令单步执行 mov ax,2000 后，ax=2000；ss=0b39；sp=ffee
在用 T 命令单步执行 mov ss,ax 后，ax=2000；ss=2000；sp=0010

注意，在用 T 命令单步执行 mov ss,ax 前，ss=0b39，**sp=ffee**，而执行后 ss=2000，**sp=0010**。ss 变为 2000 是正常的，这正是 mov ss,ax 的执行结果。可是 sp 变为 0010 是怎么回事？在这期间，能够将 sp 设为 0010 的只有指令 mov sp,10，看来，mov sp,10 一定是得到了执行。

那么，mov sp,10 是在什么时候被执行的呢？当然是在 mov ss,ax 之后，因为它就是 mov ss,ax 的下一条指令。显然，在用 T 命令执行 mov ss,ax 的时候，它的下一条指令 mov sp,10 也紧接着执行了。

整理一下我们分析的结果：在用 T 命令执行 mov ss,ax 的时候，它的下一条指令 mov sp,10 也紧接着执行了。一般情况下，用 T 命令执行一条指令后，会停止继续执行，显示出当前 CPU 各个寄存器的状态和下一步要执行的指令，但 T 命令执行 mov ss,ax 的时候，没有做到这一点。

不单是 mov ss,ax，对于如 mov ss,bx，mov ss,[0]，pop ss 等指令都会发生上面的情况，这些指令有哪些共性呢？它们都是修改栈段寄存器 SS 的指令。

为什么会这样呢？要想彻底说清楚这里面的来龙去脉，在这里还为时过早，因为这涉及我们在以后的课程中要深入研究的内容：中断机制，它是我们后半部分课程中的一个主题。现在我们只要知道这一点就可以了：Debug 的 T 命令在执行修改寄存器 SS 的指令时，下一条指令也紧接着被执行。

2. 实验任务

(1) 使用 Debug，将下面的程序段写入内存，逐条执行，根据指令执行后的实际运行情况填空。

```
mov ax,ffff
mov ds,ax

mov ax,2200
mov ss,ax

mov sp,0100

mov ax,[0]          ;ax=______
add ax,[2]          ;ax=______
mov bx,[4]          ;bx=______
add bx,[6]          ;bx=______

push ax             ;sp=______ ; 修改的内存单元的地址是_______内容为______
push bx             ;sp=______ ; 修改的内存单元的地址是_______内容为______
pop ax              ;sp=______ ; ax=______
pop bx              ;sp=______ ; bx=______

push [4]            ;sp=______ ; 修改的内存单元的地址是_______内容为______
push [6]            ;sp=______ ; 修改的内存单元的地址是_______内容为______
```

(2) 仔细观察图 3.19 中的实验过程，然后分析：为什么 2000:0~2000:f 中的内容会发生改变？

可能要再做些实验才能发现其中的规律。如果你在这里就正确回答了这个问题，那么要恭喜你，因为你有很好的悟性。大多数的学习者对这个问题还是比较迷惑的，不过不要紧，因为随着课程的进行，这个问题的答案将逐渐变得显而易见。

```
C:\>debug
-a
0B39:0100 mov ax,2000
0B39:0103 mov ss,ax
0B39:0105 mov sp,10
0B39:0108 mov ax,3123
0B39:010B push ax
0B39:010C mov ax,3366
0B39:010F push ax
0B39:0110
-
-e 2000:0 0 0 0 0 0 0 0 0 0 0 0 0 0 0 0 0
-
-d 2000:0 f
2000:0000  00 00 00 00 00 00 00 00-00 00 00 00 00 00 00 00   ...........
-
-r
AX=0000  BX=0000  CX=0000  DX=0000  SP=FFEE  BP=0000  SI=0000  DI=0000
DS=0B39  ES=0B39  SS=0B39  CS=0B39  IP=0100   NV UP EI PL NZ NA PO NC
0B39:0100 B80020        MOV     AX,2000
-t

AX=2000  BX=0000  CX=0000  DX=0000  SP=FFEE  BP=0000  SI=0000  DI=0000
DS=0B39  ES=0B39  SS=0B39  CS=0B39  IP=0103   NV UP EI PL NZ NA PO NC
0B39:0103 8ED0          MOV     SS,AX
-t

AX=2000  BX=0000  CX=0000  DX=0000  SP=0010  BP=0000  SI=0000  DI=0000
DS=0B39  ES=0B39  SS=2000  CS=0B39  IP=0108   NV UP EI PL NZ NA PO NC
0B39:0108 B82331        MOV     AX,3123
-d 2000:0 f
2000:0000  00 00 00 00 00 00 00 20-00 00 08 01 39 0B 9D 05   ....... ...
-
```

图 3.19　用 Debug 进行的实验

第 4 章　第一个程序

终于可以编写第 1 个完整的程序了，我们以前都是在 Debug 中写一些指令，在 Debug 中执行。现在我们将开始编写完整的汇编语言程序，用编译和连接程序将它们编译连接成为可执行文件(如*.exe 文件)，在操作系统中运行。这一章中，我们将编写第一个这样的程序。

为了能够透彻地理解一个完整的程序(尽管它看上去十分简单)，我们将经历一个漫长的过程。

4.1　一个源程序从写出到执行的过程

图 4.1 描述了一个汇编语言程序从写出到最终执行的简要过程。具体说明如下。

第一步：编写汇编源程序。

使用文本编辑器(如 Edit、记事本等)，用汇编语言编写汇编源程序。

这一步工作的结果是产生了一个存储源程序的文本文件。

第二步：对源程序进行编译连接。

使用汇编语言编译程序对源程序文件中的源程序进行编译，产生目标文件；再用连接程序对目标文件进行连接，生成可在操作系统中直接运行的可执行文件。

可执行文件包含两部分内容。

- 程序(从源程序中的汇编指令翻译过来的机器码)和数据(源程序中定义的数据)
- 相关的描述信息(比如，程序有多大、要占用多少内存空间等)

这一步工作的结果：产生了一个可在操作系统中运行的可执行文件。

第三步：执行可执行文件中的程序。

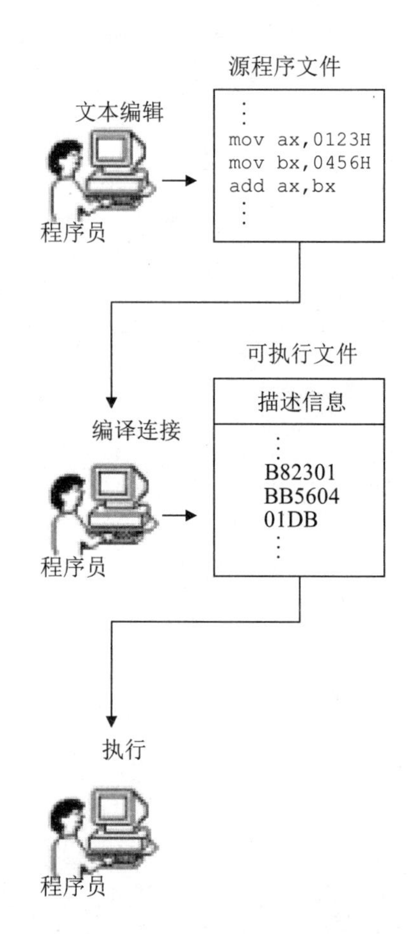

图 4.1　一个汇编语言程序从写出到执行的过程

在操作系统中，执行可执行文件中的程序。

操作系统依照可执行文件中的描述信息，将可执行文件中的机器码和数据加载入内存，并进行相关的初始化(比如设置 CS:IP 指向第一条要执行的指令)，然后由 CPU 执行程序。

下面我们将通过学习一个简单的程序来经历图 4.1 中所描述的过程。

4.2 源 程 序

下面就是一段简单的汇编语言源程序。

程序 4.1

```
assume cs:codesg

codesg segment

        mov ax,0123H
        mov bx,0456H
        add ax,bx
        add ax,ax

        mov ax,4c00H
        int 21H

codesg ends

end
```

下面对程序进行说明。

1. 伪指令

在汇编语言源程序中，包含两种指令，一种是汇编指令，一种是伪指令。汇编指令是有对应的机器码的指令，可以被编译为机器指令，最终为 CPU 所执行。而伪指令没有对应的机器指令，最终不被 CPU 所执行。那么谁来执行伪指令呢？伪指令是由编译器来执行的指令，编译器根据伪指令来进行相关的编译工作。

你现在能看出来程序 4.1 中哪些指令是伪指令吗？

程序 4.1 中出现了 3 种伪指令。

(1) XXX segment
　　⋮
　　⋮
　　⋮

XXX ends

segment 和 ends 是一对成对使用的伪指令，这是在写可被编译器编译的汇编程序时，必须要用到的一对伪指令。segment 和 ends 的功能是定义一个段，segment 说明一个段开始，ends 说明一个段结束。一个段必须有一个名称来标识，使用格式为：

```
段名 segment
    ⋮
段名 ends
```

比如，程序 4.1 中的：

```
codesg segment        ;定义一个段，段的名称为“codesg”，这个段从此开始
    ⋮
codesg ends           ;名称为“codesg”的段到此结束
```

一个汇编程序是由多个段组成的，这些段被用来存放代码、数据或当作栈空间来使用。我们在前面的课程中所讲解的段的概念，在汇编源程序中得到了应用与体现，一个源程序中所有将被计算机所处理的信息：指令、数据、栈，被划分到了不同的段中。

一个有意义的汇编程序中至少要有一个段，这个段用来存放代码。

我们可以看到，程序 4.1 中，在 codesg segment 和 codesg ends 之间写的汇编指令是这个段中存放的内容，这是一个代码段(其中还有我们不认识的指令，后面会进行讲解)。

(2) end

end 是一个汇编程序的结束标记，编译器在编译汇编程序的过程中，如果碰到了伪指令 end，就结束对源程序的编译。所以，在我们写程序的时候，如果程序写完了，要在结尾处加上伪指令 end。否则，编译器在编译程序时，无法知道程序在何处结束。

注意，不要搞混了 end 和 ends，ends 是和 segment 成对使用的，标记一个段的结束，ends 的含义可理解为“end segment”。我们这里讲的 end 的作用是标记整个程序的结束。

(3) assume

这条伪指令的含义为“假设”。它假设某一段寄存器和程序中的某一个用 segment…ends 定义的段相关联。通过 assume 说明这种关联，在需要的情况下，编译程序可以将段寄存器和某一个具体的段相联系。assume 并不是一条非要深入理解不可的伪指令，以后我们编程时，记着用 assume 将有特定用途的段和相关的段寄存器关联起来即可。

比如，在程序 4.1 中，我们用 codesg segment ... codesg ends 定义了一个名为 codseg 的段，在这个段中存放代码，所以这个段是一个代码段。在程序的开头，用 assume cs:codesg 将用作代码段的段 codesg 和 CPU 中的段寄存器 cs 联系起来。

2. 源程序中的“程序”

用汇编语言写的源程序，包括伪指令和汇编指令，我们编程的最终目的是让计算机完成一定的任务。源程序中的汇编指令组成了最终由计算机执行的程序，而源程序中的伪指令是由编译器来处理的，它们并不实现我们编程的最终目的。这里所说的程序就是指源程序中最终由计算机执行、处理的指令或数据。

注意，以后可以将源程序文件中的所有内容称为源程序，将源程序中最终由计算机执行、处理的指令或数据，称为程序。程序最先以汇编指令的形式存在源程序中，经编译、连接后转变为机器码，存储在可执行文件中。这个过程如图 4.2 所示。

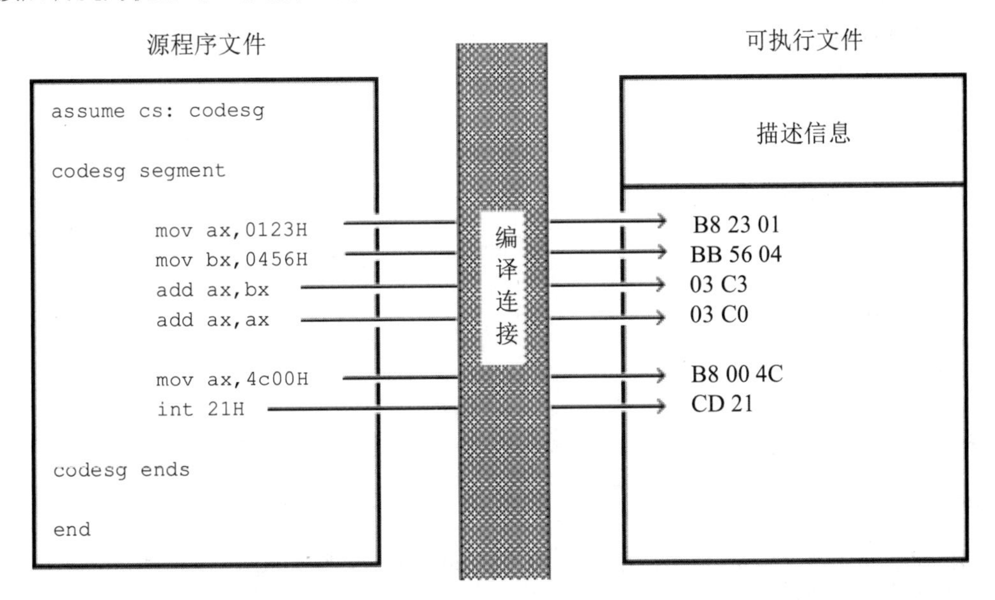

图 4.2　程序经编译连接后变为机器码

3. 标号

汇编源程序中，除了汇编指令和伪指令外，还有一些标号，比如“codesg”。一个标号指代了一个地址。比如 codesg 在 segment 的前面，作为一个段的名称，这个段的名称最终将被编译、连接程序处理为一个段的段地址。

4. 程序的结构

我们现在讨论一下汇编程序的结构。在前 3 章中，我们都是通过直接在 Debug 中写入汇编指令来写汇编程序，对于十分简短的程序这样做的确方便。可对于大一些的程序，就不能如此了。我们需要写出能让编译器进行编译的源程序，这样的源程序应该具备起码的结构。

源程序是由一些段构成的。我们可以在这些段中存放代码、数据，或将某个段当作栈空间。我们现在来一步步地完成一个小程序，从这个过程中体会一下汇编程序中的基本要素和汇编程序的简单框架。

任务：编程运算 2^3。源程序应该怎样来写呢？

(1) 我们要定义一个段，名称为 abc。

```
abc segment
    ⋮
abc ends
```

(2) 在这个段中写入汇编指令，来实现我们的任务。

```
abc segment

  mov ax,2
  add ax,ax
  add ax,ax

abc ends
```

(3) 然后，要指出程序在何处结束。

```
abc segment

  mov ax,2
  add ax,ax
  add ax,ax

abc ends

end
```

(4) abc 被当作代码段来用，所以，应该将 abc 和 cs 联系起来。(当然，对于这个程序，也不是非这样做不可。)

```
assume cs:abc

abc segment

    mov ax,2
    add ax,ax
    add ax,ax

abc ends

end
```

最终写成的程序如程序 4.2 所示。

程序 4.2

```
assume cs:abc

abc segment
```

```
  mov ax,2
  add ax,ax
  add ax,ax

abc ends

end
```

5. 程序返回

我们的程序最先以汇编指令的形式存在源程序中，经编译、连接后转变为机器码，存储在可执行文件中，那么，它怎样得到运行呢？

下面，我们在 DOS(一个单任务操作系统)的基础上，简单地讨论一下这个问题。

一个程序 P2 在可执行文件中，则必须有一个正在运行的程序 P1，将 P2 从可执行文件中加载入内存后，将 CPU 的控制权交给 P2，P2 才能得以运行。P2 开始运行后，P1 暂停运行。

而当 P2 运行完毕后，应该将 CPU 的控制权交还给使它得以运行的程序 P1，此后，P1 继续运行。

现在，我们知道，一个程序结束后，将 CPU 的控制权交还给使它得以运行的程序，我们称这个过程为：**程序返回**。那么，如何返回呢？应该在程序的末尾添加返回的程序段。

我们回过头来，看一下程序 4.1 中的两条指令：

```
mov ax,4c00H
int 21H
```

这两条指令所实现的功能就是程序返回。

在目前阶段，我们不必去理解 int 21H 指令的含义，和为什么要在这条指令的前面加上指令 mov ax,4c00H。我们只要知道，在程序的末尾使用这两条指令就可以实现程序返回。

到目前为止，我们好像已经遇到了几个和结束相关的内容：段结束、程序结束、程序返回。表 4.1 展示了它们的区别。

表 4.1　与结束相关的概念

目　的	相关指令	指令性质	指令执行者
通知编译器一个段结束	段名　ends	伪指令	编译时，由编译器执行
通知编译器程序结束	end	伪指令	编译时，由编译器执行
程序返回	mov ax,4c00H　int 21H	汇编指令	执行时，由 CPU 执行

6. 语法错误和逻辑错误

可见，程序 4.2 在运行时会引发一些问题，因为程序没有返回。当然，这个错误在编译的时候是不能表现出来的，也就是说，程序 4.2 对于编译器来说是正确的程序。

一般说来，程序在编译时被编译器发现的错误是语法错误，比如将程序 4.2 写成如下这样就会发生语法错误：

```
aume cs:abc

abc segment

  mov ax,2
  add ax,ax
  add ax,ax

end
```

显然，程序中有编译器不能识别的 aume，而且编译器在编译的过程中也无法知道 abc 段到何处结束。

在源程序编译后，在运行时发生的错误是逻辑错误。语法错误容易发现，也容易解决。而逻辑错误通常不容易被发现。不过，程序 4.2 中的错误却显而易见，我们将它改正过来：

```
assume cs:abc
abc segment

  mov ax,2
  add ax,ax
  add ax,ax

  mov ax,4c00H
  int 21H

abc ends
end
```

4.3 编辑源程序

可以用任意的文本编辑器来编辑源程序，只要最终将其存储为纯文本文件即可。在我们的课程中，使用 DOS 下的 Edit。以程序 4.1 为例，说明工作过程。

(1) 进入 DOS 方式，运行 Edit，如图 4.3 所示。

```
C:\>edit_
```

图 4.3 运行 Edit

(2) 在 Edit 中编辑程序，如图 4.4 所示。

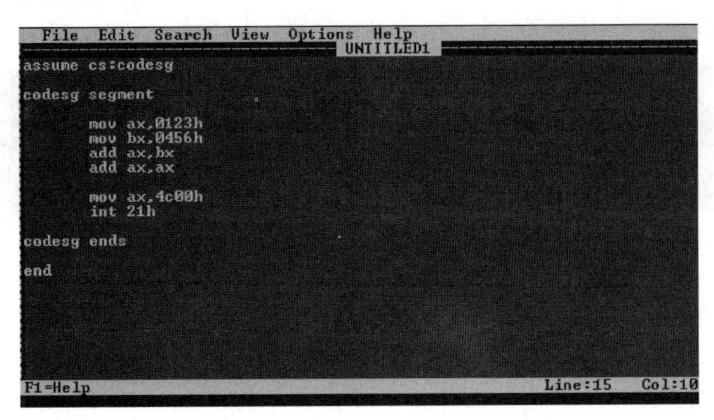

图 4.4　在 Edit 中编辑程序

(3) 将程序保存为文件 c:\1.asm 后，退出 Edit，结束对源程序的编辑。

4.4 编　　译

在 4.3 节中，完成对源程序的编辑后，得到一个源程序文件 c:\1.asm。可以对其进行编译，生成包含机器代码的目标文件。

在编译一个源程序之前首先要找到一个相应的编译器。在我们的课程中，采用微软的 masm5.0 汇编编译器，文件名为 masm.exe。假设汇编编译器在 c:\masm 目录下。可以按照下面的过程来进行源程序的编译，以 c:\1.asm 为例。

(1) 进入 DOS 方式，进入 c:\masm 目录，运行 masm.exe，如图 4.5 所示。

```
C:\masm>masm
Microsoft (R) Macro Assembler Version 5.00
Copyright (C) Microsoft Corp 1981-1985, 1987.  All rights reserved.

Source filename [.ASM]: _
```

图 4.5　运行 masm.exe

图 4.5 中，运行 masm 后，首先显示出一些版本信息，然后提示输入将要被编译的源程序文件的名称。注意，“[.ASM]”提示我们，默认的文件扩展名是 asm，比如，要编译的源程序文件名是“p1.asm”，只要在这里输入“p1”即可。可如果源程序文件不是以 asm 为扩展名的话，就要输入它的全名。比如源程序文件名为“p1.txt”，就要输入全名。

在输入源程序文件名的时候一定要指明它所在的路径。如果文件就在当前路径下，只输入文件名就可以，可如果文件在其他的目录中，则要输入路径，比如，要编译的文件 p1.txt 在“c:\windows\desktop”下，则要输入“c:\windows\desktop\p1.txt”。

这里，我们要编译的文件是 C 盘根目录下的 1.asm，所以此处输入“c:\1.asm”。

(2) 输入要编译的源程序文件名后，按 Enter 键，屏幕显示如图 4.6 所示。

```
C:\masm>masm
Microsoft (R) Macro Assembler Version 5.00
Copyright (C) Microsoft Corp 1981-1985, 1987.  All rights reserved.

Source filename [.ASM]: c:\1.asm
Object filename [1.OBJ]:
```

图 4.6　输入要编译的源程序文件名

图 4.6 中，在输入源程序文件名后，程序继续提示我们输入要编译出的目标文件的名称，目标文件是我们对一个源程序进行编译要得到的最终结果。注意屏幕上的显示：“[1.OBJ]”，因为我们已经输入了源程序文件名为 1.asm，则编译程序默认要输出的目标文件名为 1.obj，所以可以不必再另行指定文件名。直接按 Enter 键，编译程序将在当前的目录下，生成 1.obj 文件。

这里，也可以指定生成的目标文件所在的目录，比如，想让编译程序在“c:\windows\desktop”下生成目标文件 1.obj，则可输入“c:\windows\desktop\1”。

我们直接按 Enter 键，使用编译程序设定的目标文件名。

(3) 确定了目标文件的名称后，屏幕显示如图 4.7 所示。

```
C:\masm>masm
Microsoft (R) Macro Assembler Version 5.00
Copyright (C) Microsoft Corp 1981-1985, 1987.  All rights reserved.

Source filename [.ASM]: 1.asm
Object filename [1.OBJ]:
Source listing  [NUL.LST]: _
```

图 4.7　确定目标文件名称

图 4.7 中，编译程序提示输入列表文件的名称，这个文件是编译器将源程序编译为目标文件的过程中产生的中间结果。可以让编译器不生成这个文件，直接按 Enter 键即可。

(4) 忽略了列表文件的生成后，屏幕显示如图 4.8 所示。

```
C:\masm>masm
Microsoft (R) Macro Assembler Version 5.00
Copyright (C) Microsoft Corp 1981-1985, 1987.  All rights reserved.

Source filename [.ASM]: c:\1.asm
Object filename [1.OBJ]:
Source listing  [NUL.LST]:
Cross-reference [NUL.CRF]: _
```

图 4.8　忽略列表文件的生成

图 4.8 中，编译程序提示输入交叉引用文件的名称，这个文件同列表文件一样，是编译器将源程序编译为目标文件过程中产生的中间结果。可以让编译器不生成这个文件，直接按 Enter 键即可。

(5) 忽略了交叉引用文件的生成后，屏幕显示如图 4.9 所示。

```
C:\masm>masm
Microsoft (R) Macro Assembler Version 5.00
Copyright (C) Microsoft Corp 1981-1985, 1987.  All rights reserved.

Source filename [.ASM]: c:\1.asm
Object filename [1.OBJ]:
Source listing  [NUL.LST]:
Cross-reference [NUL.CRF]:

  51522 + 422654 Bytes symbol space free

      0 Warning Errors
      0 Severe  Errors

C:\masm>_
```

图 4.9　源程序的编译结束

图 4.9 中，对源程序的编译结束，编译器输出的最后两行告诉我们这个源程序没有警告错误和必须要改正的错误。

上面我们通过对 C 盘根目录下的 1.asm 进行编译的过程，展示了使用汇编编译器对源程序进行编译的方法。按照上面的过程进行了编译之后，在编译器 masm.exe 运行的目录 c:\masm 下(即当前路径下)，将出现一个新的文件：1.obj，这是对源程序 1.asm 进行编译所得到的结果。当然，如果编译的过程中出现错误，那么将得不到目标文件。一般来说，有两类错误使我们得不到所期望的目标文件：

(1) 程序中有“Severe Errors”；

(2) 找不到所给出的源程序文件。

注意，在编译的过程中，我们提供了一个输入，即源程序文件。最多可以得到 3 个输出：目标文件(.obj)、列表文件(.lst)、交叉引用文件(.crf)，这 3 个输出文件中，目标文件是我们最终要得到的结果，而另外两个只是中间结果，可以让编译器忽略对它们的生成。在汇编课程中，我们不讨论这两类文件。

4.5 连　　接

在对源程序进行编译得到目标文件后，我们需要对目标文件进行连接，从而得到可执行文件。接续上一节的过程，我们已经对 c:\1.asm 进行编译得到 c:\masm\1.obj，现在再将 c:\masm\1.obj 连接为 c:\masm\1.exe。

我们使用微软的 Overlay Linker3.60 连接器，文件名为 link.exe，假设连接器在 c:\masm 目录下。可以按照下面的过程来进行程序的连接，以 c:\masm\1.obj 为例。

(1) 进入 DOS 方式，进入 c:\masm 目录，运行 link.exe，如图 4.10 所示。

图 4.10 中，运行 link 后，首先显示出一些版本信息，然后提示输入将要被连接的目标文件的名称。注意，“[.OBJ]”提示我们，默认的文件扩展名是 obj，比如要连接的目标文件名是“p1.obj”，只要在这里输入“p1”即可。可如果文件不是以 obj 为扩展名，就要输入它的全名。比如目标文件名为“p1.bin”，就要输入全名。

在输入目标文件名的时候，要注意指明它所在的路径。这里，要连接的文件是当前目录下的 1.obj，所以此处输入“1”。

```
C:\masm>link

Microsoft (R) Overlay Linker  Version 3.60
Copyright (C) Microsoft Corp 1983-1987.  All rights reserved.

Object Modules [.OBJ]: _
```

图 4.10 运行 link.exe

(2) 输入要连接的目标文件名后，按 Enter 键，屏幕显示如图 4.11 所示。

```
C:\masm>link

Microsoft (R) Overlay Linker  Version 3.60
Copyright (C) Microsoft Corp 1983-1987.  All rights reserved.

Object Modules [.OBJ]: 1
Run File [1.EXE]: _
```

图 4.11 确定要连接的目标文件名

图 4.11 中，在输入目标文件名后，程序继续提示我们输入要生成的可执行文件的名称，可执行文件是我们对一个程序进行连接要得到的最终结果。注意屏幕上的显示：“[1.EXE]”，因为已经确定了目标文件名为 1.obj，则程序默认要输出的可执行文件名为 1.EXE，所以可以不必再另行指定文件名。直接按 Enter 键，编译程序将在当前的目录下，生成 1.EXE 文件。

这里，也可以指定生成的可执行文件所在的目录，比如，想让连接程序在“c:\windows\desktop”下生成可执行文件 1.EXE，则可输入“c:\windows\desktop\1”。

我们直接按 Enter 键，使用连接程序设定的可执行文件名。

(3) 确定了可执行文件的名称后，屏幕显示如图 4.12 所示。

```
C:\masm>link

Microsoft (R) Overlay Linker  Version 3.60
Copyright (C) Microsoft Corp 1983-1987.  All rights reserved.

Object Modules [.OBJ]: 1
Run File [1.EXE]:
List File [NUL.MAP]: _
```

图 4.12 确定可执行文件名

图 4.12 中，连接程序提示输入映像文件的名称，这个文件是连接程序将目标文件连接为可执行文件过程中产生的中间结果，可以让连接程序不生成这个文件，直接按 Enter 键即可。

(4) 忽略了映像文件的生成后，屏幕显示如图 4.13 所示。

图 4.13 中，连接程序提示输入库文件的名称。库文件里面包含了一些可以调用的子程序，如果程序中调用了某一个库文件中的子程序，就需要在连接的时候，将这个库文件

和目标文件连接到一起，生成可执行文件。但是，这个程序中没有调用任何子程序，所以，这里忽略库文件名的输入，直接按 Enter 键即可。

```
C:\masm>link

Microsoft (R) Overlay Linker  Version 3.60
Copyright (C) Microsoft Corp 1983-1987.  All rights reserved.

Object Modules [.OBJ]: 1
Run File [1.EXE]:
List File [NUL.MAP]:
Libraries [.LIB]:
```

图 4.13　忽略映像文件的生成

(5) 忽略了库文件的连接后，屏幕显示如图 4.14 所示。

```
C:\masm>link

Microsoft (R) Overlay Linker  Version 3.60
Copyright (C) Microsoft Corp 1983-1987.  All rights reserved.

Object Modules [.OBJ]: 1
Run File [1.EXE]:
List File [NUL.MAP]:
Libraries [.LIB]:
LINK : warning L4021: no stack segment

C:\masm>
```

图 4.14　忽略库文件的连接

图 4.14 中，对目标文件的连接结束，连接程序输出的最后一行告诉我们，这个程序中有一个警告错误："没有栈段"，这里我们不理会这个错误。

上面我们通过对当前路径下的 1.obj 进行连接的过程，展示了使用连接器对目标文件进行连接的方法。按照上面的过程进行了连接之后，在连接器 link.exe 运行的目录 c:\masm 下(即当前路径下)，将出现一个新的文件：1.exe，这是对目标文件 1.obj 进行连接所得到的结果。当然，如果连接过程中出现错误，那么将得不到可执行文件。

连接的作用是什么呢？

对于连接，我们也不想过多地讨论。实际上，在汇编课程中，我们将会接触到许多知识、概念，对于这些，我们并不是都有深入讨论的必要。

这里再次强调一下，我们学习汇编的主要目的，就是通过用汇编语言进行编程而深入地理解计算机底层的基本工作机理，达到可以随心所欲地控制计算机的目的。基于这种考虑，我们的编程活动，大都是直接对硬件进行的。我们希望直接对硬件编程，却并不希望用机器码编程。我们用汇编语言编程，就要用到编辑器(Edit)、编译器(masm)、连接器(link)、调试工具(Debug)等所有工具，而这些工具都是在操作系统之上运行的程序，所以我们的学习过程必须在操作系统的环境中进行。我们在一个操作系统环境中，使用了许多工具，这势必要牵扯到操作系统、编译原理等方面的知识和原理。我们只是利用这些环境、工具来方便我们的学习，而不希望这些东西分散了我们的注意力。所以，对于涉及而又不在我们学习的主要内容之中的东西，我们只做简单的解释。

好了，我们简单地讲连接的作用，连接的作用有以下几个。

(1) 当源程序很大时，可以将它分为多个源程序文件来编译，每个源程序编译成为目标文件后，再用连接程序将它们连接到一起，生成一个可执行文件；

(2) 程序中调用了某个库文件中的子程序，需要将这个库文件和该程序生成的目标文件连接到一起，生成一个可执行文件；

(3) 一个源程序编译后，得到了存有机器码的目标文件，目标文件中的有些内容还不能直接用来生成可执行文件，连接程序将这些内容处理为最终的可执行信息。所以，在只有一个源程序文件，而又不需要调用某个库中的子程序的情况下，也必须用连接程序对目标文件进行处理，生成可执行文件。

注意，对于连接的过程，可执行文件是我们要得到的最终结果。

4.6 以简化的方式进行编译和连接

在前面的内容里，介绍了如何使用 masm 和 link 进行编译和连接。可以看出，我们编译、连接的最终目的是用源程序文件生成可执行文件。在这个过程中所产生的中间文件都可以忽略。我们可以用一种较为简捷的方式进行编译、连接。简捷的编译过程如图 4.15 所示。

```
C:\masm>masm c:\1;
Microsoft (R) Macro Assembler Version 5.00
Copyright (C) Microsoft Corp 1981-1985, 1987.  All rights reserved.


  51516 + 422660 Bytes symbol space free

      0 Warning Errors
      0 Severe  Errors

C:\masm>_
```

图 4.15 简捷的编译过程

注意图 4.15 中的命令行“masm c:\1;”，在 masm 后面加上被编译的源程序文件的路径、文件名，在命令行的结尾再加上分号，按 Enter 键后，编译器就对 c:\1.asm 进行编译，在当前路径下生成目标文件 1.obj，并在编译的过程中自动忽略中间文件的生成。

图 4.16 展示了简捷的连接过程。

```
C:\masm>link 1;

Microsoft (R) Overlay Linker  Version 3.60
Copyright (C) Microsoft Corp 1983-1987.  All rights reserved.

LINK : warning L4021: no stack segment

C:\masm>_
```

图 4.16 简捷的连接过程

注意图 4.16 中的命令行“link 1;”，在 link 后面加上被连接的目标文件的路径、文件名，在命令行的结尾再加上分号，按 Enter 键后，连接程序就对当前路径下的 1.obj 进行处理，在当前路径下生成可执行文件 1.exe，并在过程中自动忽略中间文件的生成。

4.7　1.exe 的执行

现在，终于将我们的第一个汇编程序加工成了一个可在操作系统下执行的程序文件，我们现在执行一下，图 4.17 展示了 1.exe 的执行情况。

图 4.17　执行 1.exe

奇怪吗？程序运行后，竟然没有任何结果，就和没有运行一样。那么，程序到底运行了吗？

程序当然是运行了，只是从屏幕上不可能看到任何运行结果，因为，我们的程序根本没有向显示器输出任何信息。程序只是做了一些将数据送入寄存器和加法的操作，而这些事情，我们不可能从显示屏上看出来。程序执行完成后，返回，屏幕上再次出现操作系统的提示符(图 4.17 中第 2 行)。

当然，我们不能总是写这样的看不到任何结果的程序，随着课程的进行，我们将会向显示器上输出信息，不过那将是几章以后的事情了，请耐心等待。

4.8　谁将可执行文件中的程序装载进入内存并使它运行？

我们在前面讲过，在 DOS 中，可执行文件中的程序 P1 若要运行，必须有一个正在运行的程序 P2，将 P1 从可执行文件中加载入内存，将 CPU 的控制权交给它，P1 才能得以运行；当 P1 运行完毕后，应该将 CPU 的控制权交还给使它得以运行的程序 P2。

按照上面的原理，再来看一下 4.7 节中 1.exe 的执行过程(思考相关的问题)。

(1)　在提示符“c:\masm”后面输入可执行文件的名字“1”，按 Enter 键。这时，请思考问题 4.1。

(2)　1.exe 中的程序运行。

(3)　运行结束，返回，再次显示提示符“c:\masm”。请思考问题 4.2。

问题 4.1

此时，有一个正在运行的程序将 1.exe 中的程序加载入内存，这个正在运行的程序是什么？它将程序加载入内存后，如何使程序得以运行？

问题 4.2

程序运行结束后，返回到哪里？

如果你对 DOS 有比较深入的了解，那么，很容易回答问题 4.1、问题 4.2 中所提出的问题。如果没有这种了解，可以先阅读下面的内容。

操作系统的外壳

操作系统是由多个功能模块组成的庞大、复杂的软件系统。任何通用的操作系统，都要提供一个称为 shell(外壳)的程序，用户(操作人员)使用这个程序来操作计算机系统进行工作。

DOS 中有一个程序 command.com，这个程序在 DOS 中称为命令解释器，也就是 DOS 系统的 shell。

DOS 启动时，先完成其他重要的初始化工作，然后运行 command.com，command.com 运行后，执行完其他的相关任务后，在屏幕上显示出由当前盘符和当前路径组成的提示符，比如：“c:\”或“c:\windows”等，然后等待用户的输入。

用户可以输入所要执行的命令，比如，cd、dir、type 等，这些命令由 command 执行，command 执行完这些命令后，再次显示由当前盘符和当前路径组成的提示符，等待用户的输入。

如果用户要执行一个程序，则输入该程序的可执行文件的名称，command 首先根据文件名找到可执行文件，然后将这个可执行文件中的程序加载入内存，设置 CS:IP 指向程序的入口。此后，command 暂停运行，CPU 运行程序。程序运行结束后，返回到 command 中，command 再次显示由当前盘符和当前路径组成的提示符，等待用户的输入。

在 DOS 中，command 处理各种输入：命令或要执行的程序的文件名。我们就是通过 command 来进行工作的。

现在回答问题 4.1 和 4.2 中所提出的问题。

(1) 在 DOS 中直接执行 1.exe 时，是正在运行的 command，将 1.exe 中的程序加载入内存；

(2) command 设置 CPU 的 CS:IP 指向程序的第一条指令(即程序的入口)，从而使程序得以运行；

(3) 程序运行结束后，返回到 command 中，CPU 继续运行 command。

汇编程序从写出到执行的过程

到此，完成了一个汇编程序从写出到执行的全部过程。我们经历了这样一个历程：

编程 → 1.asm → 编译 → 1.obj → 连接 → 1.exe → 加载 → 内存中的程序 → 运行
(Edit) (masm) (link) (command) (CPU)

4.9　程序执行过程的跟踪

可以用 Debug 来跟踪一个程序的运行过程，这通常是必须要做的工作。我们写的程序在逻辑上不一定总是正确，对于简单的错误，仔细检查一下源程序就可以发现；而对于隐藏较深的错误，就必须对程序的执行过程进行跟踪分析才容易发现。

下面以在前面的内容中生成的可执行文件 1.exe 为例，讲解如何用 Debug 对程序的执行过程进行跟踪。

现在我们知道，在 DOS 中运行一个程序的时候，是由 command 将程序从可执行文件中加载入内存，并使其得以执行。但是，这样我们不能逐条指令地看到程序的执行过程，因为 command 的程序加载，设置 CS:IP 指向程序的入口的操作是连续完成的，而当 CS:IP 一指向程序的入口，command 就放弃了 CPU 的控制权，CPU 立即开始运行程序，直至程序结束。

为了观察程序的运行过程，可以使用 Debug。Debug 可以将程序加载入内存，设置 CS:IP 指向程序的入口，但 Debug 并不放弃对 CPU 的控制，这样，我们就可以使用 Debug 的相关命令来单步执行程序，查看每一条指令的执行结果。

具体方法如图 4.18 所示。

```
C:\masm>debug 1.exe
-_
```

图 4.18　用 Debug 加载程序

在提示符后输入“debug 1.exe”，按 Enter 键，Debug 将程序从 1.exe 中加载入内存，进行相关的初始化后设置 CS:IP 指向程序的入口。

接下来可以用 R 命令看一下各个寄存器的设置情况，如图 4.19 所示。

```
C:\masm>debug 1.exe
-r
AX=0000  BX=0000  CX=000F  DX=0000  SP=0000  BP=0000  SI=0000  DI=0000
DS=129E  ES=129E  SS=12AE  CS=12AE  IP=0000   NV UP EI PL NZ NA PO NC
12AE:0000 B82301        MOV     AX,0123
-
```

图 4.19　程序加载后各个寄存器的内容

可以看到，Debug 将程序从可执行文件加载入内存后，cx 中存放的是程序的长度。1.exe 中程序的机器码共有 15 个字节。则 1.exe 加载后，cx 中的内容为 000FH。

现在程序已从 1.exe 中装入内存，接下来查看一下它的内容，可是我们查看哪里的内容呢？程序被装入内存的什么地方？我们如何得知？

这里，需要讲解一下在 DOS 系统中.EXE 文件中的程序的加载过程。图 4.20 针对我们的问题，简要地展示了这个过程。

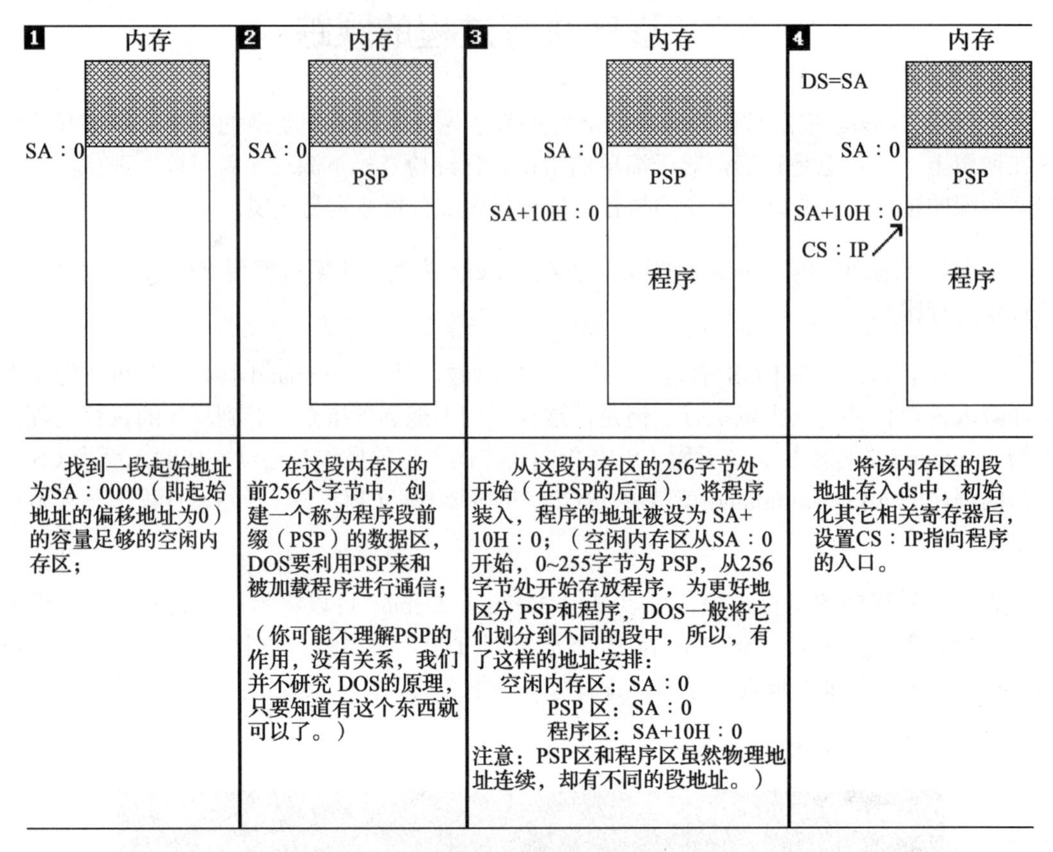

图 4.20　EXE 文件中程序的加载过程

注意，有一步称为重定位的工作在图 4.20 中没有讲解，因为这个问题和操作系统的关系较大，我们不作讨论。

那么，我们的程序被装入内存的什么地方？我们如何得知？从图 4.20 中我们知道以下的信息。

(1) 程序加载后，ds 中存放着程序所在内存区的段地址，这个内存区的偏移地址为 0，则程序所在的内存区的地址为 ds:0；

(2) 这个内存区的前 256 个字节中存放的是 PSP，DOS 用来和程序进行通信。从 256 字节处向后的空间存放的是程序。

所以，从 ds 中可以得到 PSP 的段地址 SA，PSP 的偏移地址为 0，则物理地址为 SA×16+0。

因为 PSP 占 256(100H)字节，所以程序的物理地址是：

SA×16+0+256 = SA×16+16×16+0 = (SA+16)×16+0

可用段地址和偏移地址表示为：SA+10H:0。

现在，我们看一下图 4.19 中 DS 的值，DS=129E，则 PSP 的地址为 129E:0，程序的地址为 12AE:0(即 129E+10:0)。

图 4.19 中，CS=12AE，IP=0000，CS:IP 指向程序的第一条指令。注意，源程序中的指令是 mov ax,0123H，在 Debug 中记为 mov ax,0123，这是因为 Debug 默认所有数据都用十六进制表示。

可以用 U 命令看一下其他指令，如图 4.21 所示。

```
C:\masm>debug 1.exe
-r
AX=0000  BX=0000  CX=000F  DX=0000  SP=0000  BP=0000  SI=0000  DI=0000
DS=129E  ES=129E  SS=12AE  CS=12AE  IP=0000   NV UP EI PL NZ NA PO NC
12AE:0000 B82301        MOV     AX,0123
-u
12AE:0000 B82301        MOV     AX,0123
12AE:0003 BB5604        MOV     BX,0456
12AE:0006 03C3          ADD     AX,BX
12AE:0008 03C0          ADD     AX,AX
12AE:000A B8004C        MOV     AX,4C00
12AE:000D CD21          INT     21
12AE:000F 83E201        AND     DX,+01
12AE:0012 BA85E2        MOV     DX,E285
12AE:0015 2E            CS:
12AE:0016 A385E2        MOV     [E285],AX
12AE:0019 E9A5FC        JMP     FCC1
12AE:001C 803EE70400    CMP     BYTE PTR [04E7],00
-
```

图 4.21　1.exe 中程序的全部内容

可以看到，从 12AE:0000~12AE:000E 都是程序的机器码。

现在，我们可以开始跟踪了，用 T 命令单步执行程序中的每一条指令，并观察每条指令的执行结果，到了 int 21，我们要用 P 命令执行，如图 4.22 所示。

```
AX=0AF2  BX=0456  CX=000F  DX=0000  SP=0000  BP=0000  SI=0000  DI=0000
DS=129E  ES=129E  SS=12AE  CS=12AE  IP=000A   NV UP EI PL NZ AC PO NC
12AE:000A B8004C        MOV     AX,4C00
-t

AX=4C00  BX=0456  CX=000F  DX=0000  SP=0000  BP=0000  SI=0000  DI=0000
DS=129E  ES=129E  SS=12AE  CS=12AE  IP=000D   NV UP EI PL NZ AC PO NC
12AE:000D CD21          INT     21
-p

Program terminated normally
-_
```

图 4.22　程序返回

图 4.22 中，int 21 执行后，显示出“Program terminated normally”，返回到 Debug 中。表示程序正常结束。注意，要使用 P 命令执行 int 21。这里不必考虑是为什么，只要记住这一点就可以了。

需要注意的是，在 DOS 中运行程序时，是 command 将程序加载入内存，所以程序运行结束后返回到 command 中，而在这里是 Debug 将程序加载入内存，所以程序运行结束后要返回到 Debug 中。

使用 Q 命令退出 Debug，将返回到 command 中，因为 Debug 是由 command 加载运行的。在 DOS 中用“debug 1.exe”运行 Debug 对 1.exe 进行跟踪时，程序加载的顺序是：command 加载 Debug，Debug 加载 1.exe。返回的顺序是：从 1.exe 中的程序返回到 Debug，从 Debug 返回到 command。

实验3 编程、编译、连接、跟踪

(1) 将下面的程序保存为 t1.asm 文件，将其生成可执行文件 t1.exe。

```
assume cs:codesg

codesg segment

    mov ax,2000H
    mov ss,ax
    mov sp,0
    add sp,10
    pop ax
    pop bx
    push ax
    push bx
    pop ax
    pop bx

    mov ax,4c00H
    int 21H

codesg ends

end
```

(2) 用 Debug 跟踪 t1.exe 的执行过程，写出每一步执行后，相关寄存器中的内容和栈顶的内容。

(3) PSP 的头两个字节是 CD 20，用 Debug 加载 t1.exe，查看 PSP 的内容。

注意，一定要做完这个实验才能进行下面的课程。

第 5 章　[BX]和 loop 指令

1. [bx]和内存单元的描述

[bx]是什么呢？和[0]有些类似，[0]表示内存单元，它的偏移地址是 0。比如在下面的指令中(在 Debug 中使用)：

```
mov ax,[0]
```

将一个内存单元的内容送入 ax，这个内存单元的长度为 2 字节(字单元)，存放一个字，偏移地址为 0，段地址在 ds 中。

```
mov al,[0]
```

将一个内存单元的内容送入 al，这个内存单元的长度为 1 字节(字节单元)，存放一个字节，偏移地址为 0，段地址在 ds 中。

要完整地描述一个内存单元，需要两种信息：①内存单元的地址；②内存单元的长度(类型)。

用[0]表示一个内存单元时，0 表示单元的偏移地址，段地址默认在 ds 中，单元的长度(类型)可以由具体指令中的其他操作对象(比如说寄存器)指出。

[bx]同样也表示一个内存单元，它的偏移地址在 bx 中，比如下面的指令：

```
mov ax,[bx]
```

将一个内存单元的内容送入 ax，这个内存单元的长度为 2 字节(字单元)，存放一个字，偏移地址在 bx 中，段地址在 ds 中。

```
mov al,[bx]
```

将一个内存单元的内容送入 al，这个内存单元的长度为 1 字节(字节单元)，存放一个字节，偏移地址在 bx 中，段地址在 ds 中。

2. loop

英文单词“loop”有循环的含义，显然这个指令和循环有关。

我们在这一章，讲解[bx]和 loop 指令的应用、意义和相关的内容。

3. 我们定义的描述性的符号：“()”

为了描述上的简洁，在以后的课程中，我们将使用一个描述性的符号“( )”来表示一个寄存器或一个内存单元中的内容。比如：

(ax)表示 ax 中的内容、(al)表示 al 中的内容；

(20000H)表示内存 20000H 单元的内容(()中的内存单元的地址为物理地址)；

((ds)*16+(bx))表示：

ds 中的内容为 ADR1，bx 中的内容为 ADR2，内存 ADR1×16+ADR2 单元的内容。

也可以理解为：ds 中的 ADR1 作为段地址，bx 中的 ADR2 作为偏移地址，内存 ADR1:ADR2 单元的内容。

注意，“( )”中的元素可以有 3 种类型：①寄存器名；②段寄存器名；③内存单元的物理地址(一个 20 位数据)。比如：

(ax)、(ds)、(al)、(cx)、(20000H)、((ds)*16+(bx))等是正确的用法；
(2000:0)、((ds):1000H)等是不正确的用法。

我们看一下(X)的应用，比如，

(1) ax 中的内容为 0010H，可以这样来描述：(ax)=0010H；
(2) 2000:1000 处的内容为 0010H，可以这样来描述：(21000H)=0010H；
(3) 对于 mov ax,[2]的功能，可以这样来描述：(ax)=((ds)*16+2)；
(4) 对于 mov [2],ax 的功能，可以这样来描述：((ds)*16+2)=(ax)；
(5) 对于 add ax,2 的功能，可以这样来描述：(ax)=(ax)+2；
(6) 对于 add ax,bx 的功能，可以这样来描述：(ax)=(ax)+(bx)；
(7) 对于 push ax 的功能，可以这样来描述：
    (sp)=(sp)-2
    ((ss)*16+(sp))=(ax)
(8) 对于 pop ax 的功能，可以这样来描述：
    (ax)=((ss)*16+(sp))
    (sp)=(sp)+2

“(X)”所表示的数据有两种类型：①字节；②字。是哪种类型由寄存器名或具体的运算决定，比如：

(al)、(bl)、(cl)等得到的数据为字节型；(ds)、(ax)、(bx)等得到的数据为字型。

(al)=(20000H)，则(20000H)得到的数据为字节型；(ax)=(20000H)，则(20000H)得到的数据为字型。

4. 约定符号 idata 表示常量

我们在 Debug 中写过类似的指令：mov ax,[0]，表示将 ds:0 处的数据送入 ax 中。指令中，在“[...]”里用一个常量 0 表示内存单元的偏移地址。以后，我们用 idata 表示常量。比如：

mov ax,[idata] 就代表 mov ax,[1]、mov ax,[2]、mov ax,[3]等。
mov bx,idata 就代表 mov bx,1、mov bx,2、mov bx,3 等。

mov ds,idata 就代表 mov ds,1、mov ds,2 等，它们都是非法指令。

5.1 [BX]

看一看下面指令的功能。

```
mov ax,[bx]
```

功能：bx 中存放的数据作为一个偏移地址 EA，段地址 SA 默认在 ds 中，将 SA:EA 处的数据送入 ax 中。即：(ax)=((ds)*16+(bx))。

```
mov [bx],ax
```

功能：bx 中存放的数据作为一个偏移地址 EA，段地址 SA 默认在 ds 中，将 ax 中的数据送入内存 SA:EA 处。即：((ds)*16+(bx))=(ax)。

问题 5.1

程序和内存中的情况如图 5.1 所示，写出程序执行后，21000H~21007H 单元中的内容。

```
mov ax,2000H
mov ds,ax
mov bx,1000H
mov ax,[bx]
inc bx
inc bx
mov [bx],ax
inc bx
inc bx
mov [bx],ax
inc bx
mov [bx],al
inc bx
mov [bx],al
```

内存中的情况

内容	地址
BE	21000H
00	21001H
	21002H
	21003H
	21004H
	21005H
	21006H
	21007H

图 5.1 问题 5.1 程序和内存情况

思考后看分析。

注意，inc bx 的含义是 bx 中的内容加 1，比如下面两条指令：

```
mov bx,1
inc bx
```

执行后，bx=2。

分析：

(1) 先看一下程序的前3条指令：

```
mov ax,2000H
mov ds,ax
mov bx,1000H
```

这3条指令执行后，ds=2000H，bx=1000H。

(2) 接下来，第4条指令：

```
mov ax,[bx]
```

指令执行前：ds=2000H，bx=1000H，则 mov ax,[bx]将把内存 2000:1000 处的字型数据送入 ax 中。该指令执行后，ax=00beH。

(3) 接下来，第5、6条指令：

```
inc bx
inc bx
```

这两条指令执行前 bx=1000H，执行后 bx=1002H。

(4) 接下来，第7条指令：

```
mov [bx],ax
```

指令执行前：ds=2000H，bx=1002H，则 mov [bx],ax 将把 ax 中的数据送入内存 2000:1002 处。指令执行后，2000:1002 单元的内容为 BE，2000:1003 单元的内容为 00。

(5) 接下来，第8、9条指令：

```
inc bx
inc bx
```

这两条指令执行前 bx=1002H，执行后 bx=1004H。

(6) 接下来，第10条指令：

```
mov [bx],ax
```

指令执行前：ds=2000H，bx=1004H，则 mov [bx],ax 将把 ax 中的数据送入内存 2000:1004 处。指令执行后，2000:1004 单元的内容为 BE，2000:1005 单元的内容为 00。

(7) 接下来，第11条指令：

```
inc bx
```

这条指令执行前 bx=1004H，执行后 bx=1005H。

(8) 接下来，第 12 条指令：

```
mov [bx],al
```

指令执行前：ds=2000H，bx=1005H，则 mov [bx],al 将把 al 中的数据送入内存 2000:1005 处。指令执行后，2000:1005 单元的内容为 BE。

(9) 接下来，第 13 条指令：

```
inc bx
```

这条指令执行前 bx=1005H，执行后 bx=1006H。

(10) 接下来，第 14 条指令：

```
mov [bx],al
```

指令执行前：ds=2000H，bx=1006H，则 mov [bx],al 将把 al 中的数据送入内存 2000:1006 处。指令执行后，2000:1006 单元的内容为 BE。

内容	地址
BE	21000H
00	21001H
BE	21002H
00	21003H
BE	21004H
BE	21005H
BE	21006H
	21007H

图 5.2 内存中的情况

程序执行后，内存中的情况如图 5.2 所示。

5.2 Loop 指令

loop 指令的格式是：loop 标号，CPU 执行 loop 指令的时候，要进行两步操作，①(cx)=(cx)-1；②判断 cx 中的值，不为零则转至标号处执行程序，如果为零则向下执行。

从上面的描述中，可以看到，cx 中的值影响着 loop 指令的执行结果。通常(注意，我们说的是通常)我们用 loop 指令来实现循环功能，cx 中存放循环次数。

这里讲解 loop 指令的功能，关于 loop 指令如何实现转至标号处的细节，将在后面的课程中讲解。下面我们通过一个程序来看一下 loop 指令的具体应用。

任务 1：编程计算 2^2，结果存在 ax 中。

分析：设(ax)=2，可计算(ax)=(ax)*2，最后(ax)中为 2^2 的值。N*2 可用 N+N 实现，程序如下。

```
assume cs:code
code segment
  mov ax,2
  add ax,ax

  mov ax,4c00h
```

```
  int 21h
code ends
end
```

任务2：编程计算2^3。

分析：2^3=2*2*2，若设(ax)=2，可计算(ax)=(ax)*2*2，最后(ax)中为 2^3 的值。N*2可用N+N实现，程序如下。

```
assume cs:code
code segment
  mov ax,2
  add ax,ax
  add ax,ax

  mov ax,4c00h
  int 21h
code ends
end
```

任务3：编程计算2^12。

分析：2^12=2*2*2*2*2*2*2*2*2*2*2*2，若设(ax)=2，可计算(ax)=(ax)*2*2*2*2*2*2*2*2*2*2*2，最后(ax)中为2^12的值。N*2可用N+N实现，程序如下。

```
assume cs:code
code segment
  mov ax,2
  ;做11次add ax,ax
  mov ax,4c00h
  int 21h
code ends
end
```

可见，按照我们的算法，计算2^12需要11条重复的指令add ax,ax。我们显然不希望这样来写程序，这里，可用loop来简化我们的程序。

程序5.1

```
assume cs:code
code segment
    mov ax,2

    mov cx,11
s:  add ax,ax
    loop s
```

```
    mov ax,4c00h
    int 21h
code ends
end
```

下面分析一下程序 5.1。

(1) 标号

在汇编语言中，标号代表一个地址，程序 5.1 中有一个标号 s。它实际上标识了一个地址，这个地址处有一条指令：add ax,ax。

(2) loop s

CPU 执行 loop s 的时候，要进行两步操作：

① (cx)=(cx)-1；
② 判断 cx 中的值，不为 0 则转至标号 s 所标识的地址处执行(这里的指令是 add ax,ax)，如果为 0 则执行下一条指令(下一条指令是 mov ax,4c00h)。

(3) 以下 3 条指令

```
    mov cx,11
s:  add ax,ax
    loop s
```

执行 loop s 时，首先要将(cx)减 1，然后若(cx) 不为 0，则向前转至 s 处执行 add ax,ax。所以，可以利用 cx 来控制 add ax,ax 的执行次数。

下面我们详细分析一下这段程序的执行过程，从中体会如何用 cx 和 loop s 相配合实现循环功能。

(1) 执行 mov cx,11，设置(cx)=11；
(2) 执行 add ax,ax(第 1 次)；
(3) 执行 loop s 将(cx) 减 1，(cx)=10，(cx) 不为 0，所以转至 s 处；
(4) 执行 add ax,ax(第 2 次)；
(5) 执行 loop s 将(cx) 减 1，(cx)=9，(cx) 不为 0，所以转至 s 处；
(6) 执行 add ax,ax(第 3 次)；
(7) 执行 loop s 将(cx) 减 1，(cx)=8，(cx) 不为 0，所以转至 s 处；
(8) 执行 add ax,ax(第 4 次)；
(9) 执行 loop s 将(cx) 减 1，(cx)=7，(cx) 不为 0，所以转至 s 处；
(10) 执行 add ax,ax(第 5 次)；
(11) 执行 loop s 将(cx) 减 1，(cx)=6，(cx) 不为 0，所以转至 s 处；
(12) 执行 add ax,ax(第 6 次)；
(13) 执行 loop s 将(cx) 减 1，(cx)=5，(cx) 不为 0，所以转至 s 处；

(14) 执行 add ax,ax(第 7 次);
(15) 执行 loop s 将(cx) 减 1,(cx)=4,(cx) 不为 0,所以转至 s 处;
(16) 执行 add ax,ax(第 8 次);
(17) 执行 loop s 将(cx) 减 1,(cx)=3,(cx) 不为 0,所以转至 s 处;
(18) 执行 add ax,ax(第 9 次);
(19) 执行 loop s 将(cx) 减 1,(cx)=2,(cx) 不为 0,所以转至 s 处;
(20) 执行 add ax,ax(第 10 次);
(21) 执行 loop s 将(cx) 减 1,(cx)=1,(cx) 不为 0,所以转至 s 处;
(22) 执行 add ax,ax(第 11 次);
(23) 执行 loop s 将(cx) 减 1,(cx)=0,(cx) 为 0,所以向下执行。**(结束循环)**

从上面的过程中,我们可以总结出用 cx 和 loop 指令相配合实现循环功能的 3 个要点:

(1) 在 cx 中存放循环次数;
(2) loop 指令中的标号所标识地址要在前面;
(3) 要循环执行的程序段,要写在标号和 loop 指令的中间。

用 cx 和 loop 指令相配合实现循环功能的程序框架如下。

```
    mov cx,循环次数
s:
    循环执行的程序段
    loop s
```

问题 5.2

编程,用加法计算 123*236,结果存在 ax 中。思考后看分析。

分析:

可用循环完成,将 123 加 236 次。可先设(ax)=0,然后循环做 236 次(ax)=(ax)+123。

程序如下。

程序5.2

```
assume cs:code
code segment

    mov ax,0
    mov cx,236
  s:add ax,123
    loop s
```

```
    mov ax,4c00h
    int 21h

code ends
end
```

问题 5.3

改进程序 5.2，提高 123*236 的计算速度。思考后看分析。

分析：

程序 5.2 做了 236 次加法，我们可以将 236 加 123 次。可先设(ax)=0，然后循环做 123 次(ax)=(ax)+236，这样可以用 123 次加法实现相同的功能。

5.3　在 Debug 中跟踪用 loop 指令实现的循环程序

考虑这样一个问题，计算 ffff:0006 单元中的数乘以 3，结果存储在 dx 中。

我们分析一下。

(1) 运算后的结果是否会超出 dx 所能存储的范围？

ffff:0006 单元中的数是一个字节型的数据，范围在 0~255 之间，则用它和 3 相乘结果不会大于 65535，可以在 dx 中存放下。

(2) 用循环累加来实现乘法，用哪个寄存器进行累加？

将 ffff:0006 单元中的数赋值给 ax，用 dx 进行累加。先设(dx)=0，然后做 3 次(dx)=(dx)+(ax)。

(3) ffff:6 单元是一个字节单元，ax 是一个 16 位寄存器，数据的长度不一样，如何赋值？

注意，我们说的是“赋值”，就是说，让 ax 中的数据的值(数据的大小)和 ffff:0006 单元中的数据的值(数据的大小)相等。8 位数据 01H 和 16 位数据 0001H 的数据长度不一样，但它们的值是相等的。

那么我们如何赋值？设 ffff:0006 单元中的数据是 XXH，若要 ax 中的值和 ffff:0006 单元中的相等，ax 中的数据应为 00XXH。所以，若实现 ffff:0006 单元向 ax 赋值，应该令(ah)=0，(al)=(ffff6H)。

想清楚以上的 3 个问题之后，编写程序如下。

程序 5.3

```
assume cs:code
code segment
    mov ax,0ffffh
    mov ds,ax
    mov bx,6                ;以上，设置 ds:bx 指向 ffff:6

    mov al,[bx]
    mov ah,0                ;以上，设置(al)=((ds*16)+(bx))，(ah)=0

    mov dx,0                ;累加寄存器清 0

    mov cx,3                ;循环 3 次
  s:add dx,ax
    loop s                  ;以上累加计算(ax)*3

    mov ax,4c00h
    int 21h                 ;程序返回

code ends
end
```

注意程序中的第一条指令 mov ax,0ffffh。我们知道，大于 9FFFh 的十六进制数据 A000H、A001H...C000H、c001H...FFFEH、FFFFH 等，在书写的时候都是以字母开头的。**而在汇编源程序中，数据不能以字母开头**，所以要在前面加 0。比如，9138h 在汇编源程序中可以直接写为“9138h”，而 A000h 在汇编源程序中要写为“0A000h”。

下面我们对程序的执行过程进行跟踪。首先，将它编辑为源程序文件，文件名定为 p3.asm；对其进行编译连接后生成 p3.exe；然后再用 Debug 对 p3.exe 中的程序进行跟踪。

用 Debug 加载 p3.exe 后，用 r 命令查看寄存器中的内容，如图 5.3 所示。

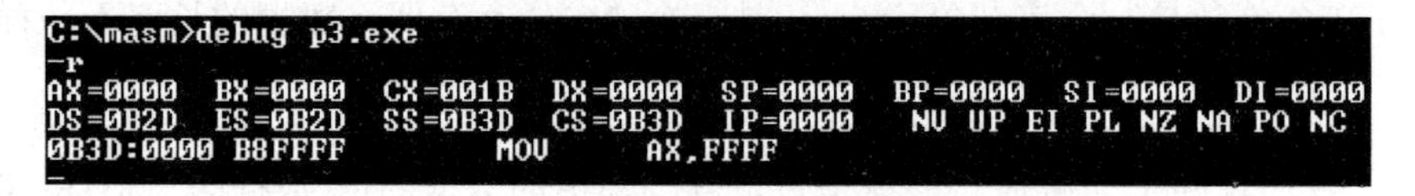

图 5.3 用 r 命令查看寄存器

图 5.3 中(ds)=0B2DH，所以，程序在 0B3D:0 处(如果读者还不清楚这是为什么，可以复习 4.9 节的内容)。我们看一下，(cs)=0B3DH，(IP)=0，CS:IP 正指向程序的第一条指令。再用 u 命令看一下被 Debug 加载入内存的程序，如图 5.4 所示。

可以看到，从 0B3D:0000~0B3D:001A 是我们的程序，0B3D:0014 处是源程序中的指令 loop s，只是此处 loop s 中的标号 s 已经变为一个地址 0012h。如果在执行“loop 0012”时，cx 减 1 后不为 0，“loop 0012”就把 IP 设置为 0012h，从而使 CS:IP 指向 0B3D:0012 处的 add dx,ax，实现转跳。

```
-u 0B3D:0
0B3D:0000 B8FFFF        MOV     AX,FFFF
0B3D:0003 8ED8          MOV     DS,AX
0B3D:0005 BB0600        MOV     BX,0006
0B3D:0008 8A07          MOV     AL,[BX]
0B3D:000A B400          MOV     AH,00
0B3D:000C BA0000        MOV     DX,0000
0B3D:000F B90800        MOV     CX,0003
0B3D:0012 03D0          ADD     DX,AX
0B3D:0014 E2FC          LOOP    0012
0B3D:0016 B8004C        MOV     AX,4C00
0B3D:0019 CD21          INT     21
0B3D:001B E83E0D        CALL    0D5C
0B3D:001E 83C404        ADD     SP,+04
-
```

图 5.4　用 u 命令查看被 Debug 加载入内存的程序

我们开始跟踪，如图 5.5 所示。

```
-r
AX=FFFF  BX=0000  CX=001B  DX=0000  SP=0000  BP=0000  SI=0000  DI=0000
DS=FFFF  ES=0B2D  SS=0B3D  CS=0B3D  IP=0000   NV UP EI PL NZ NA PO NC
0B3D:0000 B8FFFF        MOV     AX,FFFF
-t

AX=FFFF  BX=0000  CX=001B  DX=0000  SP=0000  BP=0000  SI=0000  DI=0000
DS=FFFF  ES=0B2D  SS=0B3D  CS=0B3D  IP=0003   NV UP EI PL NZ NA PO NC
0B3D:0003 8ED8          MOV     DS,AX
-t

AX=FFFF  BX=0000  CX=001B  DX=0000  SP=0000  BP=0000  SI=0000  DI=0000
DS=FFFF  ES=0B2D  SS=0B3D  CS=0B3D  IP=0005   NV UP EI PL NZ NA PO NC
0B3D:0005 BB0600        MOV     BX,0006
-t

AX=FFFF  BX=0006  CX=001B  DX=0000  SP=0000  BP=0000  SI=0000  DI=0000
DS=FFFF  ES=0B2D  SS=0B3D  CS=0B3D  IP=0008   NV UP EI PL NZ NA PO NC
0B3D:0008 8A07          MOV     AL,[BX]                          DS:0006=32
-
```

图 5.5　ds:bx 指向 ffff:6 单元

图 5.5 中，前 3 条指令执行后，(ds)=ffffh，(bx)=6，ds:bx 指向 ffff:6 单元。Debug 显示出当前要执行的指令“mov al,[bx]”，因为是读取内存的指令，所以 Debug 将要访问的内存单元中的内容也显示出来，可以看到屏幕最右边显示的“ds:0006=32”，由此，我们可以方便地知道目标单元(ffff6)中的内容是 32h。

继续执行，如图 5.6 所示。

```
AX=FFFF  BX=0006  CX=001B  DX=0000  SP=0000  BP=0000  SI=0000  DI=0000
DS=FFFF  ES=0B2D  SS=0B3D  CS=0B3D  IP=0008   NV UP EI PL NZ NA PO NC
0B3D:0008 8A07          MOV     AL,[BX]                          DS:0006=32
-t

AX=FF32  BX=0006  CX=001B  DX=0000  SP=0000  BP=0000  SI=0000  DI=0000
DS=FFFF  ES=0B2D  SS=0B3D  CS=0B3D  IP=000A   NV UP EI PL NZ NA PO NC
0B3D:000A B400          MOV     AH,00
-t

AX=0032  BX=0006  CX=001B  DX=0000  SP=0000  BP=0000  SI=0000  DI=0000
DS=FFFF  ES=0B2D  SS=0B3D  CS=0B3D  IP=000C   NV UP EI PL NZ NA PO NC
0B3D:000C BA0000        MOV     DX,0000
-
```

图 5.6　从 ffff:6 单元向 ax 赋值

图 5.6 中，这两条指令执行后，(ax)=0032h，完成了从 ffff:6 单元向 ax 的赋值。

继续，如图 5.7 所示。

```
AX=0032  BX=0006  CX=001B  DX=0000  SP=0000  BP=0000  SI=0000  DI=0000
DS=FFFF  ES=0B2D  SS=0B3D  CS=0B3D  IP=000C   NV UP EI PL NZ NA PO NC
0B3D:000C BA0000        MOV     DX,0000
-t

AX=0032  BX=0006  CX=001B  DX=0000  SP=0000  BP=0000  SI=0000  DI=0000
DS=FFFF  ES=0B2D  SS=0B3D  CS=0B3D  IP=000F   NV UP EI PL NZ NA PO NC
0B3D:000F B90300        MOV     CX,0003
-t

AX=0032  BX=0006  CX=0003  DX=0000  SP=0000  BP=0000  SI=0000  DI=0000
DS=FFFF  ES=0B2D  SS=0B3D  CS=0B3D  IP=0012   NV UP EI PL NZ NA PO NC
0B3D:0012 03D0          ADD     DX,AX
-
```

图 5.7　初始化累加寄存器和循环计数寄存器

图 5.7 中，这两条指令执行后，(dx)=0，完成对累加寄存器的初始化；(cx)=3，完成对循环计数寄存器的初始化。

下面，将开始循环程序段的执行。我们继续，如图 5.8 所示。

```
AX=0032  BX=0006  CX=0003  DX=0000  SP=0000  BP=0000  SI=0000  DI=0000
DS=FFFF  ES=0B2D  SS=0B3D  CS=0B3D  IP=0012   NV UP EI PL NZ NA PO NC
0B3D:0012 03D0          ADD     DX,AX
-t

AX=0032  BX=0006  CX=0003  DX=0032  SP=0000  BP=0000  SI=0000  DI=0000
DS=FFFF  ES=0B2D  SS=0B3D  CS=0B3D  IP=0014   NV UP EI PL NZ NA PO NC
0B3D:0014 E2FC          LOOP    0012
-t

AX=0032  BX=0006  CX=0002  DX=0032  SP=0000  BP=0000  SI=0000  DI=0000
DS=FFFF  ES=0B2D  SS=0B3D  CS=0B3D  IP=0012   NV UP EI PL NZ NA PO NC
0B3D:0012 03D0          ADD     DX,AX
-t
```

图 5.8　第一次循环

图 5.8 中，CPU 执行 0B3D:0012 处的指令“add dx,ax”后，(IP)=0014h，CS:IP 指向 0B3D:0014 处的指令“loop 0012”。CPU 执行“loop 0012”，第一步先将(cx)减 1，(cx)=2；第二步因(cx)不等于 0，将 IP 设为 0012h。指令“loop 0012”执行后，(IP)=0012h，CS:IP 再次指向 0B3D:0012 处的指令“add dx,ax”，这条指令将再次得到执行。注意，“loop 0012”执行后(cx)=2，也就是说，“loop 0012”还可以进行两次循环。

接着，将重复执行“add dx,ax”和“loop 0012”，直到(cx)=0 为止，如图 5.9 所示。

```
AX=0032  BX=0006  CX=0002  DX=0032  SP=0000  BP=0000  SI=0000  DI=0000
DS=FFFF  ES=0B2D  SS=0B3D  CS=0B3D  IP=0012   NV UP EI PL NZ NA PO NC
0B3D:0012 03D0          ADD     DX,AX
-t

AX=0032  BX=0006  CX=0002  DX=0064  SP=0000  BP=0000  SI=0000  DI=0000
DS=FFFF  ES=0B2D  SS=0B3D  CS=0B3D  IP=0014   NV UP EI PL NZ NA PO NC
0B3D:0014 E2FC          LOOP    0012
-t

AX=0032  BX=0006  CX=0001  DX=0064  SP=0000  BP=0000  SI=0000  DI=0000
DS=FFFF  ES=0B2D  SS=0B3D  CS=0B3D  IP=0012   NV UP EI PL NZ NA PO NC
0B3D:0012 03D0          ADD     DX,AX
-t

AX=0032  BX=0006  CX=0001  DX=0096  SP=0000  BP=0000  SI=0000  DI=0000
DS=FFFF  ES=0B2D  SS=0B3D  CS=0B3D  IP=0014   NV UP EI PL NZ NA PE NC
0B3D:0014 E2FC          LOOP    0012
-t

AX=0032  BX=0006  CX=0000  DX=0096  SP=0000  BP=0000  SI=0000  DI=0000
DS=FFFF  ES=0B2D  SS=0B3D  CS=0B3D  IP=0016   NV UP EI PL NZ NA PE NC
0B3D:0016 B8004C        MOV     AX,4C00
-
```

图 5.9　得到计算结果

注意图 5.9 中，最后一次执行“loop 0012”的结果。执行前(cx)=1，CPU 执行“loop 0012”，第一步，(cx)=(cx)-1，(cx)=0；第二步，因为(cx)=0，所以 loop 指令不转跳，(IP)=0016h，CPU 向下执行 0B3D:0016 处的指令“mov ax,4c00”。

在完成最后一次“add dx,ax”后，(dx)=96h，此时 dx 中为累加计算(ax)*3 的最后结果。

我们继续，将程序执行完，如图 5.10 所示。

```
AX=0032  BX=0006  CX=0000  DX=0096  SP=0000  BP=0000  SI=0000  DI=0000
DS=FFFF  ES=0B2D  SS=0B3D  CS=0B3D  IP=0016   NV UP EI PL NZ NA PE NC
0B3D:0016 B8004C        MOV     AX,4C00
-t

AX=4C00  BX=0006  CX=0000  DX=0096  SP=0000  BP=0000  SI=0000  DI=0000
DS=FFFF  ES=0B2D  SS=0B3D  CS=0B3D  IP=0019   NV UP EI PL NZ NA PE NC
0B3D:0019 CD21          INT     21
-p

Program terminated normally
-
```

图 5.10 程序返回

图 5.10 中，执行完最后两条指令后，程序返回到 Debug 中。注意“int 21”要用 p 命令执行。

上面，我们通过对一个循环程序的跟踪，更深入一步地讲解了 loop 指令实现循环的原理。下面，我们将程序 5.3 改一下，计算 ffff:0006 单元中的数乘以 123，结果存储在 dx 中。

这很容易完成，只要将循环的次数改为 123 就可以了。程序如下。

程序5.4

```
assume cs:code
code segment
   mov ax,0ffffh
   mov ds,ax
   mov bx,6                 ;以上，设置 ds:bx 指向 ffff:6

   mov al,[bx]
   mov ah,0                 ;以上，设置(al)=((ds*16)+(bx))，(ah)=0

   mov dx,0                 ;累加寄存器清 0

   mov cx,123               ;循环 123 次
s:  add dx,ax
   loop s                   ;以上累加计算(ax)*123

   mov ax,4c00h             ;程序返回
   int 21h
```

```
code ends
end
```

我们用 Debug 对这个程序的循环程序段进行跟踪，现在有这样一个问题：前面的 7 条指令，即标号 s 前的指令，已经确定在逻辑上完全正确，我们不想再一步步地跟踪了，只想跟踪循环的过程。所以希望可以一次执行完标号 s 前的指令。可以用一个新的(对我们来说是新的，因为以前没用过)Debug 命令 g 来达到目的。

下面来实际操作一下，我们用程序 5.4 生成最终的可执行文件“c:\masm\p4.exe”，用 Debug 加载 p4.exe，然后看一下程序在内存中的情况，如图 5.11 所示。

图 5.11 中，循环程序段从 CS:0012 开始，CS:0012 前面的指令，我们不想再一步步地跟踪，希望能够一次执行完，然后从 CS:0012 处开始跟踪。可以这样来使用 g 命令，“g 0012”，它表示执行程序到当前代码段(段地址在 CS 中)的 0012h 处。也就是说“g 0012”将使 Debug 从当前的 CS:IP 指向的指令执行，一直到(IP)=0012h 为止。具体的情况如图 5.12 所示。

```
C:\masm>debug p4.exe
-r
AX=0000  BX=0000  CX=001B  DX=0000  SP=0000  BP=0000  SI=0000  DI=0000
DS=0B2D  ES=0B2D  SS=0B3D  CS=0B3D  IP=0000   NV UP EI PL NZ NA PO NC
0B3D:0000 B8FFFF        MOV     AX,FFFF
-u 0b3d:0
0B3D:0000 B8FFFF        MOV     AX,FFFF
0B3D:0003 8ED8          MOV     DS,AX
0B3D:0005 BB0600        MOV     BX,0006
0B3D:0008 8A07          MOV     AL,[BX]
0B3D:000A B400          MOV     AH,00
0B3D:000C BA0000        MOV     DX,0000
0B3D:000F B97B00        MOV     CX,007B
0B3D:0012 03D0          ADD     DX,AX
0B3D:0014 E2FC          LOOP    0012
0B3D:0016 B8004C        MOV     AX,4C00
0B3D:0019 CD21          INT     21
0B3D:001B E83E0D        CALL    0D5C
0B3D:001E 83C404        ADD     SP,+04
-
```

图 5.11 程序在内存中的情况

```
-g 0012

AX=0032  BX=0006  CX=007B  DX=0000  SP=0000  BP=0000  SI=0000  DI=0000
DS=FFFF  ES=0B2D  SS=0B3D  CS=0B3D  IP=0012   NV UP EI PL NZ NA PO NC
0B3D:0012 03D0          ADD     DX,AX
-
```

图 5.12 CS:0012 前的程序段被执行

图 5.12 中，Debug 执行“g 0012”后，CS:0012 前的程序段被执行，从各个相关的寄存器中的值，我们可以看出执行的结果。

下面我们对循环的过程进行跟踪，如图 5.13 所示。

图 5.13 中，我们跟踪了两次循环的过程。其实，通过这两次循环过程，已经可以确定循环程序段在逻辑上是正确的。我们不想再继续一步步地观察循环的过程了，怎样让程序向下执行呢？继续像从前那样使用 t 命令？显然这是不可行的，因为还要进行 121((cx)=79h)次循环，如果像前两次那样使用 t 命令，我们得使用 121*2=242 次 t 命令才

能从循环中出来。

```
AX=0032  BX=0006  CX=007B  DX=0000  SP=0000  BP=0000  SI=0000  DI=0000
DS=FFFF  ES=0B2D  SS=0B3D  CS=0B3D  IP=0012   NV UP EI PL NZ NA PO NC
0B3D:0012 03D0          ADD     DX,AX
-t

AX=0032  BX=0006  CX=007B  DX=0032  SP=0000  BP=0000  SI=0000  DI=0000
DS=FFFF  ES=0B2D  SS=0B3D  CS=0B3D  IP=0014   NV UP EI PL NZ NA PO NC
0B3D:0014 E2FC          LOOP    0012
-t

AX=0032  BX=0006  CX=007A  DX=0032  SP=0000  BP=0000  SI=0000  DI=0000
DS=FFFF  ES=0B2D  SS=0B3D  CS=0B3D  IP=0012   NV UP EI PL NZ NA PO NC
0B3D:0012 03D0          ADD     DX,AX
-t

AX=0032  BX=0006  CX=007A  DX=0064  SP=0000  BP=0000  SI=0000  DI=0000
DS=FFFF  ES=0B2D  SS=0B3D  CS=0B3D  IP=0014   NV UP EI PL NZ NA PO NC
0B3D:0014 E2FC          LOOP    0012
-t

AX=0032  BX=0006  CX=0079  DX=0064  SP=0000  BP=0000  SI=0000  DI=0000
DS=FFFF  ES=0B2D  SS=0B3D  CS=0B3D  IP=0012   NV UP EI PL NZ NA PO NC
0B3D:0012 03D0          ADD     DX,AX
-
```

图 5.13　两次循环的过程

这里的问题是，我们希望将循环一次执行完。可以使用 p 命令来达到目的。再次遇到 loop 指令时，使用 p 命令来执行，Debug 就会自动重复执行循环中的指令，直到(cx)=0 为止。具体情况如图 5.14 所示。

```
AX=0032  BX=0006  CX=0079  DX=0064  SP=0000  BP=0000  SI=0000  DI=0000
DS=FFFF  ES=0B2D  SS=0B3D  CS=0B3D  IP=0012   NV UP EI PL NZ NA PO NC
0B3D:0012 03D0          ADD     DX,AX
-t

AX=0032  BX=0006  CX=0079  DX=0096  SP=0000  BP=0000  SI=0000  DI=0000
DS=FFFF  ES=0B2D  SS=0B3D  CS=0B3D  IP=0014   NV UP EI PL NZ NA PE NC
0B3D:0014 E2FC          LOOP    0012
-p

AX=0032  BX=0006  CX=0000  DX=1806  SP=0000  BP=0000  SI=0000  DI=0000
DS=FFFF  ES=0B2D  SS=0B3D  CS=0B3D  IP=0016   NV UP EI PL NZ NA PE NC
0B3D:0016 B8004C        MOV     AX,4C00
-
```

图 5.14　用 p 命令执行 loop 指令

图 5.14 中，在遇到“loop 0012”时，用 p 命令执行，Debug 自动重复执行“loop 0012”和“add dx,ax”两条指令，直到(cx)=0。最后一次执行“loop 0012”后，(cx)=0，(IP)=0016h，当前指令为 CS:0016 处的“mov ax,4c00”。

当然，也可以用 g 命令来达到目的，可以用“g 0016”直接执行到 CS:0016 处。具体情况如图 5.15 所示。

```
AX=0032  BX=0006  CX=0079  DX=0064  SP=0000  BP=0000  SI=0000  DI=0000
DS=FFFF  ES=0B2D  SS=0B3D  CS=0B3D  IP=0012   NV UP EI PL NZ NA PO NC
0B3D:0012 03D0          ADD     DX,AX
-g 0016

AX=0032  BX=0006  CX=0000  DX=1806  SP=0000  BP=0000  SI=0000  DI=0000
DS=FFFF  ES=0B2D  SS=0B3D  CS=0B3D  IP=0016   NV UP EI PL NZ NA PE NC
0B3D:0016 B8004C        MOV     AX,4C00
-
```

图 5.15　用 g 命令执行

5.4 Debug和汇编编译器masm对指令的不同处理

本节知识点为下面课程的顺利进行提供一点预备知识。

我们在Debug中写过类似的指令：

```
mov ax,[0]
```

表示将 ds:0 处的数据送入ax中。

但是在汇编源程序中，指令“mov ax,[0]”被编译器当作指令“mov ax,0”处理。

下面通过具体的例子来看一下Debug和汇编编译器masm对形如“mov ax,[0]”这类指令的不同处理。

任务：将内存2000:0、2000:1、2000:2、2000:3单元中的数据送入al、bl、cl、dl中。

(1) 在Debug中编程实现：

```
mov ax,2000
mov ds,ax
mov al,[0]
mov bl,[1]
mov cl,[2]
mov dl,[3]
```

(2) 汇编源程序实现：

```
assume cs:code
code segment

 mov ax,2000h
 mov ds,ax
 mov al,[0]
 mov bl,[1]
 mov cl,[2]
 mov dl,[3]

 mov ax,4c00h
 int 21h

code ends
end
```

我们看一下两种实现的实际实施情况：

(1) Debug中的情况如图5.16所示。

```
C:\masm>debug
-a
0AE8:0100 mov ax,2000
0AE8:0103 mov ds,ax
0AE8:0105 mov al,[0]
0AE8:0108 mov bl,[1]
0AE8:010C mov cl,[2]
0AE8:0110 mov dl,[3]
0AE8:0114
-u
0AE8:0100 B80020        MOV     AX,2000
0AE8:0103 8ED8          MOV     DS,AX
0AE8:0105 A00000        MOV     AL,[0000]
0AE8:0108 8A1E0100      MOV     BL,[0001]
0AE8:010C 8A0E0200      MOV     CL,[0002]
0AE8:0110 8A160300      MOV     DL,[0003]
```

图 5.16 Debug 对“mov al,[0]”等指令的解释

(2) 将汇编源程序存储为 compare.asm，用 masm、link 生成 compare.exe，用 Debug 加载 compare.exe，如图 5.17 所示。

```
C:\masm>debug compare.exe
-r
AX=0000  BX=0000  CX=0012  DX=0000  SP=0000  BP=0000  SI=0000  DI=0000
DS=0B2D  ES=0B2D  SS=0B3D  CS=0B3D  IP=0000   NV UP EI PL NZ NA PO NC
0B3D:0000 B80020        MOV     AX,2000
-u 0b3d:0000
0B3D:0000 B80020        MOV     AX,2000
0B3D:0003 8ED8          MOV     DS,AX
0B3D:0005 B000          MOV     AL,00
0B3D:0007 B301          MOV     BL,01
0B3D:0009 B102          MOV     CL,02
0B3D:000B B203          MOV     DL,03
0B3D:000D B8004C        MOV     AX,4C00
0B3D:0010 CD21          INT     21
```

图 5.17 masm 对“mov al,[0]”等指令的解释

从图 5.16、图 5.17 中我们可以明显地看出，Debug 和编译器 masm 对形如“mov ax,[0]”这类指令在解释上的不同。我们在 Debug 中和源程序中写入同样形式的指令：“mov al,[0]”、“mov bl,[1]”、“mov cl,[2]”、“mov dl,[3]”，但 Debug 和编译器对这些指令中的“[idata]”却有不同的解释。Debug 将它解释为“[idata]”是一个内存单元，“idata”是内存单元的偏移地址；而编译器将“[idata]”解释为“idata”。

那么我们如何在源程序中实现将内存 2000:0、2000:1、2000:2、2000:3 单元中的数据送入 al、bl、cl、dl 中呢？

目前的方法是，可将偏移地址送入 bx 寄存器中，用[bx]的方式来访问内存单元。比如我们可以这样访问 2000:0 单元：

```
mov ax,2000h
mov ds,ax           ;段地址 2000h 送入 ds
mov bx,0            ;偏移地址 0 送入 bx
mov al,[bx]         ;ds:bx 单元中的数据送入 al
```

这样做是可以，可是比较麻烦，我们要用 bx 来间接地给出内存单元的偏移地址。我们还是希望能够像在 Debug 中那样，在“[ ]”中直接给出内存单元的偏移地址。这样做，在汇编源程序中也是可以的，只不过，要在“[ ]”的前面显式地给出段地址所在的段寄存器。比如我们可以这样访问 2000:0 单元：

```
mov ax,2000h
mov ds,ax
mov al,ds:[0]
```

比较一下汇编源程序中以下指令的含义。

“mov al,[0]”，含义：(al)=0，将常量0送入al中(与mov al,0含义相同)；
“mov al,ds:[0]”，含义：(al)=((ds)*16+0)，将内存单元中的数据送入al中；
“mov al,[bx]”，含义：(al)=((ds)*16+(bx))，将内存单元中的数据送入al中；
“mov al,ds:[bx]”，含义：与“mov al,[bx]”相同。

从上面的比较中可以看出：

(1) 在汇编源程序中，如果用指令访问一个内存单元，则在指令中必须用“[...]”来表示内存单元，如果在“[]”里用一个常量idata直接给出内存单元的偏移地址，就要在“[]”的前面显式地给出段地址所在的段寄存器。比如

```
mov al,ds:[0]
```

如果没有在“[]”的前面显式地给出段地址所在的段寄存器，比如

```
mov al,[0]
```

那么，编译器masm将把指令中的“[idata]”解释为“idata”。

(2) 如果在“[]”里用寄存器，比如bx，间接给出内存单元的偏移地址，则段地址默认在ds中。当然，也可以显式地给出段地址所在的段寄存器。

5.5 loop和[bx]的联合应用

考虑这样一个问题，计算ffff:0~ffff:b单元中的数据的和，结果存储在dx中。

我们还是先分析一下。

(1) 运算后的结果是否会超出dx所能存储的范围？

ffff:0~ffff:b内存单元中的数据是字节型数据，范围在0~255之间，12个这样的数据相加，结果不会大于65535，可以在dx中存放下。

(2) 我们能否将ffff:0~ffff:b中的数据直接累加到dx中？

当然不行，因为ffff:0~ffff:b中的数据是8位的，不能直接加到16位寄存器dx中。

(3) 我们能否将ffff:0~ffff:b中的数据累加到dl中，并设置(dh)=0，从而实现累加到dx中？

这也不行，因为 dl 是 8 位寄存器，能容纳的数据的范围在 0~255 之间，ffff:0~ffff:b 中的数据也都是 8 位，如果仅向 dl 中累加 12 个 8 位数据，很有可能造成进位丢失。

(4)　我们到底怎样将 ffff:0~ffff:b 中的 8 位数据，累加到 16 位寄存器 dx 中？

从上面的分析中，可以看到，这里面有两个问题：类型的匹配和结果的不超界。具体地说，就是在做加法的时候，我们有两种方法：

①　(dx)=(dx)+内存中的 8 位数据；
②　(dl)=(dl)+内存中的 8 位数据。

第一种方法中的问题是两个运算对象的类型不匹配，第二种方法中的问题是结果有可能超界。

怎样解决这两个看似矛盾的问题？目前的方法(在后面的课程中我们还有别的方法)就是得用一个 16 位寄存器来做中介。将内存单元中的 8 位数据赋值到一个 16 位寄存器 ax 中，再将 ax 中的数据加到 dx 上，从而使两个运算对象的类型匹配并且结果不会超界。

想清楚以上的问题之后，编写程序如下。

程序5.5

```
assume cs:code

code segment

    mov ax,0ffffh
    mov ds,ax                    ;设置(ds)=ffffh

    mov dx,0                     ;初始化累加寄存器，(dx)=0

    mov al,ds:[0]
    mov ah,0                     ;(ax)=((ds)*16+0)=(ffff0h)
    add dx,ax                    ;向 dx 中加上 ffff:0 单元的数值

    mov al,ds:[1]
    mov ah,0                     ;(ax)=((ds)*16+1)=(ffff1h)
    add dx,ax                    ;向 dx 中加上 ffff:1 单元的数值

    mov al,ds:[2]
    mov ah,0                     ;(ax)=((ds)*16+2)=(ffff2h)
    add dx,ax                    ;向 dx 中加上 ffff:2 单元的数值

    mov al,ds:[3]
    mov ah,0                     ;(ax)=((ds)*16+3)=(ffff3h)
    add dx,ax                    ;向 dx 中加上 ffff:3 单元的数值

    mov al,ds:[4]
    mov ah,0                     ;(ax)=((ds)*16+4)=(ffff4h)
    add dx,ax                    ;向 dx 中加上 ffff:4 单元的数值

    mov al,ds:[5]
```

```
    mov ah,0                  ;(ax)=((ds)*16+5)=(ffff5h)
    add dx,ax                 ;向 dx 中加上 ffff:5 单元的数值

    mov al,ds:[6]
    mov ah,0                  ;(ax)=((ds)*16+6)=(ffff6h)
    add dx,ax                 ;向 dx 中加上 ffff:6 单元的数值

    mov al,ds:[7]
    mov ah,0                  ;(ax)=((ds)*16+7)=(ffff7h)
    add dx,ax                 ;向 dx 中加上 ffff:7 单元的数值

    mov al,ds:[8]
    mov ah,0                  ;(ax)=((ds)*16+8)=(ffff8h)
    add dx,ax                 ;向 dx 中加上 ffff:8 单元的数值

    mov al,ds:[9]
    mov ah,0                  ;(ax)=((ds)*16+9)=(ffff9h)
    add dx,ax                 ;向 dx 中加上 ffff:9 单元的数值

    mov al,ds:[0ah]
    mov ah,0                  ;(ax)=((ds)*16+0ah)=(ffffah)
    add dx,ax                 ;向 dx 中加上 ffff:a 单元的数值

    mov al,ds:[0bh]
    mov ah,0                  ;(ax)=((ds)*16+0bh)=(ffffbh)
    add dx,ax                 ;向 dx 中加上 ffff:b 单元的数值

    mov ax,4c00h              ;程序返回
    int 21h

code ends

end
```

上面的程序很简单，不用解释，你一看就懂。不过，在看懂了之后，你是否觉得这个程序编得有些问题？它似乎没有必要写这么长。这是累加 ffff:0~ffff:b 中的 12 个数据，如果要累加 0000:0~0000:7fff 中的 32K 个数据，按照这个程序的思路，将要写将近 10 万行程序(写一个简单的操作系统也就这个长度了)。

问题 5.4

应用 loop 指令，改进程序 5.5，使它的指令行数让人能够接受。

思考后看分析。

分析：

可以看出，在程序中，有 12 个相似的程序段，我们将它们一般化地描述为：

```
mov al,ds:[X]         ;ds:X 指向 ffff:X 单元
mov ah,0              ;(ax)=((ds)*16+(X))=(ffffXh)
add dx,ax             ;向 dx 中加上 ffff:X 单元的数值
```

我们可以看到，12 个相似的程序段中，只有 mov al,ds:[X]指令中的内存单元的偏移地址是不同的，其他都一样。而这些不同的偏移地址是在 0≤X≤bH 的范围内递增变化的。

我们可以用数学语言来描述这个累加的运算：$sum=\sum_{X=0}^{0bH}(ffffh*10h+X)$。

从程序实现上，我们将循环做。

```
(al)=((ds)*16+X)
(ah)=0
(dx)=(dx)+(ax)
```

一共循环 12 次，在循环开始前(ds)=ffffh，X=0，ds:X 指向第一个内存单元。每次循环后，X 递增，ds:X 指向下一个内存单元。

完整的算法描述如下。

初始化：

```
(ds)=ffffh
X=0
(dx)=0
```

循环 12 次：

```
(al)=((ds)*16+X)
(ah)=0
(dx)=(dx)+(ax)
X=X+1
```

可见，表示内存单元偏移地址的 X 应该是一个变量，因为在循环的过程中，偏移地址必须能够递增。这样，在指令中，我们就不能用常量来表示偏移地址。我们可以将偏移地址放到 bx 中，用[bx]的方式访问内存单元。在循环开始前设(bx)=0，每次循环，将 bx 中的内容加 1 即可。

最后一个问题是，如何实现循环 12 次？我们的 loop 指令该发挥作用了。

更详细的算法描述如下。

初始化：

```
(ds)=ffffh
(bx)=0
(dx)=0
(cx)=12
```

循环12次：

```
s:(al)=((ds)*16+(bx))
  (ah)=0
  (dx)=(dx)+(ax)
  (bx)=(bx)+1
  loop s
```

最后，我们写出程序。

程序 5.6

```
assume cs:code
code segment

    mov ax,0ffffh
    mov ds,ax
    mov bx,0                    ;初始化 ds:bx 指向 ffff:0

    mov dx,0                    ;初始化累加寄存器 dx，(dx)=0

    mov cx,12                   ;初始化循环计数寄存器 cx，(cx)=12

s:  mov al,[bx]
    mov ah,0
    add dx,ax                   ;间接向 dx 中加上((ds)*16+(bx))单元的数值
    inc bx                      ;ds:bx 指向下一个单元
    loop s

    mov ax,4c00h
    int 21h

code ends
end
```

在实际编程中，经常会遇到，用同一种方法处理地址连续的内存单元中的数据的问题。我们需要用循环来解决这类问题，同时我们必须能够在每次循环的时候按照同一种方法来改变要访问的内存单元的地址。这时，就不能用常量来给出内存单元的地址(比如，[0]、[1]、[2]中，0、1、2是常量)，而应用变量。“mov al,[bx]”中的bx就可以看作一个代表内存单元地址的变量，我们可以不写新的指令，仅通过改变bx中的数值，改变指令访问的内存单元。

5.6 段前缀

指令“mov ax,[bx]”中，内存单元的偏移地址由bx给出，而段地址默认在ds中。我们可以在访问内存单元的指令中显式地给出内存单元的段地址所在的段寄存器。比如：

(1)　mov ax,ds:[bx]

将一个内存单元的内容送入 ax，这个内存单元的长度为 2 字节(字单元)，存放一个字，偏移地址在 bx 中，段地址在 ds 中。

(2)　mov ax,cs:[bx]

将一个内存单元的内容送入 ax，这个内存单元的长度为 2 字节(字单元)，存放一个字，偏移地址在 bx 中，段地址在 cs 中。

(3)　mov ax,ss:[bx]

将一个内存单元的内容送入 ax，这个内存单元的长度为 2 字节(字单元)，存放一个字，偏移地址在 bx 中，段地址在 ss 中。

(4)　mov ax,es:[bx]

将一个内存单元的内容送入 ax，这个内存单元的长度为 2 字节(字单元)，存放一个字，偏移地址在 bx 中，段地址在 es 中。

(5)　mov ax,ss:[0]

将一个内存单元的内容送入 ax，这个内存单元的长度为 2 字节(字单元)，存放一个字，偏移地址为 0，段地址在 ss 中。

(6)　mov ax,cs:[0]

将一个内存单元的内容送入 ax，这个内存单元的长度为 2 字节(字单元)，存放一个字，偏移地址为 0，段地址在 cs 中。

这些出现在访问内存单元的指令中，用于显式地指明内存单元的段地址的“ds:”“cs:”“ss:”“es:”，在汇编语言中称为**段前缀**。

5.7　一段安全的空间

在 8086 模式中，随意向一段内存空间写入内容是很危险的，因为这段空间中可能存放着重要的系统数据或代码。比如下面的指令：

```
mov ax,1000h
mov ds,ax
mov al,0
mov ds:[0],al
```

我们以前在 Debug 中，为了讲解上的方便，写过类似的指令。但这种做法是不合理的，因为之前我们并没有论证过 1000:0 中是否存放着重要的系统数据或代码。如果 1000:0 中存放着重要的系统数据或代码，“mov ds:[0],al”将其改写，将引发错误。

比如下面的程序。

程序 5.7

```
assume cs:code
code segment

 mov ax,0
 mov ds,ax
 mov ds:[26h],ax

 mov ax,4c00h
 int 21h

code ends
end
```

将源程序编辑为 p7.asm，编译、连接后生成 p7.exe，用 Debug 加载，跟踪它的运行，如图 5.18 所示。

```
C:\masm>debug p7.exe
-r
AX=0000  BX=0000  CX=000D  DX=0000  SP=0000  BP=0000  SI=0000  DI=0000
DS=0B2D  ES=0B2D  SS=0B3D  CS=0B3D  IP=0000   NV UP EI PL NZ NA PO NC
0B3D:0000 B80000        MOV     AX,0000
-u 0b3d:0
0B3D:0000 B80000        MOV     AX,0000
0B3D:0003 8ED8          MOV     DS,AX
0B3D:0005 A32600        MOV     [0026],AX
0B3D:0008 B8004C        MOV     AX,4C00
0B3D:000B CD21          INT     21
```

图 5.18　用 Debug 加载程序 5.7

图 5.18 中，我们可以看到，源程序中的“mov ds:[26h],ax”被 masm 翻译为机器码“a3 26 00”，而 Debug 将这个机器码解释为“mov [0026],ax”。可见，汇编源程序中的汇编指令“mov ds:[26h],ax”和 Debug 中的汇编指令“mov [0026],ax”同义。

我们看一下“mov [0026],ax”的执行结果，如图 5.19 所示。

图 5.19 中，是在 windows 2000 的 DOS 方式中，在 Debug 里执行“mov [0026],ax”的结果。如果在实模式(即纯 DOS 方式)下执行程序 p7.exe，将会引起死机。产生这种结果的原因是 0:0026 处存放着重要的系统数据，而“mov [0026],ax”将其改写。

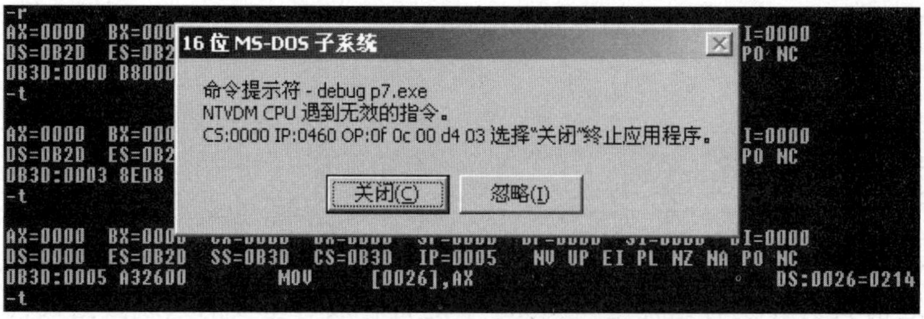

```
-r
AX=0000  BX=000                                    I=0000
DS=0B2D  ES=0B2                                    PO NC
0B3D:0000 B8000
-t

AX=0000  BX=000                                    I=0000
DS=0B2D  ES=0B2                                    PO NC
0B3D:0003 8ED8
-t

AX=0000  BX=000                                    I=0000
DS=0000  ES=0B2D  SS=0B3D  CS=0B3D  IP=0005   NV UP EI PL NZ NA PO NC
0B3D:0005 A32600        MOV     [0026],AX                 DS:0026=0214
-t
```

16 位 MS-DOS 子系统

命令提示符 - debug p7.exe
NTVDM CPU 遇到无效的指令。
CS:0000 IP:0460 OP:0f 0c 00 d4 03 选择"关闭"终止应用程序。

关闭(C)　忽略(I)

图 5.19　改写 0:0026 处存放的重要系统数据

可见，在不能确定一段内存空间中是否存放着重要的数据或代码的时候，不能随意向其中写入内容。

不要忘记，我们是在操作系统的环境中工作，操作系统管理所有的资源，也包括内存。如果我们需要向内存空间写入数据的话，要使用操作系统给我们分配的空间，而不应直接用地址任意指定内存单元，向里面写入。下一章我们会对“使用操作系统给我们分配的空间”有所认识。

但是，同样不能忘记，我们正在学习的是汇编语言，要通过它来获得底层的编程体验，理解计算机底层的基本工作机理。所以我们尽量直接对硬件编程，而不去理会操作系统。

我们似乎面临一种选择，是在操作系统中安全、规矩地编程，还是自由、直接地用汇编语言去操作真实的硬件，了解那些早已被层层系统软件掩盖的真相？在大部分的情况下，我们选择后者，除非我们就是在学习操作系统本身的内容。

注意，我们在纯 DOS 方式(实模式)下，可以不理会 DOS，直接用汇编语言去操作真实的硬件，因为运行在 CPU 实模式下的 DOS，没有能力对硬件系统进行全面、严格的管理。但在 Windows 2000、Unix 这些运行于 CPU 保护模式下的操作系统中，不理会操作系统，用汇编语言去操作真实的硬件，是根本不可能的。硬件已被这些操作系统利用 CPU 保护模式所提供的功能全面而严格地管理了。

在后面的课程中，我们需要直接向内存中写入内容，可我们又不希望发生图 5.19 中的那种情况。所以要找到一段安全的空间供我们使用。在一般的 PC 机中，DOS 方式下，DOS 和其他合法的程序一般都不会使用 0:200~0:2ff(00200h~002ffh)的 256 个字节的空间。所以，我们使用这段空间是安全的。不过为了谨慎起见，在进入 DOS 后，我们可以先用 Debug 查看一下，如果 0:200~0:2ff 单元的内容都是 0 的话，则证明 DOS 和其他合法的程序没有使用这里。

为什么 DOS 和其他合法的程序一般都不会使用 0:200~0:2ff 这段空间？我们将在以后的课程中讨论这个问题。

好了，我们总结一下：

(1) 我们需要直接向一段内存中写入内容；

(2) 这段内存空间不应存放系统或其他程序的数据或代码，否则写入操作很可能引发错误；

(3) DOS 方式下，一般情况，0:200~0:2ff 空间中没有系统或其他程序的数据或代码；

(4) 以后，我们需要直接向一段内存中写入内容时，就使用 0:200~0:2ff 这段空间。

5.8 段前缀的使用

我们考虑一个问题，将内存 ffff:0~ffff:b 单元中的数据复制到 0:200~0:20b 单元中。

分析一下。

(1) 0:200~0:20b 单元等同于 0020:0~0020:b 单元，它们描述的是同一段内存空间。
(2) 复制的过程应用循环实现，简要描述如下。

初始化：

```
X=0
```

循环 12 次：

```
将 ffff:X 单元中的数据送入 0020:X(需要用一个寄存器中转)
X=X+1
```

(3) 在循环中，源始单元 ffff:X 和目标单元 0020:X 的偏移地址 X 是变量。我们用 bx 来存放。

(4) 将 0:200~0:20b 用 0020:0~0020:b 描述，就是为了使目标单元的偏移地址和源始单元的偏移地址从同一数值 0 开始。

程序如下。

程序5.8

```
assume cs:code

code segment

    mov bx,0                   ;(bx)=0，偏移地址从 0 开始
    mov cx,12                  ;(cx)=12，循环 12 次

s:  mov ax,0ffffh
    mov ds,ax                  ;(ds)=0ffffh
    mov dl,[bx]                ;(dl)=((ds)*16+(bx))，将 ffff:bx 中的数据送入 dl

    mov ax,0020h
    mov ds,ax                  ;(ds)=0020h
    mov [bx],dl                ;((ds)*16+(bx))=(dl)，将中 dl 的数据送入 0020:bx

    inc bx                     ;(bx)=(bx)+1
    loop s

    mov ax,4c00h
    int 21h

code ends

end
```

因源始单元 ffff:X 和目标单元 0020:X 相距大于 64KB，在不同的 64KB 段里，程序 5.8 中，每次循环要设置两次 ds。这样做是正确的，但是效率不高。我们可以使用两个段寄存器分别存放源始单元 ffff:X 和目标单元 0020:X 的段地址，这样就可以省略循环中需要重复做 12 次的设置 ds 的程序段。

改进的程序如下。

程序5.9

```
assume cs:code

code segment

    mov ax,0ffffh
    mov ds,ax               ;(ds)=0ffffh

    mov ax,0020h
    mov es,ax               ;(es)=0020h

    mov bx,0                ;(bx)=0，此时 ds:bx 指向 ffff:0，es:bx 指向 0020:0

    mov cx,12               ;(cx)=12，循环 12 次

s:  mov dl,[bx]             ;(dl)=((ds)*16+(bx))，将 ffff:bx 中的数据送入 dl
    mov es:[bx],dl          ;((es)*16+(bx))=(dl)，将 dl 中的数据送入 0020:bx
    inc bx                  ;(bx)=(bx)+1
    loop s

    mov ax,4c00h
    int 21h

code ends

end
```

程序 5.9 中，使用 es 存放目标空间 0020:0~0020:b 的段地址，用 ds 存放源始空间 ffff:0~ffff:b 的段地址。在访问内存单元的指令“mov es:[bx],al”中，显式地用段前缀“es:”给出单元的段地址，这样就不必在循环中重复设置 ds。

实验 4 [bx]和 loop 的使用

(1) 编程，向内存 0:200~0:23F 依次传送数据 0~63(3FH)。

(2) 编程，向内存 0:200~0:23F 依次传送数据 0~63(3FH)，程序中只能使用 9 条指令，9 条指令中包括“mov ax,4c00h”和“int 21h”。

(3) 下面的程序的功能是将“mov ax,4c00h”之前的指令复制到内存 0:200 处，补全程序。上机调试，跟踪运行结果。

```
assume cs:code
code segment
```

```
  mov ax,________
  mov ds,ax
  mov ax,0020h
  mov es,ax
  mov bx,0
  mov cx,________
s:mov al,[bx]
  mov es:[bx],al
  inc bx
  loop s
  mov ax,4c00h
  int 21h
code ends
end
```

提示：

(1) 复制的是什么？从哪里到哪里？
(2) 复制的是什么？有多少个字节？你如何知道要复制的字节的数量？

注意，一定要做完这个实验才能进行下面的课程。

第 6 章　包含多个段的程序

前面的程序中，只有一个代码段。现在有一个问题是，如果程序需要用其他空间来存放数据，使用哪里呢？第 5 章中，我们讲到要使用一段安全的空间。可哪里安全呢？第 5 章中，我们说 0:200~0:2FF 是相对安全的，可这段空间的容量只有 256 个字节，如果我们需要的空间超过 256 个字节该怎么办呢？

在操作系统的环境中，合法地通过操作系统取得的空间都是安全的，因为操作系统不会让一个程序所用的空间和其他程序以及系统自己的空间相冲突。在操作系统允许的情况下，程序可以取得任意容量的空间。

程序取得所需空间的方法有两种，一是在加载程序的时候为程序分配，再就是程序在执行的过程中向系统申请。在我们的课程中，不讨论第二种方法。

加载程序的时候为程序分配空间，我们在前面已经有所体验，比如我们的程序在加载的时候，取得了代码段中的代码的存储空间。

我们若要一个程序在被加载的时候取得所需的空间，则必须要在源程序中做出说明。我们通过在源程序中定义段来进行内存空间的获取。

上面是从内存空间获取的角度上，谈定义段的问题。我们再从程序规划的角度来谈一下定义段的问题。大多数有用的程序，都要处理数据，使用栈空间，当然也都必须有指令，为了程序设计上的清晰和方便，我们一般也都定义不同的段来存放它们。

对于使用多个段的问题，我们先简单说到这里，下面我们将以这样的顺序来深入地讨论多个段的问题：

(1) 在一个段中存放数据、代码、栈，我们先来体会一下不使用多个段时的情况；
(2) 将数据、代码、栈放入不同的段中。

6.1　在代码段中使用数据

考虑这样一个问题，编程计算以下 8 个数据的和，结果存在 ax 寄存器中：

0123h、0456h、0789h、0abch、0defh、0fedh、0cbah、0987h

在前面的课程中，我们都是累加某些内存单元中的数据，并不关心数据本身。可现在要累加的就是已经给定了数值的数据。我们可以将它们一个一个地加到 ax 寄存器中，但是，我们希望可以用循环的方法来进行累加，所以在累加前，要将这些数据存储在一组地址连续的内存单元中。如何将这些数据存储在一组地址连续的内存单元中呢？我们可以用指令一个一个地将它们送入地址连续的内存单元中，可是这样又有一个问题，到哪里去找这段内存空间呢？

从规范的角度来讲，我们是不能自己随便决定哪段空间可以使用的，应该让系统来为我们分配。我们可以在程序中，定义我们希望处理的数据，这些数据就会被编译、连接程序作为程序的一部分写到可执行文件中。当可执行文件中的程序被加载入内存时，这些数据也同时被加载入内存中。与此同时，我们要处理的数据也就自然而然地获得了存储空间。

具体的做法看下面的程序。

程序6.1

```
assume cs:code

code segment

    dw 0123h,0456h,0789h,0abch,0defh,0fedh,0cbah,0987h

    mov bx,0
    mov ax,0

    mov cx,8
  s:add ax,cs:[bx]
    add bx,2
    loop s

    mov ax,4c00h
    int 21h

code ends

end
```

解释一下，程序第一行中的“dw”的含义是定义字型数据。dw 即“define word”。在这里，使用 dw 定义了 8 个字型数据(数据之间以逗号分隔)，它们所占的内存空间的大小为 16 个字节。

程序中的指令就要对这 8 个数据进行累加，可这 8 个数据在哪里呢？由于它们在代码段中，程序在运行的时候 CS 中存放代码段的段地址，所以可以从 CS 中得到它们的段地址。它们的偏移地址是多少呢？因为用 dw 定义的数据处于代码段的最开始，所以偏移地址为 0，这 8 个数据就在代码段的偏移 0、2、4、6、8、A、C、E 处。程序运行时，它们的地址就是 CS:0、CS:2、CS:4、CS:6、CS:8、CS:A、CS:C、CS:E。

程序中，用 bx 存放加 2 递增的偏移地址，用循环来进行累加。在循环开始前，设置(bx)=0，cs:bx 指向第一个数据所在的字单元。每次循环中(bx)=(bx)+2，cs:bx 指向下一个数据所在的字单元。

将程序 6.1 编译、连接为可执行文件 p61.exe，先不要运行，用 Debug 加载查看一下，情况如图 6.1 所示。

```
C:\masm>debug p61.exe
-r
AX=0000  BX=0000  CX=0026  DX=0000  SP=0000  BP=0000  SI=0000  DI=0000
DS=0B2D  ES=0B2D  SS=0B3D  CS=0B3D  IP=0000   NV UP EI PL NZ NA PO NC
0B3D:0000 2301          AND     AX,[BX+DI]                       DS:0000=20CD
-u
0B3D:0000 2301          AND     AX,[BX+DI]
0B3D:0002 56            PUSH    SI
0B3D:0003 0489          ADD     AL,89
0B3D:0005 07            POP     ES
0B3D:0006 BC0AEF        MOV     SP,EF0A
0B3D:0009 0DED0F        OR      AX,0FED
0B3D:000C BA0C87        MOV     DX,870C
0B3D:000F 09BB0000      OR      [BP+DI+0000],DI
```

图 6.1　用 u 命令从 0B3D:0000 查看程序

图 6.1 中，通过“DS=0B2D”，可知道程序从 0B3D:0000 开始存放。用 u 命令从 0B3D:0000 查看程序，却看到了一些让人读不懂的指令。

为什么没有看到程序中的指令呢？实际上用 u 命令从 0B3D:0000 查看到的也是程序中的内容，只不过不是源程序中的汇编指令所对应的机器码，而是源程序中，在汇编指令前面，用 dw 定义的数据。实际上，在程序中，有一个代码段，在代码段中，前面的 16 个字节是用“dw”定义的数据，从第 16 个字节开始才是汇编指令所对应的机器码。

可以用 d 命令更清楚地查看一下程序中前 16 个字节的内容，如图 6.2 所示。

```
-d 0b3d:0
0B3D:0000  23 01 56 04 89 07 BC 0A-EF 0D ED 0F BA 0C 87 09   #.V.............
0B3D:0010  BB 00 00 B8 00 00 B9 08-00 2E 03 07 83 C3 02 E2   ................
0B3D:0020  F8 B8 00 4C CD 21 EA 99-0A C0 74 EA F6 C7 80 74   ...L.!....t....t
0B3D:0030  05 C6 06 15 98 01 E9 2D-01 3A C3 75 05 80 CF 80   .......-.:.u....
0B3D:0040  EB D4 3C 0D 75 03 E9 18-01 3A 06 B6 96 75 03 E9   ..<.u....:...u..
0B3D:0050  17 01 B2 3A 38 14 75 1D-80 3E A4 98 01 75 03 E8   ...:8.u..>...u..
0B3D:0060  EB E0 E8 5C 01 AC E8 58-01 89 3E E6 99 C6 06 E8   ...\...X..>.....
0B3D:0070  99 00 E9 B3 00 89 3E E6-99 C6 06 E8 99 00 80 3E   ......>........>
-
```

图 6.2　查看程序中前 16 个字节的内容

可以从 0B3D:0010 查看程序中要执行的机器指令，如图 6.3 所示。

```
-u 0b3d:0010
0B3D:0010 BB0000        MOV     BX,0000
0B3D:0013 B80000        MOV     AX,0000
0B3D:0016 B90800        MOV     CX,0008
0B3D:0019 2E            CS:
0B3D:001A 0307          ADD     AX,[BX]
0B3D:001C 83C302        ADD     BX,+02
0B3D:001F E2F8          LOOP    0019
0B3D:0021 B8004C        MOV     AX,4C00
0B3D:0024 CD21          INT     21
0B3D:0026 EA990AC074    JMP     74C0:0A99
0B3D:002B EAF6C78074    JMP     7480:C7F6
-
```

图 6.3　查看程序中的机器指令

从图 6.2 和 6.3 中，我们可以看到程序加载到内存中后，所占内存空间的前 16 个单元存放在源程序中用“dw”定义的数据，后面的单元存放源程序中汇编指令所对应的机器指令。

怎样执行程序中的指令呢？用 Debug 加载后，可以将 IP 设置为 10h，从而使 CS:IP 指向程序中的第一条指令。然后再用 t 命令、p 命令，或者是 g 命令执行。

可是这样一来，我们就必须用 Debug 来执行程序。程序 6.1 编译、连接成可执行文件后，在系统中直接运行可能会出现问题，因为程序的入口处不是我们所希望执行的指令。如何让这个程序在编译、连接后可以在系统中直接运行呢？我们可以在源程序中指明程序的入口所在，具体做法如下。

程序6.2

```
assume cs:code

code segment

  dw 0123h,0456h,0789h,0abch,0defh,0fedh,0cbah,0987h

  start:    mov bx,0
            mov ax,0

            mov cx,8
        s:  add ax,cs:[bx]
            add bx,2
            loop s

            mov ax,4c00h
            int 21h

code ends

end start
```

注意在程序 6.2 中加入的新内容，在程序的第一条指令的前面加上了一个标号 start，而这个标号在伪指令 end 的后面出现。这里，我们要再次探讨 end 的作用。end 除了通知编译器程序结束外，还可以通知编译器程序的入口在什么地方。在程序 6.2 中我们用 end 指令指明了程序的入口在标号 start 处，也就是说，“mov bx,0”是程序的第一条指令。

在前面的课程中(参见 4.8 节)，我们已经知道在单任务系统中，可执行文件中的程序执行过程如下。

(1) 由其他的程序(Debug、command 或其他程序)将可执行文件中的程序加载入内存；

(2) 设置 CS:IP 指向程序的第一条要执行的指令(即程序的入口)，从而使程序得以运行；

(3) 程序运行结束后，返回到加载者。

现在的问题是，根据什么设置 CPU 的 CS:IP 指向程序的第一条要执行的指令？也就是说，如何知道哪一条指令是程序的第一条要执行的指令？这一点，是由可执行文件中的描述信息指明的。我们知道可执行文件由描述信息和程序组成，程序来自于源程序中的汇编指令和定义的数据；描述信息则主要是编译、连接程序对源程序中相关伪指令进行处理所得到的信息。我们在程序 6.2 中，用伪指令 end 描述了程序的结束和程序的入口。在编译、连接后，由“end start”指明的程序入口，被转化为一个入口地址，存储在可执行文件的描述信息中。在程序 6.2 生成的可执行文件中，这个入口地址的偏移地址部分为：10H。当程序被加载入内存之后，加载者从程序的可执行文件的描述信息中读到程序的入口地址，设置 CS:IP。这样 CPU 就从我们希望的地址处开始执行。

归根结底，我们若要 CPU 从何处开始执行程序，只要在源程序中用“end 标号”指明就可以了。

有了这种方法，就可以这样来安排程序的框架：

```
assume cs:code

code segment
        :
        :
       数据
        :
        :
start:
        :
        :
       代码
        :
        :
code ends

end start
```

6.2　在代码段中使用栈

完成下面的程序，利用栈，将程序中定义的数据逆序存放。

```
assume cs:codesg

codesg segment

  dw 0123h,0456h,0789h,0abch,0defh,0fedh,0cbah,0987h
    ?
codesg ends

end
```

程序的思路大致如下。

程序运行时，定义的数据存放在 cs:0~cs:F 单元中，共 8 个字单元。依次将这 8 个字单元中的数据入栈，然后再依次出栈到这 8 个字单元中，从而实现数据的逆序存放。

问题是，我们首先要有一段可当作栈的内存空间。如前所述，这段空间应该由系统来分配。可以在程序中通过定义数据来取得一段空间，然后将这段空间当作栈空间来用。程序如下。

程序6.3

```
assume cs:codesg

codesg segment

    dw 0123h,0456h,0789h,0abch,0defh,0fedh,0cbah,0987h

    dw 0,0,0,0,0,0,0,0,0,0,0,0,0,0,0,0
                              ;用 dw 定义 16 个字型数据，在程序加载后，将取得 16 个字的
                              ;内存空间，存放这 16 个数据。在后面的程序中将这段
                              ;空间当作栈来使用

start:  mov ax,cs
        mov ss,ax
        mov sp,30h           ;将设置栈顶 ss:sp 指向 cs:30

        mov bx,0
        mov cx,8
    s:  push cs:[bx]
        add bx,2
        loop s               ;以上将代码段 0~15 单元中的 8 个字型数据依次入栈

        mov bx,0
        mov cx,8
   s0:  pop cs:[bx]
        add bx,2
        loop s0              ;以上依次出栈 8 个字型数据到代码段 0~15 单元中

        mov ax,4c00h
        int 21h

codesg ends

end start                     ;指明程序的入口在 start 处
```

注意程序 6.3 中的指令：

```
mov ax,cs
mov ss,ax
mov sp,30h
```

我们要将 cs:10~cs:2F 的内存空间当作栈来用，初始状态下栈为空，所以 ss:sp 要指向栈底，则设置 ss:sp 指向 cs:30。如果对这点还有疑惑，建议回头认真复习一下第 3 章。

在代码段中定义了 16 个字型数据，它们的数值都是 0。这 16 个字型数据的值是多少，对程序来说没有意义。我们用 dw 定义 16 个数据，即在程序中写入了 16 个字型数据，而程序在加载后，将用 32 个字节的内存空间来存放它们。这段内存空间是我们所需要的，程序将它用作栈空间。可见，我们定义这些数据的最终目的是，通过它们取得一定容量的内存空间。所以我们在描述 dw 的作用时，可以说用它定义数据，也可以说用它开辟内存空间。比如对于：

```
dw 0123h,0456h,0789h,0abch,0defh,0fedh,0cbah,0987h
```

可以说，定义了 8 个字型数据，也可以说，开辟了 8 个字的内存空间，这段空间中每个字单元中的数据依次是：0123h、0456h、0789h、0abch、0defh、0fedh、0cbah、0987h。因为它们最终的效果是一样的。

检测点 6.1

(1) 下面的程序实现依次用内存 0:0~0:15 单元中的内容改写程序中的数据，完成程序：

```
assume cs:codesg

codesg segment

    dw 0123h,0456h,0789h,0abch,0defh,0fedh,0cbah,0987h

start:  mov ax,0
        mov ds,ax
        mov bx,0

        mov cx,8
    s:  mov ax,[bx]

        ____________

        add bx,2
        loop s

        mov ax,4c00h
        int 21h

codesg ends

end start
```

(2) 下面的程序实现依次用内存 0:0~0:15 单元中的内容改写程序中的数据，数据的传送用栈来进行。栈空间设置在程序内。完成程序：

```
assume cs:codesg

codesg segment

    dw 0123h,0456h,0789h,0abch,0defh,0fedh,0cbah,0987h

    dw 0,0,0,0,0,0,0,0,0,0          ;10 个字单元用作栈空间

start:  mov ax,_____
        mov ss,ax
        mov sp,_____

        mov ax,0
        mov ds,ax
        mov bx,0
        mov cx,8
```

```
      s:  push [bx]
          ____________
          add bx,2
          loop s

          mov ax,4c00h
          int 21h

codesg ends

end start
```

6.3 将数据、代码、栈放入不同的段

在前面的内容中，我们在程序中用到了数据和栈，将数据、栈和代码都放到了一个段里面。我们在编程的时候要注意何处是数据，何处是栈，何处是代码。这样做显然有两个问题：

(1) 把它们放到一个段中使程序显得混乱；

(2) 前面程序中处理的数据很少，用到的栈空间也小，加上没有多长的代码，放到一个段里面没有问题。但如果数据、栈和代码需要的空间超过 64KB，就不能放在一个段中(一个段的容量不能大于 64KB，是我们在学习中所用的 8086 模式的限制，并不是所有的处理器都这样)。

所以，应该考虑用多个段来存放数据、代码和栈。

怎样做呢？我们用和定义代码段一样的方法来定义多个段，然后在这些段里面定义需要的数据，或通过定义数据来取得栈空间。具体做法如下面的程序所示，这个程序实现了和程序 6.3 一样的功能，不同之处在于它将数据、栈和代码放到了不同的段中。

程序6.4

```
assume cs:code,ds:data,ss:stack

data segment

  dw 0123h,0456h,0789h,0abch,0defh,0fedh,0cbah,0987h

data ends

stack segment

  dw 0,0,0,0,0,0,0,0,0,0,0,0,0,0,0,0

stack ends

code segment

start:  mov ax,stack
        mov ss,ax
```

```
        mov sp,20h      ;设置栈顶 ss:sp 指向 stack:20

        mov ax,data
        mov ds,ax       ;ds 指向 data 段

        mov bx,0        ;ds:bx 指向 data 段中的第一个单元

        mov cx,8
    s:  push [bx]
        add bx,2
        loop s          ;以上将 data 段中的 0~15 单元中的 8 个字型数据依次入栈

        mov bx,0

        mov cx,8
    s0: pop [bx]
        add bx,2
        loop s0         ;以上依次出栈 8 个字型数据到 data 段的 0~15 单元中

        mov ax,4c00h
        int 21h

code ends

end start
```

下面对程序 6.4 做出说明。

(1) 定义多个段的方法

这点，我们从程序中可明显地看出，定义一个段的方法和前面所讲的定义代码段的方法没有区别，只是对于不同的段，要有不同的段名。

(2) 对段地址的引用

现在，程序中有多个段了，如何访问段中的数据呢？当然要通过地址，而地址是分为两部分的，即段地址和偏移地址。如何指明要访问的数据的段地址呢？在程序中，段名就相当于一个标号，它代表了段地址。所以指令“mov ax,data”的含义就是将名称为“data”的段的段地址送入 ax。一个段中的数据的段地址可由段名代表，偏移地址就要看它在段中的位置了。程序中“data”段中的数据“0abch”的地址就是：data:6。要将它送入 bx 中，就要用如下的代码：

```
mov ax,data
mov ds,ax
mov bx,ds:[6]
```

我们不能用下面的指令：

```
mov ds,data
mov bx,ds:[6]
```

其中指令“mov ds,data”是错误的，因为 8086CPU 不允许将一个数值直接送入段寄

存器中。程序中对段名的引用，如指令“mov ds,data”中的“data”，将被编译器处理为一个表示段地址的数值。

(3) “代码段”、“数据段”、“栈段”完全是我们的安排

现在，我们以一个具体的程序来再次讨论一下所谓的“代码段”、“数据段”、“栈段”。在汇编源程序中，可以定义许多的段，比如在程序 6.4 中，定义了 3 个段，“code”、“data”和“stack”。我们可以分别安排它们存放代码、数据和栈。那么我们如何让 CPU 按照我们的这种安排来执行这个程序呢？下面来看看源程序中对这 3 个段所做的处理。

① 我们在源程序中为这 3 个段起了具有含义的名称，用来放数据的段我们将其命名为“data”，用来放代码的段我们将其命名为“code”，用作栈空间的段命名为“stack”。

这样命名了之后，CPU 是否就去执行“code”段中的内容，处理“data”段中的数据，将“stack”当做栈了呢？

当然不是，我们这样命名，仅仅是为了使程序便于阅读。这些名称同“start”、“s”、“s0”等标号一样，仅在源程序中存在，CPU 并不知道它们。

② 我们在源程序中用伪指令“assume cs:code,ds:data,ss:stack”将 cs、ds 和 ss 分别和 code、data、stack 段相连。这样做了之后，CPU 是否就会将 cs 指向 code，ds 指向 data，ss 指向 stack，从而按照我们的意图来处理这些段呢？

当然也不是，要知道 assume 是伪指令，是由编译器执行的，也是仅在源程序中存在的信息，CPU 并不知道它们。我们不必深究 assume 的作用，只要知道需要用它将你定义的具有一定用途的段和相关的寄存器联系起来就可以了。

③ 若要 CPU 按照我们的安排行事，就要用机器指令控制它，源程序中的汇编指令是 CPU 要执行的内容。CPU 如何知道去执行它们？我们在源程序的最后用“end start”说明了程序的入口，这个入口将被写入可执行文件的描述信息，可执行文件中的程序被加载入内存后，CPU 的 CS:IP 被设置指向这个入口，从而开始执行程序中的第一条指令。标号“start”在“code”段中，这样 CPU 就将 code 段中的内容当作指令来执行了。我们在 code 段中，使用指令：

```
mov ax,stack
mov ss,ax
mov sp,20h
```

设置 ss 指向 stack，设置 ss:sp 指向 stack:20，CPU 执行这些指令后，将把 stack 段当做栈空间来用。CPU 若要访问 data 段中的数据，则可用 ds 指向 data 段，用其他的寄存器(如 bx)来存放 data 段中数据的偏移地址。

总之，CPU 到底如何处理我们定义的段中的内容，是当作指令执行，当作数据访

问，还是当作栈空间，完全是靠程序中具体的汇编指令，和汇编指令对 CS:IP、SS:SP、DS 等寄存器的设置来决定的。完全可以将程序 6.4 写成下面的样子，实现同样的功能。

```
assume cs:b,ds:a,ss:c

a segment
   dw 0123h,0456h,0789h,0abch,0defh,0fedh,0cbah,0987h
a ends

c segment
   dw 0,0,0,0,0,0,0,0,0,0,0,0,0,0,0,0
c ends

b segment

d:   mov ax,c
     mov ss,ax
     mov sp,20h          ;希望用 c 段当作栈空间，设置 ss:sp 指向 c:20

     mov ax,a
     mov ds,ax           ;希望用 ds:bx 访问 a 段中的数据，ds 指向 a 段

     mov bx,0            ;ds:bx 指向 a 段中的第一个单元
     mov cx,8
  s: push [bx]
     add bx,2
     loop s              ;以上将 a 段中的 0~15 单元中的 8 个字型数据依次入栈

     mov bx,0
     mov cx,8
s0:  pop [bx]
     add bx,2
     loop s0             ;以上依次出栈 8 个字型数据到 a 段的 0~15 单元中

     mov ax,4c00h
     int 21h

b ends

end d                    ;d 处是要执行的第一条指令，即程序的入口
```

实验 5　编写、调试具有多个段的程序

这一章的内容较少，有些知识需要在实践中掌握。这个实验，既是实验，也是学习内容。必须完成这个实验，才能继续向下学习。

(1) 将下面的程序编译、连接，用 Debug 加载、跟踪，然后回答问题。

```
assume cs:code,ds:data,ss:stack

data segment
    dw 0123h,0456h,0789h,0abch,0defh,0fedh,0cbah,0987h
data ends
```

```
stack segment
    dw 0,0,0,0,0,0,0,0
stack ends

code segment

start:  mov ax,stack
        mov ss,ax
        mov sp,16

        mov ax,data
        mov ds,ax

        push ds:[0]
        push ds:[2]
        pop ds:[2]
        pop ds:[0]

        mov ax,4c00h
        int 21h

code ends

end start
```

① CPU执行程序，程序返回前，data段中的数据为多少？

② CPU执行程序，程序返回前，cs=________、ss=________、ds=__________。

③ 设程序加载后，code段的段地址为X，则data段的段地址为______，stack段的段地址为______。

(2) 将下面的程序编译、连接，用Debug加载、跟踪，然后回答问题。

```
assume cs:code,ds:data,ss:stack

data segment
    dw 0123H,0456H
data ends

stack segment
    dw 0,0
stack ends

code segment

start:  mov ax,stack
        mov ss,ax
        mov sp,16

        mov ax,data
        mov ds,ax

        push ds:[0]
        push ds:[2]
```

```
        pop ds:[2]
        pop ds:[0]

        mov ax,4c00h
        int 21h

code ends

end start
```

① CPU 执行程序，程序返回前，data 段中的数据为多少？

② CPU 执行程序，程序返回前，cs=________、ss=________、ds=__________。

③ 设程序加载后，code 段的段地址为 X，则 data 段的段地址为______，stack 段的段地址为______。

④ 对于如下定义的段：

```
name segment
 ⋮
name ends
```

如果段中的数据占 N 个字节，则程序加载后，该段实际占有的空间为________。

(3) 将下面的程序编译、连接，用 Debug 加载、跟踪，然后回答问题。

```
assume cs:code,ds:data,ss:stack

code segment

start:  mov ax,stack
        mov ss,ax
        mov sp,16

        mov ax,data
        mov ds,ax

        push ds:[0]
        push ds:[2]
        pop ds:[2]
        pop ds:[0]

        mov ax,4c00h
        int 21h

code ends

data segment

 dw 0123H,0456H

data ends

stack segment

  dw 0,0
```

```
stack ends
end start
```

① CPU执行程序，程序返回前，data段中的数据为多少？

② CPU执行程序，程序返回前，cs=________、ss=________、ds=__________。

③ 设程序加载后，code段的段地址为X，则data段的段地址为______，stack段的段地址为______。

(4) 如果将(1)、(2)、(3)题中的最后一条伪指令“end start”改为“end”(也就是说，不指明程序的入口)，则哪个程序仍然可以正确执行？请说明原因。

(5) 程序如下，编写code段中的代码，将a段和b段中的数据依次相加，将结果存到c段中。

```
assume cs:code
a segment
    db 1,2,3,4,5,6,7,8
a ends
b segment
    db 1,2,3,4,5,6,7,8
b ends
c segment
    db 0,0,0,0,0,0,0,0
c ends
code segment
start:
        ?
code ends
end start
```

(6) 程序如下，编写code段中的代码，用push指令将a段中的前8个字型数据，逆序存储到b段中。

```
assume cs:code
a segment
    dw 1,2,3,4,5,6,7,8,9,0ah,0bh,0ch,0dh,0eh,0fh,0ffh
a ends
b segment
```

```
    dw 0,0,0,0,0,0,0,0
b ends
code segment
start:
        ?
code ends
end start
```

第 7 章　更灵活的定位内存地址的方法

前面，我们用[0]、[bx]的方法，在访问内存的指令中，定位内存单元的地址。本章我们主要通过具体的问题来讲解一些更灵活的定位内存地址的方法和相关的编程方法。我们的讲解将通过具体的问题来进行。

7.1　and 和 or 指令

首先，介绍两条指令 and 和 or，因为我们下面的例程中要用到它们。

(1)　and 指令：逻辑与指令，按位进行与运算。

例如指令：

```
mov al,01100011B
and al,00111011B
```

执行后：al=00100011B

通过该指令可将操作对象的相应位设为 0，其他位不变。

例如：

将 al 的第 6 位设为 0 的指令是：and al,10111111B
将 al 的第 7 位设为 0 的指令是：and al,01111111B
将 al 的第 0 位设为 0 的指令是：and al,11111110B

(2)　or 指令：逻辑或指令，按位进行或运算。

例如指令：

```
mov al,01100011B
or al,00111011B
```

执行后：al=01111011B

通过该指令可将操作对象的相应位设为 1，其他位不变。

例如：

将 al 的第 6 位设为 1 的指令是：or al,01000000B
将 al 的第 7 位设为 1 的指令是：or al,10000000B
将 al 的第 0 位设为 1 的指令是：or al,00000001B

7.2　关于 ASCII 码

我们可能已经学习过 ASCII 码的知识了，这里进行一下复习。

计算机中，所有的信息都是二进制，而人能理解的信息是已经具有约定意义的字符。比如说，人在有一定上下文的情况下看到“123”，就可知道这是一个数值，它的大小为 123；看到“BASIC”就知道这是在说 BASIC 这种编程语言；看到“desk”，就知道说的是桌子。而我们要把这些信息存储在计算机中，就要对其进行编码，将其转化为二进制信息进行存储。而计算机要将这些存储的信息再显示给我们看，就要再对其进行解码。只要编码和解码采用同样的规则，我们就可以将人能理解的信息存入到计算机，再从计算机中取出。

世界上有很多编码方案，有一种方案叫做 ASCII 编码，是在计算机系统中通常被采用的。简单地说，所谓编码方案，就是一套规则，它约定了用什么样的信息来表示现实对象。比如说，在 ASCII 编码方案中，用 61H 表示“a”，62H 表示“b”。一种规则需要人们遵守才有意义。

一个文本编辑过程中，就包含着按照 ASCII 编码规则进行的编码和解码。在文本编辑过程中，我们按一下键盘的 a 键，就会在屏幕上看到“a”。这是怎样一个过程呢？我们按下键盘的 a 键，这个按键的信息被送入计算机，计算机用 ASCII 码的规则对其进行编码，将其转化为 61H 存储在内存的指定空间中；文本编辑软件从内存中取出 61H，将其送到显卡上的显存中；工作在文本模式下的显卡，用 ASCII 码的规则解释显存中的内容，61H 被当作字符“a”，显卡驱动显示器，将字符“a”的图像画在屏幕上。我们可以看到，显卡在处理文本信息的时候，是按照 ASCII 码的规则进行的。这也就是说，如果我们要想在显示器上看到“a”，就要给显卡提供“a”的 ASCII 码，61H。如何提供？当然是写入显存中。

7.3　以字符形式给出的数据

我们可以在汇编程序中，用'......'的方式指明数据是以字符的形式给出的，编译器将把它们转化为相对应的 ASCII 码。如下面的程序。

程序 7.1

```
assume cs:code,ds:data
data segment
 db 'unIX'
 db 'foRK'
data ends
code segment
```

```
start:  mov al,'a'
        mov bl,'b'
        mov ax,4c00h
        int 21h
code ends
end start
```

上面的源程序中：

“ db 'unIX' ” 相当于 “db 75H,6EH,49H,58H”，“u”、“n”、“I”、“X”的 ASCII 码分别为 75H、6EH、49H、58H；

“ db 'foRK' ” 相当于 “db 66H，6FH，52H，4BH”，“f”、“o”、“R”、“K”的 ASCII 码分别为 66H、6FH、52H、4BH；

“ mov al, 'a'” 相当于 “mov al,61H”，“a”的 ASCII 码为 61H；

“ mov bl, 'b'” 相当于 “mov al,62H”，“b”的 ASCII 码为 62H。

将程序 7.1 编译为可执行文件后，用 Debug 加载查看 data 段中的内容，如图 7.1 所示。

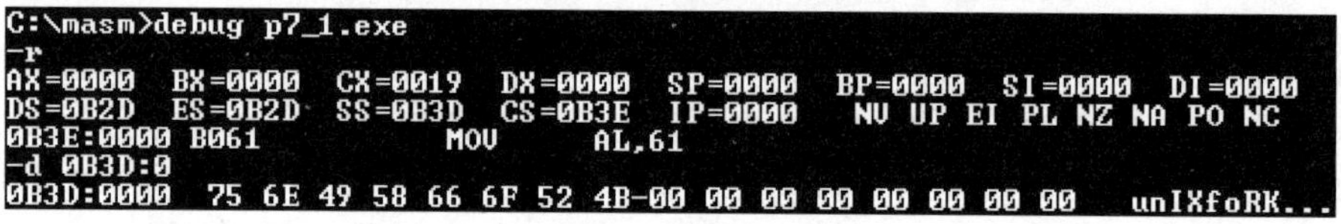

```
C:\masm>debug p7_1.exe
-r
AX=0000  BX=0000  CX=0019  DX=0000  SP=0000  BP=0000  SI=0000  DI=0000
DS=0B2D  ES=0B2D  SS=0B3D  CS=0B3E  IP=0000   NV UP EI PL NZ NA PO NC
0B3E:0000 B061          MOV     AL,61
-d 0B3D:0
0B3D:0000  75 6E 49 58 66 6F 52 4B-00 00 00 00 00 00 00 00   unIXfoRK...
```

图 7.1　查看 data 段中的内容

图 7.1 中，先用 r 命令分析一下 data 段的地址，因“ds=0B2D”，所以程序从 0B3DH 段开始，data 段又是程序中的第一个段，它就在程序的起始处，所以它的段地址为 0B3DH。

用 d 命令查看 data 段，Debug 以十六进制数码和 ASCII 码字符的形式显示出其中的内容，从中，可以看出 data 段中的每个数据所对应的 ASCII 字符。

7.4 大小写转换的问题

下面考虑这样一个问题，在 codesg 中填写代码，将 datasg 中的第一个字符串转化为大写，第二个字符串转化为小写。

```
assume cs:codesg,ds:datasg

datasg segment
 db 'BaSiC'
 db 'iNfOrMaTiOn'
datasg ends
```

```
codesg segment
 start:
codesg ends
end start
```

首先分析一下，我们知道同一个字母的大写字符和小写字符对应的 ASCII 码是不同的，比如“A”的 ASCII 码是 41H，“a”的 ASCII 码是 61H。要改变一个字母的大小写，实际上就是要改变它所对应的 ASCII 码。我们可以将所有的字母的大写字符和小写字符所对应的 ASCII 码列出来，进行一下对比，从中找到规律。

大写	十六进制	二进制	小写	十六进制	二进制
A	41	01000001	a	61	01100001
B	42	01000010	b	62	01100010
C	43	01000011	c	63	01100011
D	44	01000100	d	64	01100100
E	45	01000101	e	65	01100101
F	46	01000110	f	66	01100110
⋮					

通过对比，我们可以看出来，小写字母的 ASCII 码值比大写字母的 ASCII 码值大 20H。这样，我们可以想到，如果将“a”的 ASCII 码值减去 20H，就可以得到“A”；如果将“A”的 ASCII 码值加上 20H 就可以得到“a”。按照这样的方法，可以将 datasg 段中的第一个字符串“BaSiC”中的小写字母变成大写，第二个字符串“iNfOrMaTiOn”中的大写字母变成小写。

要注意的是，对于字符串“BaSiC”，应只对其中的小写字母所对应的 ASCII 码进行减 20H 的处理，将其转为大写，而对其中的大写字母不进行改变；对于字符串“iNfOrMaTiOn”，我们应只对其中的大写字母所对应的 ASCII 码进行加 20H 的处理，将其转为小写，而对于其中的小写字母不进行改变。这里面就存在着一个前提，程序必须要能够判断一个字母是大写还是小写。以“BaSiC”讨论，程序的流程将是这样的：

```
assume cs:codesg,ds:datasg

datasg segment
 db 'BaSiC'
 db 'iNfOrMaTiOn'
datasg ends

codesg segment
  start:mov ax,datasg
        mov ds,ax
        mov bx,0
```

```
        mov cx,5
      s:mov al,[bx]
        如果(al)>61H，则为小写字母的ASCII码，则：sub al,20H
        mov [bx],al
        inc bx
        loop s
        ⋮
codesg ends
end start
```

判断将用到一些我们目前还没有学习到的指令。现在面临的问题是，用已学的指令来解决这个问题，则不能对字母的大小写进行任何判断。

但是，现实的问题却要求程序必须要能区别对待大写字母和小写字母。那么怎么办呢？

如果一个问题的解决方案，使我们陷入一种矛盾之中。那么，很可能是我们考虑问题的出发点有了问题，或是说，我们起初运用的规律并不合适。

我们前面所运用的规律是，小写字母的 ASCII 码值，比大写字母的 ASCII 码值大 20H。考虑问题的出发点是：大写字母+20H=小写字母，小写字母-20H=大写字母。这使我们最终落入了这样一个矛盾之中：必须判断是大写字母还是小写字母，才能决定进行何种处理，而我们现在又没有可以使用的用于判断的指令。

我们应该重新观察，寻找新的规律。可以看出，就 ASCII 码的二进制形式来看，除第 5 位(位数从 0 开始计算)外，大写字母和小写字母的其他各位都一样。大写字母 ASCII 码的第 5 位为 0，小写字母的第 5 位为 1。这样，我们就有了新的方法，一个字母，不管它原来是大写还是小写，将它的第 5 位置 0，它就必将变为大写字母；将它的第 5 位置 1，它就必将变为小写字母。在这个方法中，我们不需要在处理前判断字母的大小写。比如：对于“BaSiC”中的“B”，按要求，它已经是大写字母了，不应进行改变，将它的第 5 位设为 0，它还是大写字母，因为它的第 5 位本来就是 0。

用什么方法将一个数据中的某一位置 0 还是置 1？当然是用我们刚刚学过的 or 和 and 指令。

完整的程序如下。

```
assume cs:codesg,ds:datasg

datasg segment
 db 'BaSiC'
 db 'iNfOrMaTiOn'
datasg ends
```

```
codesg segment
 start: mov ax,datasg
        mov ds,ax              ;设置 ds 指向 datasg 段

        mov bx,0               ;设置(bx)=0,ds:bx 指向'BaSiC'的第一个字母

        mov cx,5               ;设置循环次数 5,因为'BaSiC'有 5 个字母
      s:mov al,[bx]            ;将 ASCII 码从 ds:bx 所指向的单元中取出
        and al,11011111B       ;将 al 中的 ASCII 码的第 5 位置为 0，变为大写字母
        mov [bx],al            ;将转变后的 ASCII 码写回原单元
        inc bx                 ;(bx)加 1，ds:bx 指向下一个字母
        loop s

        mov bx,5               ;设置(bx)=5,ds:bx 指向'iNfOrMaTiOn'的第一个字母

        mov cx,11              ;设置循环次数 11，因为'iNfOrMaTiOn'有 11 个字母
     s0:mov al,[bx]
        or al,00100000B        ;将 al 中的 ASCII 码的第 5 位置为 1，变为小写字母
        mov [bx],al
        inc bx
        loop s0

        mov ax,4c00h
        int 21h

codesg ends
end start
```

7.5　[bx+idata]

在前面，我们用[bx]的方式来指明一个内存单元，还可以用一种更为灵活的方式来指明内存单元：[bx+idata]表示一个内存单元，它的偏移地址为(bx)+idata(bx 中的数值加上 idata)。

我们看一下指令 mov ax,[bx+200]的含义：

将一个内存单元的内容送入 ax，这个内存单元的长度为 2 个字节(字单元)，存放一个字，偏移地址为 bx 中的数值加上 200，段地址在 ds 中。

数学化的描述为：(ax)=((ds)*16+(bx)+200)

该指令也可以写成如下格式(常用)：

```
mov ax,[200+bx]
```

```
mov ax,200[bx]

mov ax,[bx].200
```

问题 7.1

用 Debug 查看内存，结果如下：

```
2000:1000 BE 00 06 00 00 00 ......
```

写出下面的程序执行后，ax、bx、cx 中的内容。

```
mov ax,2000H

mov ds,ax

mov bx,1000H

mov ax,[bx]

mov cx,[bx+1]

add cx,[bx+2]
```

思考后看分析。

分析：

```
mov ax,[bx]
```

访问的字单元的段地址在 ds 中，(ds)=2000H；偏移地址在 bx 中，(bx)=1000H；指令执行后(ax)=00BEH。

```
mov cx,[bx+1]
```

访问的字单元的段地址在 ds 中，(ds)=2000H；偏移地址=(bx)+1=1001H；指令执行后(cx)=0600H。

```
add cx,[bx+2]
```

访问的字单元的段地址在 ds 中，(ds)=2000H；偏移地址=(bx)+2=1002H；指令执行后(cx)=0606H。

7.6 用[bx+idata]的方式进行数组的处理

有了[bx+idata]这种表示内存单元的方式，我们就可以用更高级的结构来看待所要处理的数据。我们通过下面的问题来理解这一点。

在 codesg 中填写代码，将 datasg 中定义的第一个字符串转化为大写，第二个字符串转化为小写。

```
assume cs:codesg,ds:datasg

datasg segment
 db 'BaSiC'
 db 'MinIX'
datasg ends

codesg segment
 start:
codesg ends

end start
```

按照我们原来的方法，用[bx]的方式定位字符串中的字符。代码段中的程序如下。

```
    mov ax,datasg
    mov ds,ax
    mov bx,0

    mov cx,5
s:  mov al,[bx]
    and al,11011111b
    mov [bx],al
    inc bx
    loop s

    mov bx,5
    mov cx,5
s0: mov al,[bx]
    or al,00100000b
    mov [bx],al
    inc bx
    loop s0
```

现在，我们有了[bx+idata]的方式，就可以用更简化的方法来完成上面的程序。观察 datasg 段中的两个字符串，一个的起始地址为 0，另一个的起始地址为 5。我们可以将这两个字符串看作两个数组，一个从 0 地址开始存放，另一个从 5 开始存放。那么我们可以用[0+bx]和[5+bx]的方式在同一个循环中定位这两个字符串中的字符。在这里，0 和 5 给定了两个字符串的起始偏移地址，bx 中给出了从起始偏移地址开始的相对地址。这两个字符串在内存中的起始地址是不一样的，但是，它们中的每一个字符，从起始地址开始的相对地址的变化是相同的。改进的程序如下。

```
    mov ax,datasg
    mov ds,ax
```

```
    mov bx,0

    mov cx,5
s:  mov al,[bx]               ;定位第一个字符串中的字符
    and al,11011111b
    mov [bx],al
    mov al,[5+bx]             ;定位第二个字符串中的字符
    or al,00100000b
    mov [5+bx],al
    inc bx
    loop s
```

程序也可以写成下面的样子：

```
    mov ax,datasg
    mov ds,ax
    mov bx,0

    mov cx,5
s:  mov al,0[bx]
    and al,11011111b
    mov 0[bx],al
    mov al,5[bx]
    or al,00100000b
    mov 5[bx],al
    inc bx
    loop s
```

如果用高级语言，比如 C 语言来描述上面的程序，大致是这样的：

```
char a[5]="BaSiC";
char b[5]="MinIX";

main()
{
 int i;
 i=0;
 do
 {
  a[i]=a[i]&0xDF;
  b[i]=b[i]|0x20;
  i++;
 }
 while(i<5);
}
```

如果你熟悉 C 语言的话，可以比较一下这个 C 程序和上面的汇编程序的相似之处。尤其注意它们定位字符串中字符的方式。

C 语言：a[i]，b[i]
汇编语言：0[bx]，5[bx]

通过比较，我们可以发现，[bx+idata]的方式为高级语言实现数组提供了便利机制。

7.7 SI 和 DI

si 和 di 是 8086CPU 中和 bx 功能相近的寄存器，si 和 di 不能够分成两个 8 位寄存器来使用。下面的 3 组指令实现了相同的功能。

(1)
```
mov bx,0
mov ax,[bx]
```

(2)
```
mov si,0
mov ax,[si]
```

(3)
```
mov di,0
mov ax,[di]
```

下面的 3 组指令也实现了相同的功能。

(1)
```
mov bx,0
mov ax,[bx+123]
```

(2)
```
mov si,0
mov ax,[si+123]
```

(3)
```
mov di,0
mov ax,[di+123]
```

问题 7.2

用 si 和 di 实现将字符串'welcome to masm!'复制到它后面的数据区中。

```
assume  cs:codesg,ds:datasg

datasg segment
  db 'welcome to masm!'
  db '................'
datasg ends
```

思考后看分析。

分析：

我们编写的程序大都是进行数据的处理，而数据在内存中存放，所以我们在处理数据之前首先要搞清楚数据存储在什么地方，也就是说数据的内存地址。现在我们要对 datasg 段中的数据进行复制，先来看一下要复制的数据在什么地方，datasg:0，这是要进行复制的数据的地址。那么复制到哪里去呢？它后面的数据区。“welcome to masm!”从偏移地址 0 开始存放，长度为 16 个字节，所以，它后面的数据区的偏移地址为 16，就是字符串“................”存放的空间。清楚了地址之后，我们就可以进行处理了。我们用 ds:si 指向要复制的源始字符串，用 ds:di 指向复制的目的空间，然后用一个循环来完成复制。代码段如下。

```
codesg segment

 start: mov ax,datasg
        mov ds,ax
        mov si,0
        mov di,16

        mov cx,8
     s: mov ax,[si]
        mov [di],ax
        add si,2
        add di,2
        loop s

        mov ax,4c00h
        int 21h

codesg ends
end start
```

注意，在程序中，用 16 位寄存器进行内存单元之间的数据传送，一次复制 2 个字节，一共循环 8 次。

问题 7.3

用更少的代码，实现问题 7.2 中的程序。

思考后看分析。

分析：

我们可以利用[bx(si 或 di)+idata]的方式，来使程序变得简洁。程序如下。

```
codesg segment

 start: mov ax,datasg
        mov ds,ax
        mov si,0
        mov cx,8
     s: mov ax,0[si]
        mov 16[si],ax
        add si,2
        loop s

        mov ax,4c00h
        int 21h

codesg ends
end start
```

7.8　[bx+si]和[bx+di]

在前面，我们用[bx(si 或 di)]和[bx(si 或 di)+idata]的方式来指明一个内存单元，我们还可以用更为灵活的方式：[bx+si]和[bx+di]。

[bx+si]和[bx+di]的含义相似，我们以[bx+si]为例进行讲解。

[bx+si]表示一个内存单元，它的偏移地址为(bx)+(si)(即 bx 中的数值加上 si 中的数值)。

指令 mov ax,[bx+si]的含义如下：

将一个内存单元的内容送入 ax，这个内存单元的长度为 2 字节(字单元)，存放一个字，偏移地址为 bx 中的数值加上 si 中的数值，段地址在 ds 中。

数学化的描述为：(ax)=((ds)*16+(bx)+(si))

该指令也可以写成如下格式(常用)：

```
mov ax,[bx][si]
```

问题 7.4

用 Debug 查看内存，结果如下：

```
2000:1000 BE 00 06 00 00 00 ......
```

写出下面的程序执行后，ax、bx、cx 中的内容。

```
mov ax,2000H
mov ds,ax
mov bx,1000H
mov si,0
mov ax,[bx+si]
inc si
mov cx,[bx+si]
inc si
mov di,si
add cx,[bx+di]
```

思考后看分析。

分析：

```
mov ax,[bx+si]
```

访问的字单元的段地址在 ds 中，(ds)=2000H；偏移地址=(bx)+(si)=1000H；指令执行后(ax)=00BEH。

```
mov cx,[bx+si]
```

访问的字单元的段地址在 ds 中，(ds)=2000H；偏移地址=(bx)+(si)=1001H；指令执行后(cx)=0600H。

```
add cx,[bx+di]
```

访问的字单元的段地址在 ds 中，(ds)=2000H；偏移地址=(bx)+(di)=1002H；指令执行后(cx)=0606H。

7.9 [bx+si+idata]和[bx+di+idata]

[bx+si+idata]和[bx+di+idata]的含义相似，我们以[bx+si+idata]为例进行讲解。

[bx+si+idata]表示一个内存单元，它的偏移地址为(bx)+(si)+idata(即 bx 中的数值加上 si 中的数值再加上 idata)。

指令 mov ax,[bx+si+idata]的含义如下：

将一个内存单元的内容送入 ax，这个内存单元的长度为 2 字节(字单元)，存放一个字，偏移地址为 bx 中的数值加上 si 中的数值再加上 idata，段地址在 ds 中。

数学化的描述为：(ax)＝((ds)*16+(bx)+(si)+idata)

该指令也可以写成如下格式(常用)：

```
mov ax,[bx+200+si]
mov ax,[200+bx+si]
mov ax,200[bx][si]
mov ax,[bx].200[si]
mov ax,[bx][si].200
```

问题 7.5

用 Debug 查看内存，结果如下：

```
2000:1000 BE 00 06 00 6A 22 ......
```

写出下面的程序执行后，ax、bx、cx 中的内容。

```
mov ax,2000H
mov ds,ax
mov bx,1000H
mov si,0
mov ax,[bx+2+si]
inc si
mov cx,[bx+2+si]
inc si
mov di,si
mov bx,[bx+2+di]
```

思考后看分析。

分析：

```
mov ax,[bx+2+si]
```

访问的字单元的段地址在 ds 中，(ds)=2000H；偏移地址=(bx)+(si)+2=1002H；指令执行后(ax)=0006H。

```
mov cx,[bx+2+si]
```

访问的字单元的段地址在 ds 中，(ds)=2000H；偏移地址=(bx)+(si)+2=1003H；指令执行后(cx)=6A00H。

```
mov bx,[bx+2+di]
```

访问的字单元的段地址在 ds 中，(ds)=2000H；偏移地址=(bx)+(di)+2=1004H；指令执行后(bx)=226AH。

7.10 不同的寻址方式的灵活应用

如果我们比较一下前面用到的几种定位内存地址的方法(可称为寻址方式)，就可以发现：

(1) [idata]用一个常量来表示地址，可用于直接定位一个内存单元；

(2) [bx]用一个变量来表示内存地址，可用于间接定位一个内存单元；

(3) [bx+idata]用一个变量和常量表示地址，可在一个起始地址的基础上用变量间接定位一个内存单元；

(4) [bx+si]用两个变量表示地址；

(5) [bx+si+idata]用两个变量和一个常量表示地址。

可以看到，从[idata]一直到[bx+si+idata]，我们可以用更加灵活的方式来定位一个内存单元的地址。这使我们可以从更加结构化的角度来看待所要处理的数据。下面我们通过一个问题的系列来体会CPU提供多种寻址方式的用意，并学习一些相关的编程技巧。

问题 7.6

编程，将 datasg 段中每个单词的头一个字母改为大写字母。

```
assume  cs:codesg,ds:datasg

datasg segment
  db '1. file         '
  db '2. edit         '
  db '3. search       '
  db '4. view         '
  db '5. options      '
  db '6. help         '
datasg ends

codesg segment
 start:
codesg ends

end start
```

分析：

datasg 中的数据的存储结构，如图 7.2 所示。

我们可以看到，在 datasg 中定义了 6 个字符串，每个长度为 16 个字节(注意，为了直观，每个字符串的后面都加上了空格符，以使它们的长度刚好为 16 个字节)。因为它们是连续存放的，可以将这 6 个字符串看成一个 6 行 16 列的二维数组。按照要求，需要修改每一个单词的第一个字母，即二维数组的每一行的第 4 列(相对于行首的偏移地址为 3)。

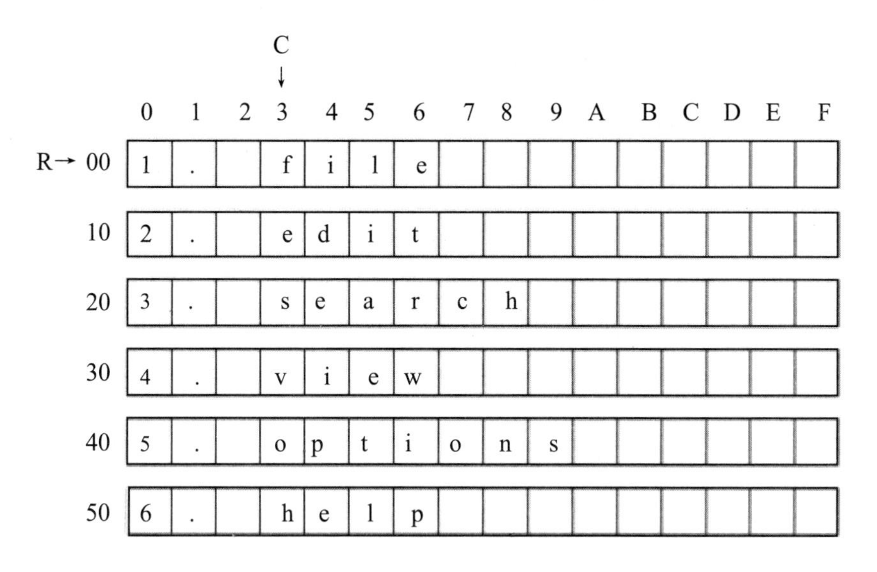

图 7.2　datasg 中数据的存储结构

我们需要进行 6 次循环，用一个变量 R 定位行，用常量 3 定位列。处理的过程如下。

```
    R=第一行的地址
    mov cx,6
s:  改变 R 行，3 列的字母为大写
    R=下一行的地址
    loop s
```

我们用 bx 作变量，定位每行的起始地址，用 3 定位要修改的列，用[bx+idata]的方式来对目标单元进行寻址，程序如下。

```
    mov ax,datasg
    mov ds,ax
    mov bx,0

    mov cx,6
s:  mov al,[bx+3]
    and al,11011111b
    mov [bx+3],al
    add bx,16
    loop s
```

问题 7.7

编程，将 datasg 段中每个单词改为大写字母。

```
assume  cs:codesg,ds:datasg

datasg segment
  db 'ibm             '
  db 'dec             '
  db 'dos             '
  db 'vax             '
datasg ends

codesg segment
start:
codesg ends

end start
```

分析：

datasg 中的数据的存储结构如图 7.3 所示。

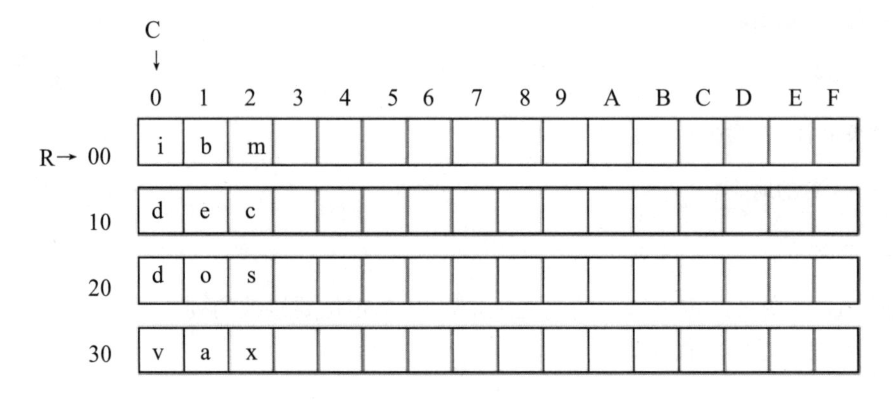

图 7.3　datasg 中数据的存储结构

在 datasg 中定义了 4 个字符串，每个长度为 16 个字节(注意，为了使我们在 Debug 中可以直观地查看，每个字符串的后面都加上了空格符，以使它们的长度刚好为 16 个字节)。因为它们是连续存放的，我们可以将这 4 个字符串看成一个 4 行 16 列的二维数组。按照要求，我们需要修改每一个单词，即二维数组的每一行的前 3 列。

我们需要进行 4×3 次的二重循环，用变量 R 定位行，变量 C 定位列。外层循环按行来进行，内层按列来进行。首先用 R 定位第 1 行，然后循环修改 R 行的前 3 列；然后再用 R 定位到下一行，再次循环修改 R 行的前 3 列……，如此重复直到所有的数据修改完毕。处理的过程大致如下。

```
    R=第一行的地址;
    mov cx,4
s0: C=第一列的地址
    mov cx,3
s:  改变 R 行，C 列的字母为大写
    C=下一列的地址;
    loop s
    R=下一行的地址
    loop s0
```

我们用 bx 来作变量，定位每行的起始地址，用 si 定位要修改的列，用[bx+si]的方式来对目标单元进行寻址，程序如下。

```
    mov ax,datasg
    mov ds,ax
    mov bx,0
    mov cx,4
s0: mov si,0
    mov cx,3
s:  mov al,[bx+si]
    and al,11011111b
    mov [bx+si],al
    inc si
    loop s
    add bx,16
    loop s0
```

问题 7.8

仔细阅读上面的程序，看看有什么问题？

思考后看分析。

分析：

问题在于 cx 的使用，我们进行二重循环，却只用了一个循环计数器，造成在进行内层循环的时候，覆盖了外层循环的循环计数值。多用一个计数器又不可能，因为 loop 指

令默认 cx 为循环计数器。怎么办呢？

我们应该在每次开始内层循环的时候，将外层循环的 cx 中的数值保存起来，在执行外层循环的 loop 指令前，再恢复外层循环的 cx 数值。可以用寄存器 dx 来临时保存 cx 中的数值，改进的程序如下。

```
    mov ax,datasg
    mov ds,ax
    mov bx,0

    mov cx,4

s0: mov dx,cx                 ;将外层循环的 cx 值保存在 dx 中
    mov si,0
    mov cx,3                  ;cx 设置为内层循环的次数

s:  mov al,[bx+si]
    and al,11011111b
    mov [bx+si],al
    inc si
    loop s

    add bx,16
    mov cx,dx                 ;用 dx 中存放的外层循环的计数值恢复 cx
    loop s0                   ;外层循环的 loop 指令将 cx 中的计数值减 1
```

上面的程序用 dx 来暂时存放 cx 中的值，如果在内层循环中，dx 寄存器也被使用，该怎么办？我们似乎可以使用别的寄存器，但是 CPU 中的寄存器数量毕竟是有限的，如 8086CPU 只有 14 个寄存器。在上面的程序中，si、cx、ax、bx，显然不能用来暂存 cx 中的值，因为这些寄存器在循环中也要使用；cs、ip、ds 也不能用，因为 cs:ip 时刻指向当前指令，ds 指向 datasg 段；可用的就只有：dx、di、es、ss、sp、bp 等 6 个寄存器了。可是如果循环中的程序比较复杂，这些寄存器也都被使用的话，那么该如何？

我们在这里讨论的问题是，程序中经常需要进行数据的暂存，怎样做将更为合理。这些数据可能是寄存器中的，也可能是内存中的。我们可以用寄存器暂存它们，但是这不是一个一般化的解决方案，因为寄存器的数量有限，每个程序中可使用的寄存器都不一样。我们希望寻找一个通用的方案，来解决这种在编程中经常会出现的问题。

显然，我们不能选择寄存器，那么可以使用的就是内存了。可以考虑将需要暂存的数据放到内存单元中，需要使用的时候，再从内存单元中恢复。这样我们就需要开辟一段内存空间。再次改进的程序如下。

```
assume  cs:codesg,ds:datasg

datasg segment
```

```
    db 'ibm             '
    db 'dec             '
    db 'dos             '
    db 'vax             '
    dw  0                               ;定义一个字，用来暂存 cx
  datasg ends

  codesg segment

    start:mov ax,datasg
          mov ds,ax
          mov bx,0

          mov cx,4

      s0:  mov ds:[40H],cx              ;将外层循环的 cx 值保存在 datasg:40H 单元中
          mov si,0
          mov cx,3                      ;cx 设置为内层循环的次数

      s:   mov al,[bx+si]
          and al,11011111b
          mov [bx+si],al
          inc si
          loop s

          add bx,16
          mov cx,ds:[40H]               ;用 datasg:40H 单元中的值恢复 cx
          loop s0                       ;外层循环的 loop 指令将 cx 中的计数值减 1

          mov ax,4c00H
          int 21H

  codesg ends
  end start
```

上面的程序中，用内存单元来保存数据，可是上面的做法却有些麻烦，因为如果需要保存多个数据的时候，你必须要记住数据放到了哪个单元中，这样程序容易混乱。

我们使用内存来暂存数据，这一点是确定了的，但是值得推敲的是，我们用怎样的结构来保存这些数据，而使得我们的程序更加清晰。**一般来说，在需要暂存数据的时候，我们都应该使用栈**。回忆一下，栈空间在内存中，采用相关的指令，如 push、pop 等，可对其进行特殊的操作。下面，再次改进我们的程序。

```
  assume  cs:codesg,ds:datasg,ss:stacksg

  datasg segment
```

```
  db 'ibm            '
  db 'dec            '
  db 'dos            '
  db 'vax            '
datasg ends

stacksg segment              ;定义一个段，用来做栈段，容量为 16 个字节
  dw 0,0,0,0,0,0,0,0
stacksg ends

codesg segment

  start:mov ax,stacksg
        mov ss,ax
        mov sp,16
        mov ax,datasg
        mov ds,ax
        mov bx,0

        mov cx,4

  s0:   push cx                  ;将外层循环的 cx 值压栈
        mov si,0
        mov cx,3                 ;cx 设置为内层循环的次数

  s:    mov al,[bx+si]
        and al,11011111b
        mov [bx+si],al
        inc si
        loop s

        add bx,16
        pop cx                  ;从栈顶弹出原 cx 的值，恢复 cx
        loop s0                 ;外层循环的 loop 指令将 cx 中的计数值减 1

        mov ax,4c00H
        int 21H

codesg ends
end start
```

问题 7.9

编程，将 datasg 段中每个单词的前 4 个字母改为大写字母。

```
assume  cs:codesg,ss:stacksg,ds:datasg

stacksg segment
  dw 0,0,0,0,0,0,0,0
stacksg ends

datasg segment
  db '1. display      '
  db '2. brows        '
  db '3. replace      '
  db '4. modify       '
datasg ends

codesg segment
  start:
codesg ends

end start
```

分析：

datasg 中的数据的存储结构，如图 7.4 所示。

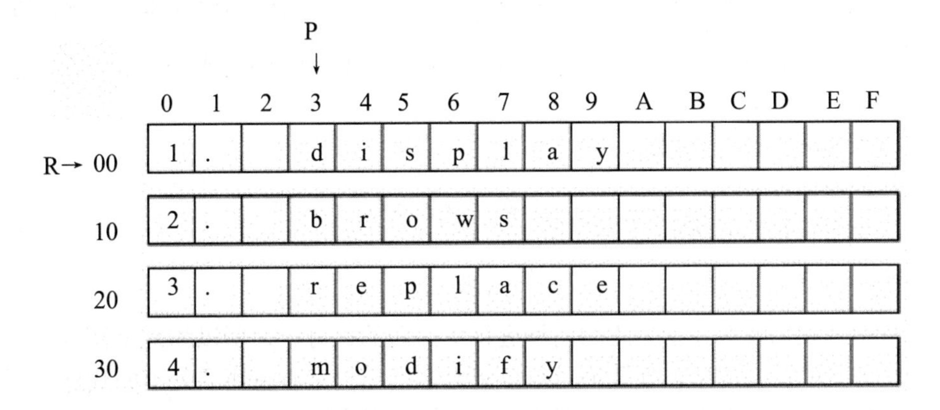

图 7.4　datasg 中数据的存储结构

在 datasg 中定义了 4 个字符串，每个长度为 16 字节(注意，为了使我们在 Debug 中可以直观地查看，每个字符串的后面都加上了空格符，以使它们的长度刚好为 16 个字节)。因为它们是连续存放的，我们可以将这 4 个字符串看成一个 4 行 16 列的二维数组，按照要求，我们需要修改每个单词的前 4 个字母，即二维数组的每一行的 3~6 列。

我们需要进行 4×4 次的二重循环，用变量 R 定位行，常量 3 定位每行要修改的起始列，变量 C 定位相对于起始列的要修改的列。外层循环按行来进行，内层按列来进行。我们首先用 R 定位第 1 行，循环修改 R 行的 3+C(0≤C≤3)列；然后再用 R 定位到下一行，再次循环修改 R 行的 3+C(0≤C≤3)列……，如此重复直到所有的数据修改完毕。处理的过程大致如下。

```
      R=第一行的地址;
      mov cx,4
s0:   C=第一个要修改的列相对于起始列的地址
      mov cx,4
s:    改变R行，3+C列的字母为大写
      C=下一个要修改的列相对于起始列的地址
      loop s
      R=下一行的地址
      loop s0
```

我们用 bx 来作变量，定位每行的起始地址，用 si 定位要修改的列，用[bx+3+si]的方式来对目标单元进行寻址。

请在实验中自己完成这个程序。

这一章中，我们主要讲解了更灵活的寻址方式的应用和一些编程方法，主要内容有：

- 寻址方式[bx(或 si、di)+idata]、[bx+si(或 di)]、[bx+si(或 di)+idata]的意义和应用；
- 二重循环问题的处理；
- 栈的应用；
- 大小写转化的方法；
- and、or 指令。

下一章中，我们将对寻址方式的问题进行更深入的探讨。之所以如此重视这个问题，是因为寻址方式的适当应用，使我们可以以更合理的结构来看待所要处理的数据。而为所要处理的看似杂乱的数据设计一种清晰的数据结构是程序设计的一个关键的问题。

实验 6　实践课程中的程序

(1) 将课程中所有讲解过的程序上机调试，用 Debug 跟踪其执行过程，并在过程中进一步理解所讲内容。

(2) 编程，完成问题 7.9 中的程序。

第 8 章　数据处理的两个基本问题

本章对前面的所有内容是具有总结性的。我们知道，计算机是进行数据处理、运算的机器，那么有两个基本的问题就包含在其中：

(1) 处理的数据在什么地方？
(2) 要处理的数据有多长？

这两个问题，在机器指令中必须给以明确或隐含的说明，否则计算机就无法工作。本章中，我们就要针对 8086CPU 对这两个基本问题进行讨论。虽然讨论是在 8086CPU 的基础上进行的，但是这两个基本问题却是普遍的，对任何一个处理机都存在。

我们定义的描述性符号：reg 和 sreg。

为了描述上的简洁，在以后的课程中，我们将使用描述性的符号 reg 来表示一个寄存器，用 sreg 表示一个段寄存器。

reg 的集合包括：ax、bx、cx、dx、ah、al、bh、bl、ch、cl、dh、dl、sp、bp、si、di；

sreg 的集合包括：ds、ss、cs、es。

8.1　bx、si、di 和 bp

前 3 个寄存器我们已经用过了，现在我们进行一下总结。

(1) 在 8086CPU 中，只有这 4 个寄存器可以用在“[…]”中来进行内存单元的寻址。比如下面的指令都是正确的：

```
mov ax,[bx]
mov ax,[bx+si]
mov ax,[bx+di]
mov ax,[bp]
mov ax,[bp+si]
mov ax,[bp+di]
```

而下面的指令是错误的：

```
mov ax,[cx]
mov ax,[ax]
mov ax,[dx]
mov ax,[ds]
```

(2) 在[…]中，这 4 个寄存器可以单个出现，或只能以 4 种组合出现：bx 和 si、bx 和

di、bp和si、bp和di。比如下面的指令是正确的：

```
mov ax,[bx]
mov ax,[si]
mov ax,[di]
mov ax,[bp]
mov ax,[bx+si]
mov ax,[bx+di]
mov ax,[bp+si]
mov ax,[bp+di]
mov ax,[bx+si+idata]
mov ax,[bx+di+idata]
mov ax,[bp+si+idata]
mov ax,[bp+di+idata]
```

下面的指令是错误的：

```
mov ax,[bx+bp]
mov ax,[si+di]
```

(3) 只要在[...]中使用寄存器bp，而指令中没有显性地给出段地址，段地址就默认在ss中。比如下面的指令。

```
mov ax,[bp]              含义：(ax)=((ss)*16+(bp))
mov ax,[bp+idata]        含义：(ax)=((ss)*16+(bp)+idata)
mov ax,[bp+si]           含义：(ax)=((ss)*16+(bp)+(si))
mov ax,[bp+si+idata]     含义：(ax)=((ss)*16+(bp)+(si)+idata)
```

8.2 机器指令处理的数据在什么地方

绝大部分机器指令都是进行数据处理的指令，处理大致可分为3类：读取、写入、运算。在机器指令这一层来讲，并不关心数据的值是多少，而关心**指令执行前一刻**，它将要处理的数据所在的位置。指令在执行前，所要处理的数据可以在3个地方：CPU内部、内存、端口(端口将在后面的课程中进行讨论)，比如表8.1中所列的指令。

表8.1 指令举例

机器码	汇编指令	指令执行前数据的位置
8E1E0000	mov bx,[0]	内存，ds:0单元
89C3	mov bx,ax	CPU内部，ax寄存器
BB0100	mov bx,1	CPU内部，指令缓冲器

8.3 汇编语言中数据位置的表达

在汇编语言中如何表达数据的位置？汇编语言中用3个概念来表达数据的位置。

(1) 立即数(idata)

对于直接包含在机器指令中的数据(执行前在 CPU 的指令缓冲器中)，在汇编语言中称为：立即数(idata)，在汇编指令中直接给出。

例：
```
mov ax,1
add bx,2000h
or  bx,00010000b
mov al,'a'
```

(2) 寄存器

指令要处理的数据在寄存器中，在汇编指令中给出相应的寄存器名。

例：
```
mov ax,bx
mov ds,ax
push bx
mov ds:[0],bx
push ds
mov ss,ax
mov sp,ax
```

(3) 段地址(SA)和偏移地址(EA)

指令要处理的数据在内存中，在汇编指令中可用[X]的格式给出 EA，SA 在某个段寄存器中。

存放段地址的寄存器可以是默认的，比如：

```
mov ax,[0]
mov ax,[di]
mov ax,[bx+8]
mov ax,[bx+si]
mov ax,[bx+si+8]
```

等指令，段地址默认在 ds 中；

```
mov ax,[bp]
mov ax,[bp+8]
mov ax,[bp+si]
mov ax,[bp+si+8]
```

等指令，段地址默认在 ss 中。

存放段地址的寄存器也可以是显性给出的，比如以下的指令。

```
mov ax,ds:[bp]          含义：(ax)=((ds)*16+(bp))
mov ax,es:[bx]          含义：(ax)=((es)*16+(bx))
```

```
mov ax,ss:[bx+si]        含义：(ax)=((ss)*16+(bx)+(si))
mov ax,cs:[bx+si+8]      含义：(ax)=((cs)*16+(bx)+(si)+8)
```

8.4 寻址方式

当数据存放在内存中的时候，我们可以用多种方式来给定这个内存单元的偏移地址，这种定位内存单元的方法一般被称为寻址方式。

8086CPU 有多种寻址方式，我们在前面的课程中都已经用到了，这里进行一下总结，如表 8.2 所列。

表 8.2　寻址方式小结

<table>
<tr><th>寻址方式</th><th>含　义</th><th>名　称</th><th>常用格式举例</th></tr>
<tr><td>[idata]</td><td>EA=idata;SA=(ds)</td><td>直接寻址</td><td>[idata]</td></tr>
<tr><td>[bx]</td><td>EA=(bx);SA=(ds)</td><td rowspan="4">寄存器间接寻址</td><td rowspan="4">[bx]</td></tr>
<tr><td>[si]</td><td>EA=(si);SA=(ds)</td></tr>
<tr><td>[di]</td><td>EA=(di);SA=(ds)</td></tr>
<tr><td>[bp]</td><td>EA=(bp);SA=(ss)</td></tr>
<tr><td>[bx+idata]</td><td>EA=(bx)+idata;SA=(ds)</td><td rowspan="4">寄存器相对寻址</td><td rowspan="4">用于结构体：
[bx].idata
用于数组：
idata[si],idata[di]
用于二维数组：
[bx][idata]</td></tr>
<tr><td>[si+idata]</td><td>EA=(si)+idata;SA=(ds)</td></tr>
<tr><td>[di+idata]</td><td>EA=(di)+idata;SA=(ds)</td></tr>
<tr><td>[bp+idata]</td><td>EA=(bp)+idata;SA=(ss)</td></tr>
<tr><td>[bx+si]</td><td>EA=(bx)+(si);SA=(ds)</td><td rowspan="4">基址变址寻址</td><td rowspan="4">用于二维数组：
[bx][si]</td></tr>
<tr><td>[bx+di]</td><td>EA=(bx)+(di);SA=(ds)</td></tr>
<tr><td>[bp+si]</td><td>EA=(bp)+(si);SA=(ss)</td></tr>
<tr><td>[bp+di]</td><td>EA=(bp)+(di);SA=(ss)</td></tr>
<tr><td>[bx+si+idata]</td><td>EA=(bx)+(si)+idata;
SA=(ds)</td><td rowspan="4">相对基址变址寻址</td><td rowspan="4">用于表格(结构)中的数组项：
[bx].idata[si]

用于二维数组：
idata[bx][si]</td></tr>
<tr><td>[bx+di+idata]</td><td>EA=(bx)+(di)+idata;
SA=(ds)</td></tr>
<tr><td>[bp+si+idata]</td><td>EA=(bp)+(si)+idata;
SA=(ss)</td></tr>
<tr><td>[bp+di+idata]</td><td>EA=(bp)+(di)+idata;
SA=(ss)</td></tr>
</table>

8.5　指令要处理的数据有多长

8086CPU 的指令，可以处理两种尺寸的数据，byte 和 word。所以在机器指令中要指明，指令进行的是字操作还是字节操作。对于这个问题，汇编语言中用以下方法处理。

(1) 通过寄存器名指明要处理的数据的尺寸。

例如，下面的指令中，寄存器指明了指令进行的是字操作。

```
mov ax,1
mov bx,ds:[0]
mov ds,ax
mov ds:[0],ax
inc ax
add ax,1000
```

下面的指令中，寄存器指明了指令进行的是字节操作。

```
mov al,1
mov al,bl
mov al,ds:[0]
mov ds:[0],al
inc al
add al,100
```

(2) 在没有寄存器名存在的情况下，用操作符 X ptr 指明内存单元的长度，X 在汇编指令中可以为 word 或 byte。

例如，下面的指令中，用 word ptr 指明了指令访问的内存单元是一个字单元。

```
mov word ptr ds:[0],1
inc word ptr [bx]
inc word ptr ds:[0]
add word ptr [bx],2
```

下面的指令中，用 byte ptr 指明了指令访问的内存单元是一个字节单元。

```
mov byte ptr ds:[0],1
inc byte ptr [bx]
inc byte ptr ds:[0]
add byte ptr [bx],2
```

在没有寄存器参与的内存单元访问指令中，用 word ptr 或 byte ptr 显性地指明所要访问的内存单元的长度是很必要的。否则，CPU 无法得知所要访问的单元是字单元，还是字节单元。假设我们用 Debug 查看内存的结果如下：

```
2000：1000 FF FF FF FF FF FF ……
```

那么指令：

```
mov ax,2000H
mov ds,ax
mov byte ptr [1000H],1
```

将使内存中的内容变为：

```
2000:1000 01 FF FF FF FF FF ......
```

而指令：

```
mov ax,2000H
mov ds,ax
mov word ptr [1000H],1
```

将使内存中的内容变为：

```
2000:1000 01 00 FF FF FF FF ......
```

这是因为 mov byte ptr [1000H],1 访问的是地址为 ds:1000H 的字节单元，修改的是 ds:1000H 单元的内容；而 mov word ptr [1000H],1 访问的是地址为 ds:1000H 的字单元，修改的是 ds:1000H 和 ds:1001H 两个单元的内容。

(3) 其他方法

有些指令默认了访问的是字单元还是字节单元，比如，push [1000H]就不用指明访问的是字单元还是字节单元，因为 push 指令只进行字操作。

8.6 寻址方式的综合应用

下面我们通过一个问题来进一步讨论一下各种寻址方式的作用。

关于 DEC 公司的一条记录(1982 年)如下。

公司名称：DEC
总裁姓名：Ken Olsen
排　　名：137
收　　入：40(40 亿美元)
著名产品：PDP(小型机)

这些数据在内存中以图 8.1 所示的方式存放。

可以看到，这些数据被存放在 seg 段中从偏移地址 60H 起始的位置，从 seg:60 起始以 ASCII 字符的形式存储了 3 个字节的公司名称；从 seg:60+3 起始以 ASCII 字符的形式存储了 9 个字节的总裁姓名；从 seg:60+0C 起始存放了一个字型数据，总裁在富翁榜上的排名；从 seg:60+0E 起始存放了一个字型数据，公司的收入；从 seg:60+10 起始以 ASCII 字符的形式存储了 3 个字节的产品名称。

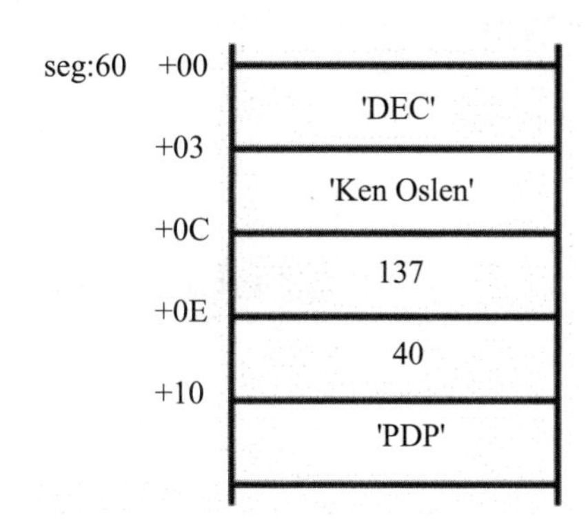

图 8.1　数据存放示意

以上是该公司 1982 年的情况，到了 1988 年 DEC 公司的信息有了如下变化。

(1) Ken Olsen 在富翁榜上的排名已升至 38 位；
(2) DEC 的收入增加了 70 亿美元；
(3) 该公司的著名产品已变为 VAX 系列计算机。

我们提出的任务是，编程修改内存中的过时数据。

首先，我们应该分析一下要修改的数据。

要修改内容是：

(1) (DEC 公司记录)的(排名字段)
(2) (DEC 公司记录)的(收入字段)
(3) (DEC 公司记录)的(产品字段)的(第一个字符)、(第二个字符)、(第三个字符)

从要修改的内容，我们就可以逐步地确定修改的方法。

(1) 要访问的数据是 DEC 公司的记录，所以，首先要确定 DEC 公司记录的位置：

```
R=seg:60
```

确定了公司记录的位置后，下面就进一步确定要访问的内容在记录中的位置。
(2) 确定排名字段在记录中的位置：0CH。
(3) 修改 R+0CH 处的数据。
(4) 确定收入字段在记录中的位置：0EH。
(5) 修改 R+0EH 处的数据。
(6) 确定产品字段在记录中的位置：10H。
要修改的产品字段是一个字符串(或一个数组)，需要访问字符串中的每一个字符。所以要进一步确定每一个字符在字符串中的位置。
(7) 确定第一个字符在产品字段中的位置：P=0。
(8) 修改 R+10H+P 处的数据；P=P+1。
(9) 修改 R+10H+P 处的数据；P=P+1。

(10) 修改 R+10H+P 处的数据。

根据上面的分析，程序如下。

```
mov ax,seg
mov ds,ax
mov bx,60h                        ;确定记录地址，ds:bx

mov word ptr [bx+0ch],38          ;排名字段改为 38
add word ptr [bx+0eh],70          ;收入字段增加 70

mov si,0                          ;用 si 来定位产品字符串中的字符
mov byte ptr [bx+10h+si],'V'
inc si
mov byte ptr [bx+10h+si],'A'
inc si
mov byte ptr [bx+10h+si],'X'
```

如果你熟悉 C 语言的话，我们可以用 C 语言来描述这个程序，大致应该是这样的：

```
struct company {                  /*定义一个公司记录的结构体*/
     char cn[3];                  /*公司名称*/
     char hn[9];                  /*总裁姓名*/
     int  pm;                     /*排    名*/
     int  sr;                     /*收    入*/
     char cp[3];                  /*著名产品*/
     };
struct company dec={"DEC","Ken Olsen",137,40,"PDP"};
/*定义一个公司记录的变量，内存中将存有一条公司的记录*/

main()
{
 int i;
 dec.pm=38;
 dec.sr=dec.sr+70;
 i=0;
 dec.cp[i]='V';
 i++;
 dec.cp[i]='A';
 i++;
 dec.cp[i]='X';
 return 0;
}
```

我们再按照 C 语言的风格，用汇编语言写一下这个程序，注意和 C 语言相关语句的比对：

```
mov ax,seg
mov ds,ax
mov bx,60h                        ;记录首址送 BX
```

```
mov word ptr [bx].0ch,38          ;排名字段改为 38
                                  ;C: dec.pm=38;
add word ptr [bx].0eh,70          ;收入字段增加 70
                                  ;C: dec.sr=dec.sr+70;
                                  ;产品字段改为字符串'VAX'
mov si,0                          ;C: i=0;
mov byte ptr [bx].10h[si],'V'     ;   dec.cp[i]='V';
inc si                            ;    i++;
mov byte ptr [bx].10h[si],'A'     ;    dec.cp[i]='A';
inc si                            ;    i++;
mov byte ptr [bx].10h[si],'X'     ;    dec.cp[i]='X';
```

我们可以看到，8086CPU 提供的如[bx+si+idata]的寻址方式为结构化数据的处理提供了方便。使得我们可以在编程的时候，从结构化的角度去看待所要处理的数据。从上面可以看到，一个结构化的数据包含了多个数据项，而数据项的类型又不相同，有的是字型数据，有的是字节型数据，有的是数组(字符串)。一般来说，我们可以用[bx+idata+si]的方式来访问结构体中的数据。用 bx 定位整个结构体，用 idata 定位结构体中的某一个数据项，用 si 定位数组项中的每个元素。为此，汇编语言提供了更为贴切的书写方式，如：[bx].idata、[bx].idata[si]。

在 C 语言程序中我们看到，如：dec.cp[i]，dec 是一个变量名，指明了结构体变量的地址，cp 是一个名称，指明了数据项 cp 的地址，而 i 用来定位 cp 中的每一个字符。汇编语言中的做法是：bx.10h[si]。看一下，是不是很相似？

8.7　div 指令

div 是除法指令，使用 div 做除法的时候应注意以下问题。

(1) 除数：有 8 位和 16 位两种，在一个 reg 或内存单元中。

(2) 被除数：默认放在 AX 或 DX 和 AX 中，如果除数为 8 位，被除数则为 16 位，默认在 AX 中存放；如果除数为 16 位，被除数则为 32 位，在 DX 和 AX 中存放，DX 存放高 16 位，AX 存放低 16 位。

(3) 结果：如果除数为 8 位，则 AL 存储除法操作的商，AH 存储除法操作的余数；如果除数为 16 位，则 AX 存储除法操作的商，DX 存储除法操作的余数。

格式如下：

```
div reg
div 内存单元
```

现在，我们可以用多种方法来表示一个内存单元了，比如下面的例子：

```
div byte ptr ds:[0]
含义：(al)=(ax)/((ds)*16+0)的商
      (ah)=(ax)/((ds)*16+0)的余数
```

```
div word ptr es:[0]
含义：(ax)=[(dx)*10000H+(ax)]/((es)*16+0)的商
      (dx)=[(dx)*10000H+(ax)]/((es)*16+0)的余数

div byte ptr [bx+si+8]
含义：(al)=(ax)/((ds)*16+(bx)+(si)+8)的商
      (ah)=(ax)/((ds)*16+(bx)+(si)+8)的余数

div word ptr [bx+si+8]
含义：(ax)=[(dx)*10000H+(ax)]/((ds)*16+(bx)+(si)+8)的商
      (dx)=[(dx)*10000H+(ax)]/((ds)*16+(bx)+(si)+8)的余数
```

编程，利用除法指令计算 100001/100。

首先分析一下，被除数 100001 大于 65535，不能用 ax 寄存器存放，所以只能用 dx 和 ax 两个寄存器联合存放 100001，也就是说要进行 16 位的除法。除数 100 小于 255，可以在一个 8 位寄存器中存放，但是，因为被除数是 32 位的，除数应为 16 位，所以要用一个 16 位寄存器来存放除数 100。

因为要分别为 dx 和 ax 赋 100001 的高 16 位值和低 16 位值，所以应先将 100001 表示为 16 进制形式：186A1H。程序如下：

```
mov dx,1
mov ax,86A1H      ;(dx)*10000H+(ax)=100001
mov bx,100
div bx
```

程序执行后，(ax)=03E8H(即 1000)，(dx)=1(余数为 1)。读者可自行在 Debug 中实践。

编程，利用除法指令计算 1001/100。

首先分析一下，被除数 1001 可用 ax 寄存器存放，除数 100 可用 8 位寄存器存放，也就是说，要进行 8 位的除法。程序如下。

```
mov ax,1001
mov bl,100
div bl
```

程序执行后，(al)=0AH(即 10)，(ah)=1(余数为 1)。读者可自行在 Debug 中实践。

8.8 伪指令 dd

前面我们用 db 和 dw 定义字节型数据和字型数据。dd 是用来定义 dword(double word，双字)型数据的。比如：

```
data segment
 db 1
```

```
 dw 1
 dd 1
data ends
```

在 data 段中定义了 3 个数据：

第一个数据为 01H，在 data:0 处，占 1 个字节；
第二个数据为 0001H，在 data:1 处，占 1 个字；
第三个数据为 00000001H，在 data:3 处，占 2 个字。

问题 8.1

用 div 计算 data 段中第一个数据除以第二个数据后的结果，商存在第三个数据的存储单元中。

```
data segment
  dd 100001
  dw 100
  dw 0
data ends
```

思考后看分析。

分析：

data 段中的第一个数据是被除数，为 dword(双字)型，32 位，所以在做除法之前，用 dx 和 ax 存储。应将 data:0 字单元中的低 16 位存储在 ax 中，data:2 字单元中的高 16 位存储在 dx 中。程序如下。

```
mov ax,data
mov ds,ax
mov ax,ds:[0]            ;ds:0 字单元中的低 16 位存储在 ax 中
mov dx,ds:[2]            ;ds:2 字单元中的高 16 位存储在 dx 中
div word ptr ds:[4]      ;用 dx:ax 中的 32 位数据除以 ds:4 字单元中的数据
mov ds:[6],ax            ;将商存储在 ds:6 字单元中
```

8.9　dup

dup 是一个操作符，在汇编语言中同 db、dw、dd 等一样，也是由编译器识别处理的符号。它是和 db、dw、dd 等数据定义伪指令配合使用的，用来进行数据的重复。比如：

```
db 3 dup (0)
```

定义了 3 个字节，它们的值都是 0，相当于 db 0,0,0。

```
db 3 dup (0,1,2)
```

定义了 9 个字节，它们是 0、1、2、0、1、2、0、1、2，相当于 db 0,1,2,0,1,2,0,1,2。

```
db 3 dup ('abc','ABC')
```

定义了18个字节，它们是'abcABCabcABCabcABC'，相当于db'abcABCabcABCabcABC'。

可见，dup的使用格式如下。

```
db 重复的次数 dup (重复的字节型数据)
dw 重复的次数 dup (重复的字型数据)
dd 重复的次数 dup (重复的双字型数据)
```

dup是一个十分有用的操作符，比如要定义一个容量为200个字节的栈段，如果不用dup，则必须：

```
stack segment
  dw 0,0,0,0,0,0,0,0,0,0,0,0,0,0,0,0,0,0,0,0
  dw 0,0,0,0,0,0,0,0,0,0,0,0,0,0,0,0,0,0,0,0
  dw 0,0,0,0,0,0,0,0,0,0,0,0,0,0,0,0,0,0,0,0
  dw 0,0,0,0,0,0,0,0,0,0,0,0,0,0,0,0,0,0,0,0
  dw 0,0,0,0,0,0,0,0,0,0,0,0,0,0,0,0,0,0,0,0
stack ends
```

当然，你可以用dd，使程序变得简短一些，但是如果要求定义一个容量为1000字节或10000字节的呢？如果没有dup，定义部分的程序就变得太长了，有了dup就可以轻松解决。如下：

```
stack segment
  db 200 dup (0)
stack ends
```

实验7 寻址方式在结构化数据访问中的应用

Power idea公司从1975年成立一直到1995年的基本情况如下。

年份	收入(千美元)	雇员(人)	人均收入(千美元)
1975	16	3	?
1976	22	7	?
1977	382	9	?
1978	1356	13	?
1979	2390	28	?
1980	8000	38	?
⋮			
1995	5937000	17800	?

下面的程序中，已经定义好了这些数据：

```
assume  cs:codesg

data segment
  db '1975','1976','1977','1978','1979','1980','1981','1982','1983'
  db '1984','1985','1986','1987','1988','1989','1990','1991','1992'
  db '1993','1994','1995'
  ;以上是表示 21 年的 21 个字符串

  dd 16,22,382,1356,2390,8000,16000,24486,50065,97479,140417,197514
  dd 345980,590827,803530,1183000,1843000,2759000,3753000,4649000,5937000
  ;以上是表示 21 年公司总收入的 21 个 dword 型数据

  dw 3,7,9,13,28,38,130,220,476,778,1001,1442,2258,2793,4037,5635,8226
  dw 11542,14430,15257,17800
  ;以上是表示 21 年公司雇员人数的 21 个 word 型数据
data ends

table segment
  db 21 dup ('year summ ne ?? ')
table ends
```

编程，将 data 段中的数据按如下格式写入到 table 段中，并计算 21 年中的人均收入(取整)，结果也按照下面的格式保存在 table 段中。

	年份(4 字节)				空格	收入(4 字节)				空格	雇员数(2 字节)		空格	人均收入(2 字节)		空格
行内地址 1 年占 1 行，每行的起始地址	0	1	2	3	4	5	6	7	8	9	A	B	C	D	E	F
table:0	'1	9	7	5'		16					3			?		
table:10H	'1	9	7	6'		22					7			?		
table:20H	'1	9	7	7'		382					9			?		
table:30H	'1	9	7	8'		1356					13			?		
table:40H	'1	9	7	9'		2390					28			?		
table:50H	'1	9	8	0'		8000					38			?		
⋮																
table:140H	'1	9	9	5'		5937000					17800			?		

提示，可将 data 段中的数据看成是多个数组，而将 table 中的数据看成是一个结构型数据的数组，每个结构型数据中包含多个数据项。可用 bx 定位每个结构型数据，用 idata 定位数据项，用 si 定位数组项中的每个元素，对于 table 中的数据的访问可采用[bx].idata 和[bx].idata[si]的寻址方式。

注意，这个程序是到目前为止最复杂的程序，它几乎用到了我们以前学过的所有知识和编程技巧。所以，这个程序是对我们从前学习的最好的实践总结。请认真完成。

第 9 章 转移指令的原理

可以修改 IP，或同时修改 CS 和 IP 的指令统称为转移指令。概括地讲，转移指令就是可以控制 CPU 执行内存中某处代码的指令。

8086CPU 的转移行为有以下几类。

- 只修改 IP 时，称为段内转移，比如：jmp ax。
- 同时修改 CS 和 IP 时，称为段间转移，比如：jmp 1000:0。

由于转移指令对 IP 的修改范围不同，段内转移又分为：短转移和近转移。

- 短转移 IP 的修改范围为-128~127。
- 近转移 IP 的修改范围为-32768~32767。

8086CPU 的转移指令分为以下几类。

- 无条件转移指令(如：jmp)
- 条件转移指令
- 循环指令(如：loop)
- 过程
- 中断

这些转移指令转移的前提条件可能不同，但转移的基本原理是相同的。我们在这一章主要通过深入学习无条件转移指令 jmp 来理解 CPU 执行转移指令的基本原理。

9.1 操作符 offset

操作符 offset 在汇编语言中是由编译器处理的符号，它的功能是取得标号的偏移地址。比如下面的程序：

```
assume cs:codesg
codesg segment

  start:mov ax,offset start       ;相当于 mov ax,0
     s: mov ax,offset s           ;相当于 mov ax,3

codesg ends
end start
```

在上面的程序中，offset 操作符取得了标号 start 和 s 的偏移地址 0 和 3，所以指令：

mov ax,offset start 相当于指令 mov ax,0，因为 start 是代码段中的标号，它所标记的指

令是代码段中的第一条指令，偏移地址为0;

mov ax,offset s 相当于指令 mov ax,3，因为s是代码段中的标号，它所标记的指令是代码段中的第二条指令，第一条指令长度为3个字节，则s的偏移地址为3。

问题 9.1

有如下程序段，添写两条指令，使该程序在运行中将s处的一条指令复制到s0处。

```
assume cs:codesg
codesg segment
   s:  mov ax,bx            ;mov ax,bx 的机器码占两个字节
       mov si, offset s
       mov di, offset s0
       ____________
       ____________
  s0:  nop                  ;nop 的机器码占一个字节
       nop
codesg ends
end s
```

思考后看分析。

分析：

(1) s和s0处的指令所在的内存单元的地址是多少？cs:offset s 和 cs:offset s0。

(2) 将s处的指令复制到s0处，就是将 cs:offset s 处的数据复制到 cs:offset s0 处。

(3) 段地址已知在cs中，偏移地址 offset s 和 offset s0 已经送入 si 和 di 中。

(4) 要复制的数据有多长？mov ax,bx 指令的长度为两个字节，即1个字。

程序如下。

```
assume cs:codesg
codesg segment
   s:  mov ax,bx            ;mov ax,bx 的机器码占两个字节
       mov si, offset s
       mov di, offset s0
       mov ax,cs:[si]
       mov cs:[di],ax
  s0:  nop                  ;nop 的机器码占一个字节
       nop
codesg ends

end s
```

9.2 jmp 指令

jmp为无条件转移指令，可以只修改IP，也可以同时修改CS和IP。

jmp 指令要给出两种信息：

(1) 转移的目的地址
(2) 转移的距离(段间转移、段内短转移、段内近转移)

不同的给出目的地址的方法，和不同的转移位置，对应有不同格式的 jmp 指令。下面的几节内容中，我们以给出目的地址的不同方法为主线，讲解 jmp 指令的主要应用格式和 CPU 执行转移指令的基本原理。

9.3　依据位移进行转移的 jmp 指令

jmp short 标号(转到标号处执行指令)

这种格式的 jmp 指令实现的是段内短转移，它对 IP 的修改范围为-128~127，也就是说，它向前转移时可以最多越过 128 个字节，向后转移可以最多越过 127 个字节。jmp 指令中的“short”符号，说明指令进行的是短转移。jmp 指令中的“标号”是代码段中的标号，指明了指令要转移的目的地，转移指令结束后，CS:IP 应该指向标号处的指令。

比如：

程序 9.1

```
assume cs:codesg

codesg segment

  start:mov ax,0
          jmp short s
          add ax,1
      s: inc ax

codesg ends

end start
```

上面的程序执行后，ax 中的值为 1，因为执行 jmp short s 后，越过了 add ax,1，IP 指向了标号 s 处的 inc ax。也就是说，程序只进行了一次 ax 加 1 操作。

汇编指令 jmp short s 对应的机器指令应该是什么样的呢？我们先看一下别的汇编指令和其相对应的机器指令。

```
汇编指令                 机器指令
mov ax,0123h            B8 23 01
mov ax,ds:[0123h]       A1 23 01
push ds:[0123h]         FF 36 23 01
```

可以看到，在一般的汇编指令中，汇编指令中的 idata(立即数)，不论它是表示一个数据还是内存单元的偏移地址，都会在对应的机器指令中出现，因为 CPU 执行的是机器指令，它必须要处理这些数据或地址。

现在我们在 Debug 中将程序 9.1 翻译成为机器码，看到的结果如图 9.1 所示。

```
-u
0BBD:0000 B80000          MOV     AX,0000
0BBD:0003 EB03            JMP     0008
0BBD:0005 050100          ADD     AX,0001
0BBD:0008 40              INC     AX
```

图 9.1　程序 9.1 的机器码

对照汇编源程序，我们可以看到，Debug 将 jmp short s 中的 s 表示为 inc ax 指令的偏移地址 8，并将 jmp short s 表示为 jmp 0008，表示转移到 cs:0008 处。这一切似乎合理，可是当我们查看 jmp short s 或是 jmp 0008 所对应的机器码，却发现了一些问题。

jmp 0008(Debug 中的表示)或 jmp short s(汇编语言中的表示)所对应的机器码为 **EB 03**，注意，这个机器码中竟不包含转移的目的地址，这意味着，CPU 在执行 EB 03 的时，并不知道转移的目的地址。那么，CPU 根据什么进行转移呢？它知道转移到哪里呢？

令人奇怪的是，汇编指令 jmp short s 中，明明是带有转移的目的地址(由标号 s 表示)的，可翻译成机器指令后，怎么目的地址就没了呢？没有了目的地址，CPU 如何知道转移到哪里呢？

我们把程序 9.1 改写一下，变成下面这样：

程序 9.2

```
assume cs:codesg

codesg segment

  start:mov ax,0
        mov bx,0
        jmp short s
        add ax,1
     s: inc ax

codesg ends

end start
```

我们在 Debug 中将程序 9.2 翻译成为机器码，看到的结果如图 9.2 所示。

```
-u
0BBD:0000 B80000          MOV     AX,0000
0BBD:0003 BB0000          MOV     BX,0000
0BBD:0006 EB03            JMP     000B
0BBD:0008 050100          ADD     AX,0001
0BBD:000B 40              INC     AX
```

图 9.2　程序 9.2 的机器码

比较一下程序 9.1 和 9.2 用 Debug 查看的结果，注意，两个程序中的 jmp 指令都要使 IP 指向 inc ax 指令，但是程序 9.1 的 inc ax 指令的偏移地址为 8，而程序 9.2 的 inc ax 指令的偏移地址为 000BH。我们再来看两个程序中的 jmp 指令所对应的机器码，都是 **EB 03**。这说明 **CPU 在执行 jmp 指令的时候并不需要转移的目的地址**。两个程序中的 jmp 指令的转移目的地址并不一样，一个是 cs:0008，另一个是 cs:000B，如果机器指令中包含了转移的目的地址的话，那么它们对应的机器码应该是不同的。可是它们对应的机器码都是 EB 03，这说明在机器指令中并不包含转移的目的地址。如果机器指令中不包含目的地址的话，那么也就是说，CPU 不需要这个目的地址就可以实现对 IP 的修改。

CPU 不是神仙，它只能处理你提供给它的东西，jmp 指令的机器码中不包含转移的目的地址，那么，CPU 如何知道将 IP 改为多少呢？所以，在 jmp 指令的机器码中，一定包含了某种信息，使得 CPU 可以将它当做修改 IP 的依据。这种信息是什么呢？我们一步步地分析。

我们先简单回忆一下 CPU 执行指令的过程(如果你需要更多的回忆，可以复习一下 2.10 节的内容)。

(1) 从 CS:IP 指向内存单元读取指令，读取的指令进入指令缓冲器；
(2) (IP)=(IP)+所读取指令的长度，从而指向下一条指令；
(3) 执行指令。转到 1，重复这个过程。

按照这个步骤，我们参照图 9.2 看一下，程序 9.2 中 jmp short s 指令的读取和执行过程：

(1) (CS)=0BBDH，(IP)=0006H，CS:IP 指向 EB 03(jmp short s 的机器码)；
(2) 读取指令码 EB 03 进入指令缓冲器；
(3) (IP)=(IP)+所读取指令的长度=(IP)+2=0008H，CS:IP 指向 add ax,1；
(4) CPU 执行指令缓冲器中的指令 EB 03；
(5) 指令 EB 03 执行后，(IP)=000BH，CS:IP 指向 inc ax。

从上面的过程中我们看到，CPU 将指令 EB 03 读入后，IP 指向了下一条指令，即 CS:0008 处的 add ax,1，接着执行 EB 03。如果 EB 03 没有对 IP 进行修改的话，那么，接下来 CPU 将执行 add ax,1，可是，CPU 执行的 EB 03 却是一条修改 IP 的转移指令，执行后(IP)=000BH，CS:IP 指向 inc ax，CS:0008 处的 add ax,1 没有被执行。

CPU 在执行 EB 03 的时候是根据什么修改的 IP，使其指向目标指令呢？就是根据指令码中的 03。注意，要转移的目的地址是 CS:000B，而 CPU 执行 EB 03 时，当前的(IP)=0008H，如果将当前的 IP 值加 3，使(IP)=000BH，CS:IP 就可指向目标指令。在转移指令 EB 03 中并没有告诉 CPU 要转移的目的地址，却告诉了 CPU 要转移的位移，即将当前的 IP 向后移动 3 个字节。因为程序 1、2 中的 jmp 指令转移的位移相同，都是向后 3 个字节，所以它们的机器码都是 EB 03。

原来如此，在“jmp short 标号”指令所对应的机器码中，并不包含转移的目的地址，而包含的是转移的位移。这个位移，是编译器根据汇编指令中的“标号”计算出来的，具体的计算方法如图 9.3 所示。

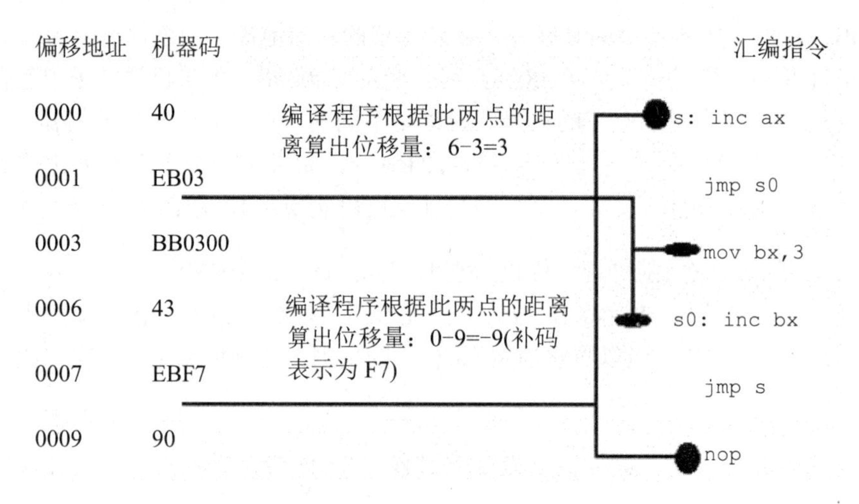

图 9.3 转移位移的计算方法

实际上，“jmp short 标号”的功能为：(IP)=(IP)+8 位位移。

(1) 8 位位移=标号处的地址-jmp 指令后的第一个字节的地址；

(2) short 指明此处的位移为 8 位位移；

(3) 8 位位移的范围为-128~127，用补码表示(如果你对补码还不了解，请阅读附注 2)；

(4) 8 位位移由编译程序在编译时算出。

还有一种和“jmp short 标号”功能相近的指令格式，jmp near ptr 标号，它实现的是段内近转移。

“jmp near ptr 标号”的功能为：(IP)=(IP)+16 位位移。

(1) 16 位位移=标号处的地址-jmp 指令后的第一个字节的地址；

(2) near ptr 指明此处的位移为 16 位位移，进行的是段内近转移；

(3) 16 位位移的范围为-32768～32767，用补码表示；

(4) 16 位位移由编译程序在编译时算出。

9.4 转移的目的地址在指令中的 jmp 指令

前面讲的 jmp 指令，其对应的机器指令中并没有转移的目的地址，而是相对于当前 IP 的转移位移。

“jmp far ptr 标号”实现的是段间转移，又称为远转移。功能如下：

(CS)=标号所在段的段地址；(IP)=标号在段中的偏移地址。

far ptr 指明了指令用标号的段地址和偏移地址修改 CS 和 IP。

看下面的程序：

程序 9.3

```
assume cs:codesg

codesg segment

  start:mov ax,0
        mov bx,0
        jmp far ptr s
        db 256 dup (0)
     s: add ax,1
        inc ax

codesg ends

end start
```

在 Debug 中将程序 9.3 翻译成为机器码，看到的结果如图 9.4 所示。

```
-u
0BBD:0000 B80000        MOV     AX,0000
0BBD:0003 BB0000        MOV     BX,0000
0BBD:0006 EA0B01BD0B    JMP     0BBD:010B
0BBD:000B 0000          ADD     [BX+SI],AL
0BBD:000D 0000          ADD     [BX+SI],AL
0BBD:000F 0000          ADD     [BX+SI],AL
0BBD:0011 0000          ADD     [BX+SI],AL
```

图 9.4 程序 9.3 的机器码

如图 9.4 中所示，源程序中的 db 256 dup (0)，被 Debug 解释为相应的若干条汇编指令。这不是关键，关键是，我们要注意一下 jmp far ptr s 所对应的机器码：EA 0B 01 BD 0B，其中包含转移的目的地址。“0B 01 BD 0B”是目的地址在指令中的存储顺序，高地址的“BD 0B”是转移的段地址：0BBDH，低地址的“0B 01”是偏移地址：010BH。

对于“jmp X 标号”格式的指令的深入分析请参看附注 3。

9.5 转移地址在寄存器中的 jmp 指令

指令格式：jmp 16 位 reg
功能：(IP)=(16 位 reg)

这种指令我们在前面的内容(参见 2.11 节)中已经讲过，这里就不再详述。

9.6 转移地址在内存中的 jmp 指令

转移地址在内存中的 jmp 指令有两种格式：

(1) jmp word ptr 内存单元地址(段内转移)

功能：从内存单元地址处开始存放着一个字，是转移的目的偏移地址。

内存单元地址可用寻址方式的任一格式给出。

比如，下面的指令：

```
mov ax,0123H
mov ds:[0],ax
jmp word ptr ds:[0]
```

执行后，(IP)=0123H。

又比如，下面的指令：

```
mov ax,0123H
mov [bx],ax
jmp word ptr [bx]
```

执行后，(IP)=0123H

(2) jmp dword ptr 内存单元地址(段间转移)

功能：从内存单元地址处开始存放着两个字，高地址处的字是转移的目的段地址，低地址处是转移的目的偏移地址。

(CS)=(内存单元地址+2)
(IP)=(内存单元地址)

内存单元地址可用寻址方式的任一格式给出。

比如，下面的指令：

```
mov ax,0123H
mov ds:[0],ax
mov word ptr ds:[2],0
jmp dword ptr ds:[0]
```

执行后，(CS)=0，(IP)=0123H，CS:IP 指向 0000:0123

又比如，下面的指令：

```
mov ax,0123H
mov [bx],ax
```

```
mov word ptr [bx+2],0
jmp dword ptr [bx]
```

执行后，(CS)=0，(IP)=0123H，CS:IP 指向 0000:0123

检测点 9.1

(1) 程序如下。

```
assume cs:code

data segment
   ?
data ends

code segment
  start:mov ax,data
        mov ds,ax
        mov bx,0
        jmp word ptr [bx+1]

code ends
end start
```

若要使程序中的 jmp 指令执行后，CS:IP 指向程序的第一条指令，在 data 段中应该定义哪些数据？

(2) 程序如下。

```
assume cs:code

data segment
  dd 12345678H
data ends

code segment

  start:mov ax,data
        mov ds,ax
        mov bx,0
        mov [bx],_______
        mov [bx+2],_______
        jmp dword ptr ds:[0]

code ends

end start
```

补全程序，使 jmp 指令执行后，CS:IP 指向程序的第一条指令。

(3) 用 Debug 查看内存，结果如下：

```
2000:1000 BE 00 06 00 00 00 ......
```

则此时，CPU 执行指令：

```
mov ax,2000H
mov es,ax
jmp dword ptr es:[1000H]
```

后，(CS)=？，(IP)=？

9.7 jcxz 指令

jcxz 指令为有条件转移指令，所有的有条件转移指令都是短转移，在对应的机器码中包含转移的位移，而不是目的地址。对 IP 的修改范围都为：-128~127。

指令格式：jcxz 标号(如果(cx)=0，转移到标号处执行。
操作：当(cx)=0 时，(IP)=(IP)+8 位位移；
8 位位移=标号处的地址-jcxz 指令后的第一个字节的地址；
8 位位移的范围为-128~127，用补码表示；
8 位位移由编译程序在编译时算出。

当(cx)≠0 时，什么也不做(程序向下执行)。

我们从 jcxz 的功能中可以看出，“jcxz 标号”的功能相当于：

```
if((cx)==0)jmp short 标号;
```

(这种用 C 语言和汇编语言进行的综合描述，或许能使你对有条件转移指令理解得更加清楚。)

检测点 9.2

补全程序，利用 jcxz 指令，实现在内存 2000H 段中查找第一个值为 0 的字节，找到后，将它的偏移地址存储在 dx 中。

```
assume cs:code
code segment
  start:mov ax,2000H
        mov ds,ax
        mov bx,0
      s:________
        ________
        ________
        ________
        jmp short s
```

```
        ok:mov dx,bx
           mov ax,4c00h
           int 21h
code ends
end start
```

9.8　loop 指令

loop 指令为循环指令，所有的循环指令都是**短转移**，在对应的机器码中包含转移的位移，而不是目的地址。对 IP 的修改范围都为：-128~127。

指令格式：loop　标号((cx)=(cx)-1，如果(cx)≠0，转移到标号处执行。
操作：
(1)　(cx)=(cx)-1；
(2)　如果(cx)≠0，(IP)=(IP)+8 位位移。

8 位位移=标号处的地址-loop 指令后的第一个字节的地址；
8 位位移的范围为-128~127，用补码表示；
8 位位移由编译程序在编译时算出。

如果(cx)=0，什么也不做(程序向下执行)。

我们从 loop 的功能中可以看出，“loop　标号”的功能相当于：

```
(cx)--;
if((cx)≠0)jmp short 标号;
```

检测点 9.3

补全程序，利用 loop 指令，实现在内存 2000H 段中查找第一个值为 0 的字节，找到后，将它的偏移地址存储在 dx 中。

```
assume cs:code
code segment
  start:mov ax,2000H
        mov ds,ax
        mov bx,0
     s: mov cl,[bx]
        mov ch,0

        ____________
        inc bx
        loop s
     ok:dec bx          ;dec 指令的功能和 inc 相反，dec bx 进行的操作为：(bx)=(bx)-1
        mov dx,bx
        mov ax,4c00h
```

```
        int 21h
code ends
end start
```

9.9 根据位移进行转移的意义

前面我们讲到：

jmp short 标号
jmp near ptr 标号
jcxz 标号
loop 标号

等几种汇编指令，它们对 IP 的修改是根据转移目的地址和转移起始地址之间的位移来进行的。在它们对应的机器码中不包含转移的目的地址，而包含的是到目的地址的位移。

这种设计，方便了程序段在内存中的浮动装配。

例如：

```
    汇编指令                    机器代码
    mov cx,6                   B9 06 00
    mov ax,10h                 B8 10 00
s:  add ax,ax                  01 C0
    loop s                     E2 FC
```

这段程序装在内存中的不同位置都可正确执行，因为 loop s 在执行时只涉及 s 的位移(-4，前移 4 个字节，补码表示为 FCH)，而不是 s 的地址。如果 loop s 的机器码中包含的是 s 的地址，则就对程序段在内存中的偏移地址有了严格的限制，因为机器码中包含的是 s 的地址，如果 s 处的指令不在目的地址处，程序的执行就会出错。而 loop s 的机器码中包含的是转移的位移，就不存在这个问题了，因为，无论 s 处的指令的实际地址是多少，loop 指令的转移位移是不变的。

9.10 编译器对转移位移超界的检测

注意，根据位移进行转移的指令，它们的转移范围受到转移位移的限制，如果在源程序中出现了转移范围超界的问题，在编译的时候，编译器将报错。

比如，下面的程序将引起编译错误：

```
assume cs:code

code segment
  start:jmp short s
        db 128 dup (0)
```

```
    s: mov ax,0ffffh
code ends
end start
```

jmp short s 的转移范围是-128~127，IP 最多向后移动 127 个字节。

注意，我们在第 2 章中讲到的形如“jmp 2000:0100”的转移指令，是在 Debug 中使用的汇编指令，汇编编译器并不认识。如果在源程序中使用，编译时也会报错。

实验 8　分析一个奇怪的程序

分析下面的程序，在运行前思考：这个程序可以正确返回吗？

运行后再思考：为什么是这种结果？

通过这个程序加深对相关内容的理解。

```
assume cs:codesg
codesg segment

        mov ax,4c00h
        int 21h

start:  mov ax,0
    s:  nop
        nop

        mov di,offset s
        mov si,offset s2
        mov ax,cs:[si]
        mov cs:[di],ax

   s0:  jmp short s

   s1:  mov ax,0
        int 21h
        mov ax,0

   s2:  jmp short s1
        nop

codesg ends
end start
```

实验 9　根据材料编程

这个编程任务必须在进行下面的课程之前独立完成，因为后面的课程中，需要通过这个实验而获得的编程经验。

编程：在屏幕中间分别显示绿色、绿底红色、白底蓝色的字符串 'welcome to masm!'。

编程所需的知识通过阅读、分析下面的材料获得。

80×25 彩色字符模式显示缓冲区(以下简称为显示缓冲区)的结构：

内存地址空间中，B8000H~BFFFFH 共 32KB 的空间，为 80×25 彩色字符模式的显示缓冲区。向这个地址空间写入数据，写入的内容将立即出现在显示器上。

在 80×25 彩色字符模式下，显示器可以显示 25 行，每行 80 个字符，每个字符可以有 256 种属性(背景色、前景色、闪烁、高亮等组合信息)。

这样，一个字符在显示缓冲区中就要占两个字节，分别存放字符的 ASCII 码和属性。80×25 模式下，一屏的内容在显示缓冲区中共占 4000 个字节。

显示缓冲区分为 8 页，每页 4KB(≈4000B)，显示器可以显示任意一页的内容。一般情况下，显示第 0 页的内容。也就是说通常情况下，B8000H～B8F9FH 中的 4000 个字节的内容将出现在显示器上。

在一页显示缓冲区中：

```
偏移 000~09F 对应显示器上的第 1 行(80 个字符占 160 个字节);
偏移 0A0~13F 对应显示器上的第 2 行;
偏移 140~1DF 对应显示器上的第 3 行;
```

依此类推，可知，偏移 F00~F9F 对应显示器上的第 25 行。

在一行中，一个字符占两个字节的存储空间(一个字)，低位字节存储字符的 ASCII 码，高位字节存储字符的属性。一行共有 80 个字符，占 160 个字节。

即在一行中：

```
00~01 单元对应显示器上的第 1 列;
02~03 单元对应显示器上的第 2 列;
04~05 单元对应显示器上的第 3 列;
```

依此类推，可知，9E～9F 单元对应显示器上的第 80 列。

例：在显示器的 0 行 0 列显示黑底绿色的字符串'ABCDEF'
('A'的 ASCII 码值为 41H，02H 表示黑底绿色)

显示缓冲区里的内容为：

```
           00 01 02 03 04 05 06 07 08 09 0A 0B ... 0E 0F
B800:0000  41 02 42 02 43 02 44 02 45 02 46 02 ... .. ..
  ⋮
  ⋮
B800:00A0  .. .. .. .. .. .. .. .. .. .. .. .. ... .. ..
```

可以看出，在显示缓冲区中，偶地址存放字符，奇地址存放字符的颜色属性。

一个在屏幕上显示的字符，具有前景(字符色)和背景(底色)两种颜色，字符还可以以高亮度和闪烁的方式显示。前景色、背景色、闪烁、高亮等信息被记录在属性字节中。

属性字节的格式：

```
          7    6  5  4   3   2  1  0
含义      BL   R  G  B   I   R  G  B
         闪烁    背景    高亮   前景
```

R：红色
G：绿色
B：蓝色

可以按位设置属性字节，从而配出各种不同的前景色和背景色。

比如：

红底绿字，属性字节为：01000010B；
红底闪烁绿字，属性字节为：11000010B；
红底高亮绿字，属性字节为：01001010B；
黑底白字，属性字节为：00000111B；
白底蓝字，属性字节为：01110001B。

例：在显示器的 0 行 0 列显示红底高亮闪烁绿色的字符串'ABCDEF'
(红底高亮闪烁绿色，属性字节为：11001010B，CAH)

显示缓冲区里的内容为：

```
            00  01  02  03  04  05  06  07  08  09  0A  0B  ... 9E  9F
B800:0000   41  CA  42  CA  43  CA  44  CA  45  CA  46  CA  ... ..  ..
  ⋮
  ⋮
B800:00A0   ..  ..  ..  ..  ..  ..  ..  ..  ..  ..  ..  ..  ... ..  ..
```

注意，闪烁的效果必须在全屏 DOS 方式下才能看到。

第 10 章　CALL 和 RET 指令

call 和 ret 指令都是转移指令，它们都修改 IP，或同时修改 CS 和 IP。它们经常被共同用来实现子程序的设计。这一章，我们讲解 call 和 ret 指令的原理。

10.1　ret 和 retf

ret 指令用栈中的数据，修改 IP 的内容，从而实现近转移；
retf 指令用栈中的数据，修改 CS 和 IP 的内容，从而实现远转移。

CPU 执行 ret 指令时，进行下面两步操作：

(1)　(IP)=((ss)*16+(sp))
(2)　(sp)=(sp)+2

CPU 执行 retf 指令时，进行下面 4 步操作：

(1)　(IP)=((ss)*16+(sp))
(2)　(sp)=(sp)+2
(3)　(CS)=((ss)*16+(sp))
(4)　(sp)=(sp)+2

可以看出，如果我们用汇编语法来解释 ret 和 retf 指令，则：

CPU 执行 ret 指令时，相当于进行：

```
pop IP
```

CPU 执行 retf 指令时，相当于进行：

```
pop IP
pop CS
```

例：

下面的程序中，ret 指令执行后，(IP)=0，CS:IP 指向代码段的第一条指令。

```
assume cs:code

stack segment
  db 16 dup (0)
stack ends

code segment
        mov ax,4c00h
```

```
        int 21h

start:  mov ax,stack
        mov ss,ax
        mov sp,16
        mov ax,0
        push ax
        mov bx,0
        ret
code ends

end start
```

下面的程序中，retf 指令执行后，CS:IP 指向代码段的第一条指令。

```
assume cs:code

stack segment
  db 16 dup (0)
stack ends

code segment
        mov ax,4c00h
        int 21h
start:  mov ax,stack
        mov ss,ax
        mov sp,16
        mov ax,0
        push cs
        push ax
        mov bx,0
        retf
code ends

end start
```

检测点 10.1

补全程序，实现从内存 1000:0000 处开始执行指令。

```
assume cs:code

stack segment
  db 16 dup (0)
stack ends

code segment
start:  mov ax,stack
        mov ss,ax
        mov sp,16
        mov ax,________
```

```
        push ax
        mov ax,________
        push ax
        retf
code ends

end start
```

10.2 call 指令

CPU 执行 call 指令时，进行两步操作：

(1) 将当前的 IP 或 CS 和 IP 压入栈中；
(2) 转移。

call 指令不能实现短转移，除此之外，call 指令实现转移的方法和 jmp 指令的原理相同，下面的几个小节中，我们以给出转移目的地址的不同方法为主线，讲解 call 指令的主要应用格式。

10.3 依据位移进行转移的 call 指令

call 标号(将当前的 IP 压栈后，转到标号处执行指令)

CPU 执行此种格式的 call 指令时，进行如下的操作：

(1) (sp)=(sp)-2
    ((ss)*16+(sp))=(IP)
(2) (IP)=(IP)+16 位位移。

16 位位移=标号处的地址-call 指令后的第一个字节的地址；
16 位位移的范围为-32768~32767，用补码表示；
16 位位移由编译程序在编译时算出。

从上面的描述中，可以看出，如果我们用汇编语法来解释此种格式的 call 指令，则：

CPU 执行“call 标号”时，相当于进行：

```
push IP
jmp near ptr 标号
```

检测点 10.2

下面的程序执行后，ax 中的数值为多少？

```
内存地址        机器码          汇编指令
1000:0         b8 00 00         mov ax,0
1000:3         e8 01 00         call s
1000:6         40               inc ax
1000:7         58             s:pop ax
```

10.4　转移的目的地址在指令中的 call 指令

前面讲的 call 指令，其对应的机器指令中并没有转移的目的地址，而是相对于当前 IP 的转移位移。

“call far ptr 标号”实现的是段间转移。

CPU 执行此种格式的 call 指令时，进行如下的操作。

(1)　(sp)=(sp)−2
　　((ss)*16+(sp))=(CS)
　　(sp)=(sp)−2
　　((ss)*16+(sp))=(IP)
(2)　(CS)=标号所在段的段地址
　　(IP)=标号在段中的偏移地址

从上面的描述中可以看出，如果我们用汇编语法来解释此种格式的 call 指令，则：

CPU 执行“call far ptr 标号”时，相当于进行：

```
push CS
push IP
jmp far ptr 标号
```

检测点 10.3

下面的程序执行后，ax 中的数值为多少？

```
内存地址        机器码                  汇编指令
1000:0         b8 00 00                 mov ax,0
1000:3         9A 09 00 00 10           call far ptr s
1000:8         40                       inc ax
1000:9         58                     s:pop ax
                                        add ax,ax
                                        pop bx
                                        add ax,bx
```

10.5 转移地址在寄存器中的 call 指令

指令格式：call 16 位 reg

功能：

(sp)=(sp)−2

((ss)*16+(sp))=(IP)

(IP)=(16 位 reg)

用汇编语法来解释此种格式的 call 指令，CPU 执行“call 16 位 reg”时，相当于进行：

```
push IP
jmp 16位reg
```

检测点 10.4

下面的程序执行后，ax 中的数值为多少？

内存地址	机器码	汇编指令
1000:0	b8 06 00	mov ax,6
1000:3	ff d0	call ax
1000:5	40	inc ax
1000:6		mov bp,sp
		add ax,[bp]

10.6 转移地址在内存中的 call 指令

转移地址在内存中的 call 指令有两种格式。

(1) call word ptr 内存单元地址

用汇编语法来解释此种格式的 call 指令，则：

CPU 执行“call word ptr 内存单元地址”时，相当于进行：

```
push IP
jmp word ptr 内存单元地址
```

比如，下面的指令：

```
mov sp,10h
mov ax,0123h
mov ds:[0],ax
```

```
call word ptr ds:[0]
```

执行后，(IP)=0123H，(sp)=0EH。

(2) call dword ptr 内存单元地址

用汇编语法来解释此种格式的 call 指令，则：

CPU 执行"call dword ptr 内存单元地址"时，相当于进行：

```
push CS
push IP
jmp dword ptr 内存单元地址
```

比如，下面的指令：

```
mov sp,10h
mov ax,0123h
mov ds:[0],ax
mov word ptr ds:[2],0
call dword ptr ds:[0]
```

执行后，(CS)=0，(IP)=0123H，(sp)=0CH。

检测点 10.5

(1) 下面的程序执行后，ax 中的数值为多少？(注意：用 call 指令的原理来分析，不要在 Debug 中单步跟踪来验证你的结论。对于此程序，在 Debug 中单步跟踪的结果，不能代表 CPU 的实际执行结果。)

```
assume cs:code
stack segment
  dw 8 dup (0)
stack ends
code segment
  start:mov ax,stack
        mov ss,ax
        mov sp,16
        mov ds,ax
        mov ax,0
        call word ptr ds:[0EH]
        inc ax
        inc ax
        inc ax
        mov ax,4c00h
        int 21h
code ends
end start
```

(2) 下面的程序执行后，ax 和 bx 中的数值为多少？

```
assume cs:code
data segment
   dw 8 dup (0)
data ends
code segment
  start:mov ax,data
         mov ss,ax
         mov sp,16
         mov word ptr ss:[0],offset s
         mov ss:[2],cs
         call dword ptr ss:[0]
         nop
      s: mov ax,offset s
         sub ax,ss:[0cH]
         mov bx,cs
         sub bx,ss:[0eH]
         mov ax, 4c00h
         int 21h
code ends
end start
```

10.7 call 和 ret 的配合使用

前面，我们已经分别学习了 ret 和 call 指令的原理。现在来看一下，如何将它们配合使用来实现子程序的机制。

问题 10.1

下面程序返回前，bx 中的值是多少？

```
assume cs:code
code segment
 start: mov ax,1
        mov cx,3
        call s
        mov bx,ax          ;(bx)=?
        mov ax,4c00h
        int 21h
     s: add ax,ax
        loop s
        ret
code ends
end start
```

思考后看分析。

分析：

我们来看一下 CPU 执行这个程序的主要过程。

(1) CPU 将 call s 指令的机器码读入，IP 指向了 call s 后的指令 mov bx,ax，然后 CPU 执行 call s 指令，将当前的 IP 值(指令 mov bx,ax 的偏移地址)压栈，并将 IP 的值改变为标号 s 处的偏移地址；

(2) CPU 从标号 s 处开始执行指令，loop 循环完毕后，(ax)=8；

(3) CPU 将 ret 指令的机器码读入，IP 指向了 ret 指令后的内存单元，然后 CPU 执行 ret 指令，从栈中弹出一个值(即 call s 先前压入的 mov bx,ax 指令的偏移地址)送入 IP 中。则 CS:IP 指向指令 mov bx,ax；

(4) CPU 从 mov bx,ax 开始执行指令，直至完成。

程序返回前，(bx)=8。可以看出，从标号 s 到 ret 的程序段的作用是计算 2 的 N 次方，计算前，N 的值由 cx 提供。

我们再来看下面的程序：

```
源程序                           内存中的情况(假设程序从内存 1000:0 处装入)
assume cs:code

stack segment
  db 8 dup (0)                  1000:0000   00 00 00 00 00 00 00 00
  db 8 dup (0)                  1000:0008   00 00 00 00 00 00 00 00
stack ends

code segment
  start:mov ax,stack            1001:0000   B8 00 10
        mov ss,ax               1001:0003   8E D0
        mov sp,16               1001:0005   BC 10 00
        mov ax,1000             1001:0008   B8 E8 03
        call s                  1001:000B   E8 05 00
        mov ax,4c00h            1001:000E   B8 00 4C
        int 21h                 1001:0011   CD 21
      s:add ax,ax               1001:0013   03 C0
        ret                     1001:0015   C3
code ends

end start
```

看一下程序的主要执行过程。

(1) 前 3 条指令执行后，栈的情况如下：

```
1000:0000   00 00 00 00 00 00 00 00 00 00 00 00 00 00 00 00
                                                            ↑
                                                          ss:sp
```

(2) call 指令读入后，(IP)=000EH，CPU 指令缓冲器中的代码为：E8 05 00；

CPU执行E8 05 00，首先，栈中的情况变为：

```
1000:0000   00 00 00 00 00 00 00 00 00 00 00 00 00 00 0E 00
                                                          ↑
                                                        ss:sp
```

然后，(IP)=(IP)+0005=0013H。

(3) CPU从cs:0013H处(即标号s处)开始执行。

(4) ret指令读入后：

(IP)=0016H，CPU指令缓冲器中的代码为：C3

CPU执行C3，相当于进行pop IP，执行后，栈中的情况为：

```
1000:0000   00 00 00 00 00 00 00 00 00 00 00 00 00 00 0E 00
                                                              ↑
                                                            ss:sp
(IP)=000EH
```

(5) CPU回到cs:000EH处(即call指令后面的指令处)继续执行。

从上面的讨论中我们发现，可以写一个具有一定功能的程序段，我们称其为子程序，在需要的时候，用call指令转去执行。可是执行完子程序后，如何让CPU接着call指令向下执行？call指令转去执行子程序之前，call指令后面的指令的地址将存储在栈中，所以可在子程序的后面使用ret指令，用栈中的数据设置IP的值，从而转到call指令后面的代码处继续执行。

这样，我们可以利用call和ret来实现子程序的机制。子程序的框架如下。

```
标号:
    指令
    ret
```

具有子程序的源程序的框架如下。

```
assume cs:code
code segment
  main:
        ⋮
        call  sub1                ;调用子程序sub1
        ⋮
        ⋮
        mov ax,4c00h
        int 21h

  sub1:                           ;子程序sub1开始
        ⋮
        call sub2                 ;调用子程序sub2
        ⋮
        ⋮
```

```
        ret                     ;子程序返回

  sub2:                         ;子程序 sub2 开始
        ⋮
        ⋮
        ret                     ;子程序返回
code ends
end main
```

现在，可以从子程序的角度，回过头来再看一下本节中的两个程序。

10.8　mul 指令

因下面要用到，这里介绍一下 mul 指令，mul 是乘法指令，使用 mul 做乘法的时候，注意以下两点。

(1)　两个相乘的数：两个相乘的数，要么都是 8 位，要么都是 16 位。如果是 8 位，一个默认放在 AL 中，另一个放在 8 位 reg 或内存字节单元中；如果是 16 位，一个默认在 AX 中，另一个放在 16 位 reg 或内存字单元中。

(2)　结果：如果是 8 位乘法，结果默认放在 AX 中；如果是 16 位乘法，结果高位默认在 DX 中存放，低位在 AX 中放。

格式如下：

```
mul reg
mul 内存单元
```

内存单元可以用不同的寻址方式给出，比如：

```
mul byte ptr ds:[0]
```

含义：(ax)=(al)*((ds)*16+0);

```
mul word ptr [bx+si+8]
```

含义：(ax)=(ax)*((ds)*16+(bx)+(si)+8)结果的低 16 位。
　　　(dx)=(ax)*((ds)*16+(bx)+(si)+8)结果的高 16 位。

例：

(1)　计算 100*10。

100 和 10 小于 255，可以做 8 位乘法，程序如下。

```
mov al,100
mov bl,10
mul bl
```

结果：(ax)=1000(03E8H)

(2) 计算100*10000

100小于255，可10000大于255，所以必须做16位乘法，程序如下。

```
mov ax,100
mov bx,10000
mul bx
```

结果：(ax)=4240H，(dx)=000FH　　　(F4240H=1000000)

10.9 模块化程序设计

从上面我们看到，call与ret指令共同支持了汇编语言编程中的模块化设计。在实际编程中，程序的模块化是必不可少的。因为现实的问题比较复杂，对现实问题进行分析时，把它转化成为相互联系、不同层次的子问题，是必须的解决方法。而call与ret指令对这种分析方法提供了程序实现上的支持。利用call和ret指令，我们可以用简捷的方法，实现多个相互联系、功能独立的子程序来解决一个复杂的问题。

下面的内容中，我们来看一下子程序设计中的相关问题和解决方法。

10.10 参数和结果传递的问题

子程序一般都要根据提供的参数处理一定的事务，处理后，将结果(返回值)提供给调用者。其实，我们讨论参数和返回值传递的问题，实际上就是在探讨，应该如何存储子程序需要的参数和产生的返回值。

比如，设计一个子程序，可以根据提供的N，来计算N的3次方。

这里面就有两个问题：

(1) 将参数N存储在什么地方？
(2) 计算得到的数值，存储在什么地方？

很显然，可以用寄存器来存储，可以将参数放到bx中；因为子程序中要计算N*N*N，可以使用多个mul指令，为了方便，可将结果放到dx和ax中。子程序如下。

```
;说明：计算N的3次方
;参数：(bx)=N
;结果：(dx:ax)=N^3

cube:mov ax,bx
     mul bx
     mul bx
     ret
```

注意，我们在编程的时候要注意形成良好的风格，对于程序应有详细的注释。子程序的注释信息应该包含对子程序的功能、参数和结果的说明。因为今天写的子程序，以后可能还会用到；自己写的子程序，也很可能要给别人使用，所以一定要有全面的说明。

用寄存器来存储参数和结果是最常使用的方法。对于存放参数的寄存器和存放结果的寄存器，调用者和子程序的读写操作恰恰相反：调用者将参数送入参数寄存器，从结果寄存器中取到返回值；子程序从参数寄存器中取到参数，将返回值送入结果寄存器。

编程，计算 data 段中第一组数据的 3 次方，结果保存在后面一组 dword 单元中。

```
assume cs:code
data segment
  dw 1,2,3,4,5,6,7,8
  dd 0,0,0,0,0,0,0,0
data ends
```

我们可以用到已经写好的子程序，程序如下：

```
code segment

  start:mov ax,data
        mov ds,ax
        mov si,0                    ;ds:si 指向第一组 word 单元
        mov di,16                   ;ds:di 指向第二组 dword 单元

        mov cx,8
     s: mov bx,[si]
        call cube
        mov [di],ax
        mov [di].2,dx
        add si,2                    ;ds:si 指向下一个 word 单元
        add di,4                    ;ds:di 指向下一个 dword 单元
        loop s

        mov ax,4c00h
        int 21h

cube:   mov ax,bx
        mul bx
        mul bx
        ret

code ends
end start
```

10.11 批量数据的传递

前面的例程中，子程序 cube 只有一个参数，放在 bx 中。如果有两个参数，那么可以用两个寄存器来放，可是如果需要传递的数据有 3 个、4 个或更多直至 N 个，该怎样存放

呢？寄存器的数量终究有限，我们不可能简单地用寄存器来存放多个需要传递的数据。对于返回值，也有同样的问题。

在这种时候，我们将批量数据放到内存中，然后将它们所在内存空间的首地址放在寄存器中，传递给需要的子程序。对于具有批量数据的返回结果，也可用同样的方法。

下面看一个例子，设计一个子程序，功能：将一个全是字母的字符串转化为大写。

这个子程序需要知道两件事，字符串的内容和字符串的长度。因为字符串中的字母可能很多，所以不便将整个字符串中的所有字母都直接传递给子程序。但是，可以将字符串在内存中的首地址放在寄存器中传递给子程序。因为子程序中要用到循环，我们可以用 loop 指令，而循环的次数恰恰就是字符串的长度。出于方便的考虑，可以将字符串的长度放到 cx 中。

```
capital: and byte ptr [si],11011111b    ;将 ds:si 所指单元中的字母转化为大写
         inc si                         ;ds:si 指向下一个单元
         loop capital
         ret
```

编程，将 data 段中的字符串转化为大写。

```
assume cs:code

data segment
  db 'conversation'
data ends

code segment
  start:mov ax,data
        mov ds,ax
        mov si,0               ;ds:si 指向字符串(批量数据)所在空间的首地址
        mov cx,12              ;cx 存放字符串的长度
        call capital
        mov ax,4c00h
        int 21h

capital:and byte ptr [si],11011111b
        inc si
        loop capital
        ret
code ends
end start
```

注意，除了用寄存器传递参数外，还有一种通用的方法是用栈来传递参数。关于这种技术请参看附注 4。

10.12　寄存器冲突的问题

设计一个子程序，功能：将一个全是字母，以 0 结尾的字符串，转化为大写。

程序要处理的字符串以 0 作为结尾符，这个字符串可以如下定义：

```
db  'conversation',0
```

应用这个子程序，字符串的内容后面一定要有一个 0，标记字符串的结束。子程序可以依次读取每个字符进行检测，如果不是 0，就进行大写的转化；如果是 0，就结束处理。由于可通过检测 0 而知道是否已经处理完整个字符串，所以子程序可以不需要字符串的长度作为参数。可以用 jcxz 来检测 0。

```
;说明：将一个全是字母，以 0 结尾的字符串，转化为大写
;参数：ds:si 指向字符串的首地址
;结果：没有返回值

capital:mov cl,[si]
        mov ch,0
        jcxz ok                         ;如果(cx)=0，结束；如果不是 0，处理
        and byte ptr [si],11011111b     ;将 ds:si 所指单元中的字母转化为大写
        inc si                          ;ds:si 指向下一个单元
        jmp short capital
     ok:ret
```

来看一下这个子程序的应用。

(1) 将 data 段中字符串转化为大写。

```
assume cs:code
data segment
  db  'conversation',0
data ends
```

代码段中的相关程序段如下。

```
mov ax,data
mov ds,ax
mov si,0
call capital
```

(2) 将 data 段中的字符串全部转化为大写。

```
assume cs:code
data segment
  db  'word',0
  db  'unix',0
  db  'wind',0
  db  'good',0
data ends
```

可以看到，所有字符串的长度都是 5(算上结尾符 0)，使用循环，重复调用子程序 capital，完成对 4 个字符串的处理。完整的程序如下。

```
code segment

 start: mov ax,data
        mov ds,ax
        mov bx,0

        mov cx,4
     s: mov si,bx
        call capital
        add bx,5
        loop s

        mov ax,4c00h
        int 21h

capital:mov cl,[si]
        mov ch,0
        jcxz ok
        and byte ptr [si],11011111b
        inc si
        jmp short capital
     ok:ret

code ends

end start
```

问题 10.2

这个程序在思想上完全正确，但在细节上却有些错误，把错误找出来。

思考后看分析。

分析：

问题在于 cx 的使用，主程序要使用 cx 记录循环次数，可是子程序中也使用了 cx，在执行子程序的时候，cx 中保存的循环计数值被改变，使得主程序的循环出错。

从上面的问题中，实际上引出了一个一般化的问题：子程序中使用的寄存器，很可能在主程序中也要使用，造成了寄存器使用上的冲突。

那么如何来避免这种冲突呢？粗略地看，可以有以下两个方案。

(1) 在编写调用子程序的程序时，注意看看子程序中有没有用到会产生冲突的寄存器，如果有，调用者使用别的寄存器；

(2) 在编写子程序的时候，不要使用会产生冲突的寄存器。

我们来分析一下上面两个方案的可行性：

(1) 这将给调用子程序的程序的编写造成很大的麻烦，因为必须要小心检查所调用的子程序中是否有将产生冲突的寄存器。比如说，在上面的例子中，我们在编写主程序的循环的时候就得检查子程序中是否用到了 bx 和 cx，因为如果子程序中用到了这两个寄存器就会出现问题。如果采用这种方案来解决冲突的话，那么在主程序的循环中，就不能使用 cx 寄存器，因为子程序中已经用到。

(2) 这个方案是不可能实现的，因为编写子程序的时候无法知道将来的调用情况。

可见，我们上面所设想的两个方案都不可行。我们希望：

(1) 编写调用子程序的程序的时候不必关心子程序到底使用了哪些寄存器；
(2) 编写子程序的时候不必关心调用者使用了哪些寄存器；
(3) 不会发生寄存器冲突。

解决这个问题的简捷方法是，在子程序的开始将子程序中所有用到的寄存器中的内容都保存起来，在子程序返回前再恢复。可以用栈来保存寄存器中的内容。

以后，我们编写子程序的标准框架如下：

```
子程序开始：子程序中使用的寄存器入栈

            子程序内容

            子程序中使用的寄存器出栈

            返回(ret、retf)
```

我们改进一下子程序 capital 的设计：

```
capital:    push cx
            push si

 change:    mov cl,[si]
            mov ch,0
            jcxz ok
            and byte ptr [si],11011111b
            inc si
            jmp short change

     ok:    pop si
            pop cx
            ret
```

要注意寄存器入栈和出栈的顺序。

实验 10　编写子程序

在这次实验中，我们将要编写 3 个子程序，通过它们来认识几个常见的问题和掌握解决这些问题的方法。同前面的所有实验一样，这个实验是必须独立完成的，在后面的课程中，将要用到这个实验中编写的 3 个子程序。

1. 显示字符串

问题

显示字符串是现实工作中经常要用到的功能，应该编写一个通用的子程序来实现这个功能。我们应该提供灵活的调用接口，使调用者可以决定显示的位置(行、列)、内容和颜色。

子程序描述

名称：show_str

功能：在指定的位置，用指定的颜色，显示一个用 0 结束的字符串。

参数：(dh)=行号(取值范围 0~24)，(dl)=列号(取值范围 0~79)，
　　　(cl)=颜色，ds:si指向字符串的首地址

返回：无

应用举例：在屏幕的 8 行 3 列，用绿色显示 data 段中的字符串。

```
assume cs:code
data segment
  db 'Welcome to masm!',0
data ends

code segment
start:  mov dh,8
        mov dl,3
        mov cl,2
        mov ax,data
        mov ds,ax
        mov si,0
        call show_str

        mov ax,4c00h
        int 21h
show_str:
                :
                :
                :
code ends
end start
```

提示

(1) 子程序的入口参数是屏幕上的行号和列号，注意在子程序内部要将它们转化为显

存中的地址，首先要分析一下屏幕上的行列位置和显存地址的对应关系；

(2) 注意保存子程序中用到的相关寄存器；

(3) 这个子程序的内部处理和显存的结构密切相关，但是向外提供了与显存结构无关的接口。通过调用这个子程序，进行字符串的显示时可以不必了解显存的结构，为编程提供了方便。在实验中，注意体会这种设计思想。

2. 解决除法溢出的问题

问题

前面讲过，div 指令可以做除法。当进行 8 位除法的时候，用 al 存储结果的商，ah 存储结果的余数；进行 16 位除法的时候，用 ax 存储结果的商，dx 存储结果的余数。可是，现在有一个问题，如果结果的商大于 al 或 ax 所能存储的最大值，那么将如何？

比如，下面的程序段：

```
mov bh,1
mov ax,1000
div bh
```

进行的是8位除法，结果的商为1000，而1000在al中放不下。

又比如，下面的程序段：

```
mov ax,1000H
mov dx,1
mov bx,1
div bx
```

进行的是 16 位除法，结果的商为 11000H，而 11000H 在 ax 中存放不下。

我们在用 div 指令做除法的时候，很可能发生上面的情况：结果的商过大，超出了寄存器所能存储的范围。当 CPU 执行 div 等除法指令的时候，如果发生这样的情况，将引发 CPU 的一个内部错误，这个错误被称为：**除法溢出**。我们可以通过特殊的程序来处理这个错误，但在这里我们不讨论这个错误的处理，这是后面的课程中要涉及的内容。下面我们仅仅来看一下除法溢出发生时的一些现象，如图 10.1 所示。

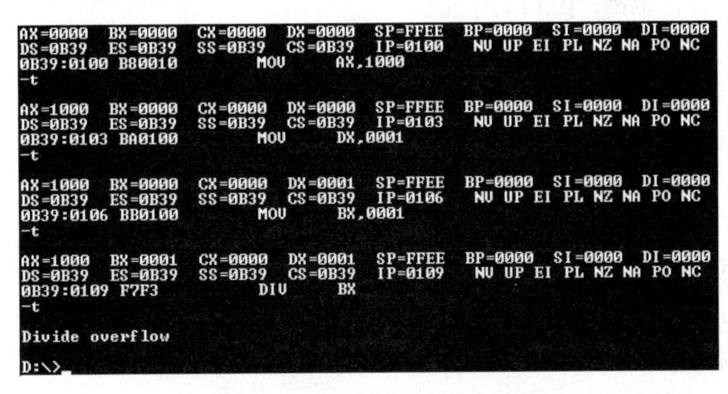

图 10.1 除法溢出时发生的现象

图中展示了在 Windows 2000 中使用 Debug 执行相关程序段的结果，div 指令引发了 CPU 的除法溢出，系统对其进行了相关的处理。

好了，我们已经清楚了问题的所在：用 div 指令做除法的时候可能产生除法溢出。由于有这样的问题，在进行除法运算的时候要注意除数和被除数的值，比如 1000000/10 就不能用 div 指令来计算。那么怎么办呢？我们用下面的子程序 divdw 解决。

子程序描述

名称：divdw

功能：进行不会产生溢出的除法运算，被除数为 dword 型，除数为 word 型，结果为 dword 型。

参数：(ax)=dword 型数据的低 16 位
　　(dx)=dword型数据的高16位
　　(cx)=除数

返回：(dx)=结果的高 16 位，(ax)=结果的低 16 位
　　(cx)=余数

应用举例：计算 1000000/10(F4240H/0AH)

```
mov ax,4240H
mov dx,000FH
mov cx,0AH
call divdw
```

结果：(dx)=0001H，(ax)=86A0H，(cx)=0

提示

给出一个公式：

X：被除数，范围：[0,FFFFFFFF]
N：除数，范围：[0,FFFF]
H：X 高 16 位，范围：[0,FFFF]
L：X 低 16 位，范围：[0,FFFF]
int()：描述性运算符，取商，比如，int(38/10)=3
rem()：描述性运算符，取余数，比如，rem(38/10)=8

公式：X/N = int(H/N)*65536 +[rem(H/N)*65536+L]/N

这个公式将可能产生溢出的除法运算：X/N，转变为多个不会产生溢出的除法运算。公式中，等号右边的所有除法运算都可以用 div 指令来做，肯定不会导致除法溢出。

(关于这个公式的推导，有兴趣的读者请参看附注 5。)

3. 数值显示

问题

编程，将 data 段中的数据以十进制的形式显示出来。

```
data segment
  dw 123,12666,1,8,3,38
data ends
```

这些数据在内存中都是二进制信息，标记了数值的大小。要把它们显示到屏幕上，成为我们能够读懂的信息，需要进行信息的转化。比如，数值 12666，在机器中存储为二进制信息：0011000101111010B(317AH)，计算机可以理解它。而要在显示器上读到可以理解的数值 12666，我们看到的应该是一串字符："12666"。由于显卡遵循的是 ASCII 编码，为了让我们能在显示器上看到这串字符，它在机器中应以 ASCII 码的形式存储为：31H、32H、36H、36H、36H(字符"0"~"9"对应的 ASCII 码为 30H~39H)。

通过上面的分析可以看到，在概念世界中，有一个抽象的数据 12666，它表示了一个数值的大小。在现实世界中它可以有多种表示形式，可以在电子机器中以高低电平(二进制)的形式存储，也可以在纸上、黑板上、屏幕上以人类的语言"12666"来书写。现在，我们面临的问题就是，要将同一抽象的数据，从一种表示形式转化为另一种表示形式。

可见，要将数据用十进制形式显示到屏幕上，要进行两步工作：

(1) 将用二进制信息存储的数据转变为十进制形式的字符串；
(2) 显示十进制形式的字符串。

第二步我们在本次实验的第一个子程序中已经实现，在这里只要调用一下 show_str 即可。我们来讨论第一步，因为将二进制信息转变为十进制形式的字符串也是经常要用到的功能，我们应该为它编写一个通用的子程序。

子程序描述

名称：dtoc
功能：将 word 型数据转变为表示十进制数的字符串，字符串以 0 为结尾符。
参数：(ax)=word 型数据
　　　ds:si指向字符串的首地址
返回：无
应用举例：编程，将数据 12666 以十进制的形式在屏幕的 8 行 3 列，用绿色显示出来。在显示时我们调用本次实验中的第一个子程序 show_str。

```
assume cs:code

data segment
  db 10 dup (0)
data ends
```

```
code segment
  start:mov ax,12666
        mov bx,data
        mov ds,bx
        mov si,0
        call dtoc

        mov dh,8
        mov dl,3
        mov cl,2
        call show_str
        ⋮
        ⋮
        ⋮
code ends
end start
```

提示

下面我们对这个问题进行一下简单的分析。

(1) 要得到字符串“12666”，就是要得到一列表示该字符串的 ASCII 码：31H、32H、36H、36H、36H。

十进制数码字符对应的 ASCII 码 = 十进制数码值 + 30H。

要得到表示十进制数的字符串，先求十进制数每位的值。

例：对于 12666，先求得每位的值：1、2、6、6、6。再将这些数分别加上 30H，便得到了表示 12666 的 ASCII 码串：31H、32H、36H、36H、36H。

(2) 那么，怎样得到每位的值呢？采用下面的方法：

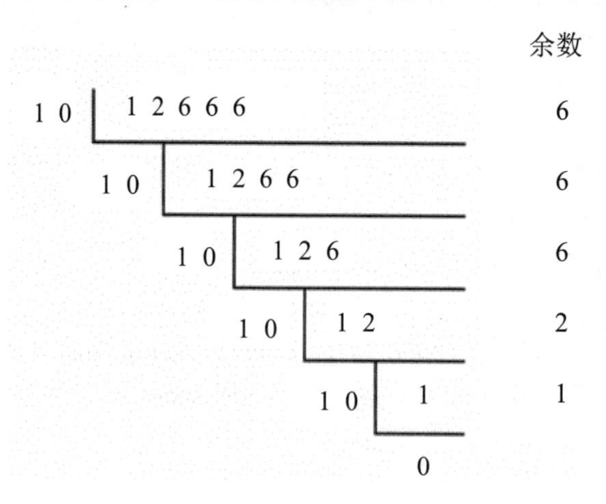

可见，用 10 除 12666，共除 5 次，记下每次的余数，就得到了每位的值。

(3) 综合以上分析，可得出处理过程如下。

用 12666 除以 10，循环 5 次，记下每次的余数；将每次的余数分别加 30H，便得到了表示十进制数的 ASCII 码串。如下：

	余数	+ 30H	ASCII 码串	字符串
10 ⌊ 12666	6		36H	‘6’
10 ⌊ 1266	6		36H	‘6’
10 ⌊ 126	6		36H	‘6’
10 ⌊ 12	2		32H	‘2’
10 ⌊ 1	1		31H	‘1’
0				

(4)　对(3)的质疑。

在已知数据是 12666 的情况下，知道进行 5 次循环。可在实际问题中，数据的值是多少程序员并不知道，也就是说，程序员不能事先确定循环次数。

那么，如何确定数据各位的值已经全部求出了呢？我们可以看出，只要是除到商为 0，各位的值就已经全部求出。可以使用 jcxz 指令来实现相关的功能。

课程设计 1

在整个课程中，我们一共有两个课程设计，编写两个比较综合的程序，这是第一个。

任务：将实验 7 中的 Power idea 公司的数据按照图 10.2 所示的格式在屏幕上显示出来。

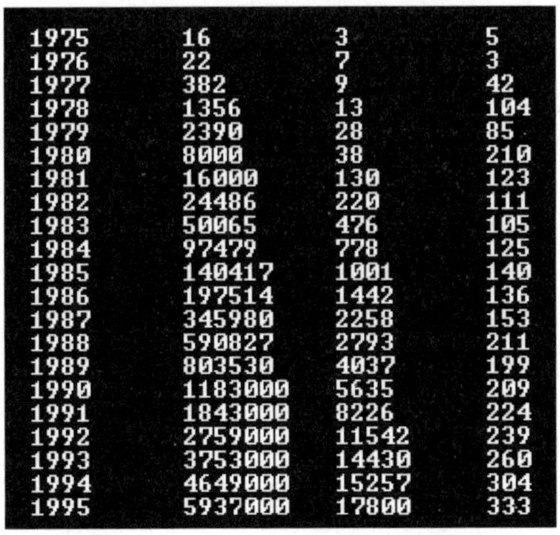

```
1975    16        3       5
1976    22        7       3
1977    382       9       42
1978    1356      13      104
1979    2390      28      85
1980    8000      38      210
1981    16000     130     123
1982    24486     220     111
1983    50065     476     105
1984    97479     778     125
1985    140417    1001    140
1986    197514    1442    136
1987    345980    2258    153
1988    590827    2793    211
1989    803530    4037    199
1990    1183000   5635    209
1991    1843000   8226    224
1992    2759000   11542   239
1993    3753000   14430   260
1994    4649000   15257   304
1995    5937000   17800   333
```

图 10.2　Power idea 公司的数据

在这个程序中，要用到我们前面学到的几乎所有的知识，注意选择适当的寻址方式和相关子程序的设计和应用。

另外，要注意，因为程序要显示的数据有些已经大于 65535，应该编写一个新的数据到字符串转化的子程序，完成 dword 型数据到字符串的转化，说明如下。

名称：dtoc
功能：将 dword 型数转变为表示十进制数的字符串，字符串以 0 为结尾符。
参数：(ax)=dword 型数据的低 16 位
　　　(dx)=dword型数据的高16位
　　　ds:si指向字符串的首地址
返回：无

在这个子程序中要注意除法溢出的问题，可以用我们在实验 10 中设计的子程序 divdw 来解决。

第 11 章　标志寄存器

CPU 内部的寄存器中，有一种特殊的寄存器(对于不同的处理机，个数和结构都可能不同)具有以下 3 种作用。

(1) 用来存储相关指令的某些执行结果；
(2) 用来为 CPU 执行相关指令提供行为依据；
(3) 用来控制 CPU 的相关工作方式。

这种特殊的寄存器在 8086CPU 中，被称为标志寄存器。8086CPU 的标志寄存器有 16 位，其中存储的信息通常被称为程序状态字(PSW)。我们已经使用过 8086CPU 的 ax、bx、cx、dx、si、di、bp、sp、IP、cs、ss、ds、es 等 13 个寄存器了，本章中的标志寄存器(以下简称为 flag)是我们要学习的最后一个寄存器。

flag 和其他寄存器不一样，其他寄存器是用来存放数据的，都是整个寄存器具有一个含义。而 flag 寄存器是按位起作用的，也就是说，它的每一位都有专门的含义，记录特定的信息。

8086CPU 的 flag 寄存器的结构如图 11.1 所示。

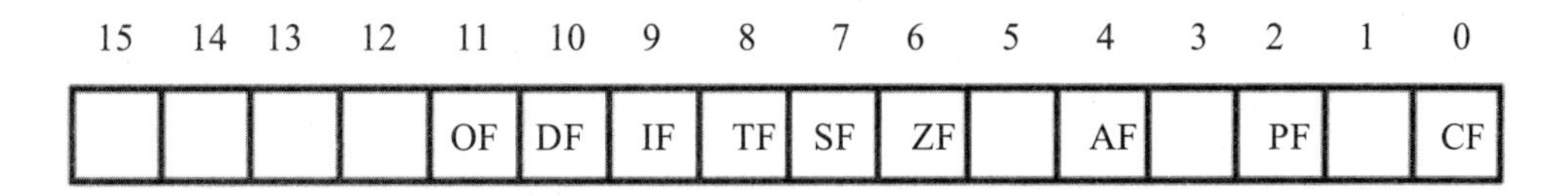

图 11.1　flag 寄存器各位示意图

flag 的 1、3、5、12、13、14、15 位在 8086CPU 中没有使用，不具有任何含义。而 0、2、4、6、7、8、9、10、11 位都具有特殊的含义。

在这一章中，我们学习标志寄存器中的 CF、PF、ZF、SF、OF、DF 标志位，以及一些与其相关的典型指令。

11.1　ZF 标志

flag 的第 6 位是 ZF，零标志位。它记录相关指令执行后，其结果是否为 0。如果结果为 0，那么 zf=1；如果结果不为 0，那么 zf=0。

比如，指令：

```
mov ax,1
sub ax,1
```

执行后，结果为 0，则 zf=1。

```
mov ax,2
sub ax,1
```

执行后，结果不为 0，则 zf=0。

对于 zf 的值，我们可以这样来看，zf 标记相关指令的计算结果是否为 0，如果为 0，则 zf 要记录下“是 0”这样的肯定信息。在计算机中 1 表示逻辑真，表示肯定，所以当结果为 0 的时候 zf=1，表示“结果是 0”。如果结果不为 0，则 zf 要记录下“不是 0”这样的否定信息。在计算机中 0 表示逻辑假，表示否定，所以当结果不为 0 的时候 zf=0，表示“结果不是 0”。

比如，指令：

```
mov ax,1
and ax,0
```

执行后，结果为 0，则 zf=1，表示“结果是 0”。

```
mov ax,1
or ax,0
```

执行后，结果不为 0，则 zf=0，表示“结果非 0”。

注意，在 8086CPU 的指令集中，有的指令的执行是影响标志寄存器的，比如，add、sub、mul、div、inc、or、and 等，它们大都是运算指令(进行逻辑或算术运算)；有的指令的执行对标志寄存器没有影响，比如，mov、push、pop 等，它们大都是传送指令。在使用一条指令的时候，要注意这条指令的全部功能，其中包括，执行结果对标志寄存器的哪些标志位造成影响。

11.2 PF 标志

flag 的第 2 位是 PF，奇偶标志位。它记录相关指令执行后，其结果的所有 bit 位中 1 的个数是否为偶数。如果 1 的个数为偶数，pf=1，如果为奇数，那么 pf=0。

比如，指令：

```
mov al,1
add al,10
```

执行后，结果为 00001011B，其中有 3(奇数)个 1，则 pf=0；

```
mov al,1
or al,2
```

执行后，结果为 00000011B，其中有 2(偶数)个 1，则 pf=1；

```
sub al,al
```

执行后，结果为 00000000B，其中有 0(偶数)个 1，则 pf=1。

11.3　SF 标志

flag 的第 7 位是 SF，符号标志位。它记录相关指令执行后，其结果是否为负。如果结果为负，sf=1；如果非负，sf=0。

计算机中通常用补码来表示有符号数据。计算机中的一个数据可以看作是有符号数，也可以看成是无符号数。比如：

00000001B，可以看作为无符号数 1，或有符号数+1；
10000001B，可以看作为无符号数 129，也可以看作有符号数-127。

这也就是说，对于同一个二进制数据，计算机可以将它当作无符号数据来运算，也可以当作有符号数据来运算。比如：

```
mov al,10000001B
add al,1
```

结果：(al)=10000010B。

可以将 add 指令进行的运算当作无符号数的运算，那么 add 指令相当于计算 129+1，结果为 130(10000010B)；也可以将 add 指令进行的运算当作有符号数的运算，那么 add 指令相当于计算-127+1，结果为-126(10000010B)。

不管我们如何看待，CPU 在执行 add 等指令的时候，就已经包含了两种含义，也将得到用同一种信息来记录的两种结果。关键在于我们的程序需要哪一种结果。

SF 标志，就是 CPU 对有符号数运算结果的一种记录，它记录数据的正负。在我们将数据当作有符号数来运算的时候，可以通过它来得知结果的正负。如果我们将数据当作无符号数来运算，SF 的值则没有意义，虽然相关的指令影响了它的值。

这也就是说，CPU 在执行 add 等指令时，是必然要影响到 SF 标志位的值的。至于我们需不需要这种影响，那就看我们如何看待指令所进行的运算了。

比如：

```
mov al,10000001B
add al,1
```

执行后，结果为 10000010B，sf=1，表示：如果指令进行的是有符号数运算，那么结果为负；

```
mov al,10000001B
add al,01111111B
```

执行后，结果为 0，sf=0，表示：如果指令进行的是有符号数运算，那么结果为非负。

某些指令将影响标志寄存器中的多个标记位，这些被影响的标记位比较全面地记录了指令的执行结果，为相关的处理提供了所需的依据。比如指令 sub al,al 执行后，ZF、PF、SF 等标志位都要受到影响，它们分别为：1、1、0。

检测点 11.1

写出下面每条指令执行后，ZF、PF、SF 等标志位的值。

```
sub al,al       ZF=______PF=______SF=______
mov al,1        ZF=______PF=______SF=______
push ax         ZF=______PF=______SF=______
pop bx          ZF=______PF=______SF=______
add al,bl       ZF=______PF=______SF=______
add al,10       ZF=______PF=______SF=______
mul al          ZF=______PF=______SF=______
```

11.4 CF 标志

flag 的第 0 位是 CF，进位标志位。一般情况下，在进行无符号数运算的时候，它记录了运算结果的最高有效位向更高位的进位值，或从更高位的借位值。

对于位数为 N 的无符号数来说，其对应的二进制信息的最高位，即第 N-1 位，就是它的最高有效位，而假想存在的第 N 位，就是相对于最高有效位的更高位，如图 11.2 所示。

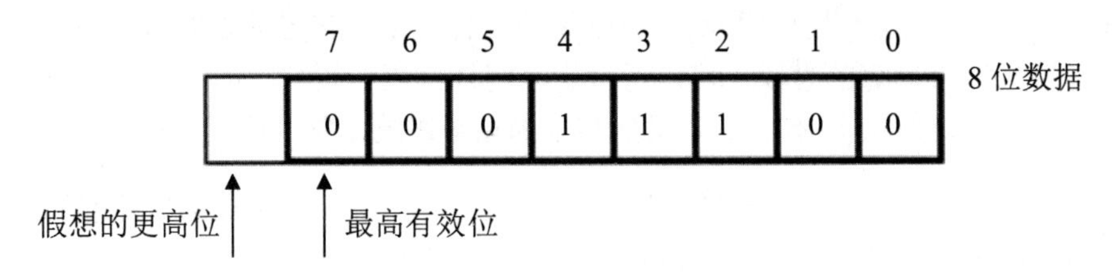

图 11.2 更高位

我们知道，当两个数据相加的时候，有可能产生从最高有效位向更高位的进位。比如，两个 8 位数据：98H+98H，将产生进位。由于这个进位值在 8 位数中无法保存，我们在前面的课程中，就只是简单地说这个进位值丢失了。其实 CPU 在运算的时候，并不丢弃这个进位值，而是记录在一个特殊的寄存器的某一位上。8086CPU 就用 flag 的 CF 位来记录这个进位值。比如，下面的指令：

```
mov al,98H
add al,al    ;执行后：(al)=30H，CF=1，CF 记录了从最高有效位向更高位的进位值
```

```
add al,al    ;执行后：(al)=60H，CF=0，CF 记录了从最高有效位向更高位的进位值
```

而当两个数据做减法的时候，有可能向更高位借位。比如，两个 8 位数据：97H-98H，将产生借位，借位后，相当于计算 197H-98H。而 flag 的 CF 位也可以用来记录这个借位值。比如，下面的指令：

```
mov al,97H
sub al,98H       ;执行后：(al)=FFH，CF=1，CF 记录了向更高位的借位值
sub al,al        ;执行后：(al)=0，CF=0，CF 记录了向更高位的借位值
```

11.5　OF 标志

我们先来谈谈溢出的问题。在进行有符号数运算的时候，如结果超过了机器所能表示的范围称为溢出。

那么，什么是机器所能表示的范围呢？

比如说，指令运算的结果用 8 位寄存器或内存单元来存放，比如，add al,3，那么对于 8 位的有符号数据，机器所能表示的范围就是-128~127。同理，对于 16 位有符号数据，机器所能表示的范围是-32768~32767。

如果运算结果超出了机器所能表达的范围，将产生溢出。

注意，这里所讲的溢出，只是对有符号数运算而言。下面我们看两个溢出的例子。

```
mov al,98
add al,99
```

执行后将产生溢出。因为 add al,99 进行的有符号数运算是：

(al)=(al)+99=98+99=197。

而结果 197 超出了机器所能表示的 8 位有符号数的范围：-128~127。

```
mov al,0F0H     ;F0H，为有符号数-16 的补码
add al,088H     ;88H，为有符号数-120 的补码
```

执行后，将产生溢出。因为 add al,088H 进行的有符号数运算是：

(al)=(al)+(-120)=(-16)+(-120)=-136

而结果-136 超出了机器所能表示的 8 位有符号数的范围：-128~127。

如果在进行有符号数运算时发生溢出，那么运算的结果将不正确。就上面的两个例子来说：

```
mov al,98
add al,99
```

add 指令运算的结果是(al)=0C5H，因为进行的是有符号数运算，所以 al 中存储的是有符号数，而 C5H 是有符号数-59 的补码。如果我们用 add 指令进行的是有符号数运算，则 98+99=-59 这样的结果让人无法接受。造成这种情况的原因，就是实际的结果 197，作为一个有符号数，在 8 位寄存器 al 中存放不下。

同样，对于：

```
mov al,0F0H    ;F0H，为有符号数-16 的补码
add al,088H    ;88H，为有符号数-120 的补码
```

add 指令运算的结果是(al)=78H，因为进行的是有符号数运算，所以 al 中存储的是有符号数，而 78H 表示有符号数 120。如果我们用 add 指令进行的是有符号数运算，则-16-120=120 这样的结果显然不正确。造成这种情况的原因，就是实际的结果-136，作为一个有符号数，在 8 位寄存器 al 中存放不下。

由于在进行有符号数运算时，可能发生溢出而造成结果的错误。则 CPU 需要对指令执行后是否产生溢出进行记录。

flag 的第 11 位是 OF，溢出标志位。一般情况下，OF 记录了有符号数运算的结果是否发生了溢出。如果发生溢出，OF=1；如果没有，OF=0。

一定要注意 CF 和 OF 的区别：CF 是对无符号数运算有意义的标志位，而 OF 是对有符号数运算有意义的标志位。比如：

```
mov al,98
add al,99
```

add 指令执行后：CF=0，OF=1。前面我们讲过，CPU 在执行 add 等指令的时候，就包含了两种含义：无符号数运算和有符号数运算。对于无符号数运算，CPU 用 CF 位来记录是否产生了进位；对于有符号数运算，CPU 用 OF 位来记录是否产生了溢出，当然，还要用 SF 位来记录结果的符号。对于无符号数运算，98+99 没有进位，CF=0；对于有符号数运算，98+99 发生溢出，OF=1。

```
mov al,0F0H
add al,88H
```

add 指令执行后：CF=1，OF=1。对于无符号数运算，0F0H+88H 有进位，CF=1；对于有符号数运算，0F0H+88H 发生溢出，OF=1。

```
mov al,0F0H
add al,78H
```

add 指令执行后：CF=1，OF=0。对于无符号运算，0F0H+78H 有进位，CF=1；对于有符号数运算，0F0H+78H 不发生溢出，OF=0。

我们可以看出，CF 和 OF 所表示的进位和溢出，是分别对无符号数和有符号数运算而言的，它们之间没有任何关系。

检测点 11.2

写出下面每条指令执行后，ZF、PF、SF、CF、OF 等标志位的值。

```
                  CF      OF     SF    ZF    PF
sub al,al
mov al,10H
add al,90H
mov al,80H
add al,80H
mov al,0FCH
add al,05H
mov al,7DH
add al,0BH
```

11.6　adc 指令

adc 是带进位加法指令，它利用了 CF 位上记录的进位值。

指令格式：adc 操作对象 1，操作对象 2
功能：操作对象 1 = 操作对象 1 + 操作对象 2 + CF
比如指令 adc ax,bx 实现的功能是：(ax)=(ax)+(bx)+ CF

例：

```
mov ax,2
mov bx,1
sub bx,ax
adc ax,1
```

执行后，(ax)=4。adc 执行时，相当于计算：(ax)+1+CF=2+1+1=4。

```
mov ax,1
add ax,ax
adc ax,3
```

执行后，(ax)=5。adc 执行时，相当于计算：(ax)+3+CF=2+3+0=5。

```
mov al,98H
add al,al
adc al,3
```

执行后，(al)=34H。adc 执行时，相当于计算：(al)+3+CF=30H+3+1=34H。

可以看出，adc 指令比 add 指令多加了一个 CF 位的值。

为什么要加上 CF 的值呢？CPU 为什么要提供这样一条指令呢？

先来看一下 CF 的值的含义。在执行 adc 指令的时候加上的 CF 的值的含义，是由 adc 指令前面的指令决定的，也就是说，关键在于所加上的 CF 值是被什么指令设置的。显然，如果 CF 的值是被 sub 指令设置的，那么它的含义就是借位值；如果是被 add 指令设置的，那么它的含义就是进位值。我们来看一下两个数据：0198H 和 0183H 如何相加的：

```
     01  98
+    01  83
        1
-----------
     03  1B
```

可以看出，加法可以分两步来进行：①低位相加；②高位相加再加上低位相加产生的进位值。

下面的指令和 add ax, bx 具有相同的结果：

```
add al,bl
adc ah,bh
```

看来 CPU 提供 adc 指令的目的，就是来进行加法的第二步运算的。adc 指令和 add 指令相配合就可以对更大的数据进行加法运算。我们来看一个例子：

编程，计算 1EF000H+201000H，结果放在 ax(高 16 位)和 bx(低 16 位)中。

因为两个数据的位数都大于 16，用 add 指令无法进行计算。我们将计算分两步进行，先将低 16 位相加，然后将高 16 位和进位值相加。程序如下。

```
mov ax,001EH
mov bx,0F000H
add bx,1000H
adc ax,0020H
```

adc 指令执行后，也可能产生进位值，所以也会对 CF 位进行设置。由于有这样的功能，我们就可以对任意大的数据进行加法运算。看一个例子：

编程，计算 1EF0001000H+2010001EF0H，结果放在 ax(最高 16 位)，bx(次高 16 位)，cx(低 16 位)中。

计算分 3 步进行：

(1) 先将低 16 位相加，完成后，CF 中记录本次相加的进位值；

(2) 再将次高 16 位和 CF(来自低 16 位的进位值)相加，完成后，CF 中记录本次相加的进位值；

(3) 最后高 16 位和 CF(来自次高 16 位的进位值)相加，完成后，CF 中记录本次相加的进位值。

程序如下。

```
mov ax,001EH
mov bx,0F000H
mov cx,1000H
add cx,1EF0H
adc bx,1000H
adc ax,0020H
```

下面编写一个子程序，对两个 128 位数据进行相加。

名称：add128
功能：两个 128 位数据进行相加。
参数：ds:si 指向存储第一个数的内存空间，因数据为 128 位，所以需要 8 个字单元，由低地址单元到高地址单元依次存放 128 位数据由低到高的各个字。运算结果存储在第一个数的存储空间中。

ds:di 指向存储第二个数的内存空间。

程序如下。

```
add128: push ax
        push cx
        push si
        push di

        sub ax,ax            ;将 CF 设置为 0

        mov cx,8
     s: mov ax,[si]
        adc ax,[di]
        mov [si],ax
        inc si
        inc si
        inc di
        inc di
        loop s

        pop di
        pop si
        pop cx
        pop ax
        ret
```

inc 和 loop 指令不影响 CF 位，思考一下，上面的程序中，能不能将 4 个 inc 指令，用

```
add si,2
add di,2
```

来取代？

11.7 sbb 指令

sbb 是带借位减法指令，它利用了 CF 位上记录的借位值。

指令格式：sbb 操作对象 1，操作对象 2
功能：操作对象 1=操作对象 1-操作对象 2-CF
比如指令 sbb ax,bx 实现的功能是：(ax)=(ax)-(bx)-CF

sbb 指令执行后，将对 CF 进行设置。利用 sbb 指令可以对任意大的数据进行减法运算。比如，计算 003E1000H-00202000H，结果放在 ax,bx 中，程序如下：

```
mov bx,1000H
mov ax,003EH
sub bx,2000H
sbb ax,0020H
```

sbb 和 adc 是基于同样的思想设计的两条指令，在应用思路上和 adc 类似。在这里，我们就不再进行过多的讨论。通过学习这两条指令，我们可以进一步领会一下标志寄存器 CF 位的作用和意义。

11.8 cmp 指令

cmp 是比较指令，cmp 的功能相当于减法指令，只是不保存结果。cmp 指令执行后，将对标志寄存器产生影响。其他相关指令通过识别这些被影响的标志寄存器位来得知比较结果。

cmp 指令格式：cmp 操作对象 1，操作对象 2
功能：计算操作对象 1-操作对象 2 但并不保存结果，仅仅根据计算结果对标志寄存器进行设置。
比如，指令 cmp ax,ax，做(ax)-(ax)的运算，结果为 0，但并不在 ax 中保存，仅影响 flag 的相关各位。指令执行后：zf=1，pf=1，sf=0，cf=0，of=0。

下面的指令：

```
mov ax,8
mov bx,3
cmp ax,bx
```

执行后：(ax)=8，zf=0，pf=1，sf=0，cf=0，of=0。

其实，我们通过 cmp 指令执行后，相关标志位的值就可以看出比较的结果。

```
cmp ax,bx
```

如果(ax)＝(bx) 则(ax)-(bx)＝0，所以：zf=1；
如果(ax)≠(bx) 则(ax)-(bx)≠0，所以：zf=0；
如果(ax)＜(bx) 则(ax)-(bx)将产生借位，所以：cf=1；
如果(ax)≥(bx) 则(ax)-(bx)不必借位，所以：cf=0；
如果(ax)＞(bx) 则(ax)-(bx)既不必借位，结果又不为 0，所以：cf=0 并且 zf=0；
如果(ax)≤(bx) 则(ax)-(bx)既可能借位，结果可能为 0，所以：cf=1 或 zf=1。

现在我们可以看出比较指令的设计思路，即：通过做减法运算，影响标志寄存器，标志寄存器的相关位记录了比较的结果。反过来看上面的例子。

指令 cmp ax,bx 的逻辑含义是比较 ax 和 bx 中的值，如果执行后：

zf=1，说明(ax)＝(bx)
zf=0，说明(ax)≠(bx)
cf=1，说明(ax)＜(bx)
cf=0，说明(ax)≥(bx)
cf=0 并且 zf=0，说明(ax)＞(bx)
cf=1 或 zf=1，说明(ax)≤(bx)

同 add、sub 指令一样，CPU 在执行 cmp 指令的时候，也包含两种含义：进行无符号数运算和进行有符号数运算。所以利用 cmp 指令可以对无符号数进行比较，也可以对有符号数进行比较。上面所讲的是用 cmp 进行无符号数比较时，相关标志位对比较结果的记录。下面我们再来看一下如果用 cmp 来进行有符号数比较时，CPU 用哪些标志位对比较结果进行记录。我们以 cmp ah,bh 为例进行说明。

```
cmp ah,bh
```

如果(ah)＝(bh) 则(ah)-(bh)＝0，所以：zf=1；
如果(ah)≠(bh) 则(ah)-(bh)≠0，所以：zf=0；

所以，根据 cmp 指令执行后 zf 的值，就可以知道两个数据是否相等。

我们继续看，如果(ah)＜(bh)则可能发生什么情况呢？

对于有符号数运算，在(ah)＜(bh)情况下，(ah)-(bh)显然可能引起 sf=1，即结果为负。

比如：

(ah)=1，(bh)=2；则(ah)-(bh)=0FFH，0FFH 为-1 的补码，因为结果为负，所以 sf=1。
(ah)=0FEH，(bh)=0FFH；则(ah)-(bh)=-2-(-1)=0FFH，因为结果为负，所以 sf=1。

通过上面的例子，我们是不是可以得到这样的结论：“cmp 操作对象 1,操作对象 2”指令执行后，sf=1，就说明操作对象 1＜操作对象 2？

当然不是。

我们再看两个例子。

(ah)=22H，(bh)=0A0H；则(ah)-(bh)=34-(-96)=82H，82H 是-126 的补码
所以 sf=1

这里虽然 sf=1，但是并不能说明(ah)＜(bh)因为显然 34>-96。

两个有符号数 A 和 B 相减，得到的是负数，那么可以肯定 A<B，这个思路没有错误，关键在于我们根据什么来断定得到的是一个负数。CPU 将 cmp 指令得到的结果记录在 flag 的相关标志位中。我们可以根据指令执行后，相关标志位的值来判断比较的结果。单纯地考查 sf 的值不可能知道结果的正负。因为 sf 记录的只是可以在计算机中存放的相应位数的结果的正负。比如 add ah,al 执行后，sf 记录的是 ah 中的 8 位二进制信息所表示的数据的正负。cmp ah,bh 执行后，sf 记录的是(ah)-(bh)所得到的 8 位结果数据的正负，虽然这个结果没有在我们能够使用的寄存器或内存单元中保存，但是在指令执行的过程中，它暂存在 CPU 内部的暂存器中。

所得到的相应结果的正负，并不能说明，运算所应该得到的结果的正负。这是因为在运算的过程中可能发生溢出。如果有这样的情况发生，那么，sf 的值就不能说明任何问题。比如：

```
mov ah,22H
mov bh,0A0H
sub ah,bh
```

结果 sf=1，运算实际得到的结果是(ah)=82H，但是在逻辑上，运算所应该得到的结果是：34-(-96)=130。就是因为 130 这个结果作为一个有符号数超出了-128~127 这个范围，在 ah 中不能表示，而 ah 中的结果被 CPU 当作有符号数解释为-126。而 sf 被用来记录这个实际结果的正负，所以 sf=1。但 sf=1 不能说明在逻辑上，运算所得的正确结果的正负。

又比如：

```
mov ah,08AH
mov bh,070h
cmp ah,bh
```

结果 sf=0，运算(ah)-(bh)实际得到的结果是 1AH，但是在逻辑上，运算所应该得到的结果是：(-118)-112=-230。sf 记录实际结果的正负，所以 sf=0。但 sf=0 不能说明在逻辑上，运算所得的正确结果。

但是逻辑上的结果的正负，才是 cmp 指令所求的真正结果，因为我们就是要靠它得到两个操作对象的比较信息。所以 cmp 指令所作的比较结果，不是仅仅靠 sf 就能记录的，因为它只能记录实际结果的正负。

我们考虑一下，两种结果之间的关系，实际结果的正负，和逻辑上真正结果的正负，它们之间有多大的距离呢？从上面的分析中，我们知道，实际结果的正负，之所以不能说

明逻辑上真正结果的正负，关键的原因在于发生了溢出。如果没有溢出发生的话，那么，实际结果的正负和逻辑上真正结果的正负就一致了。

所以，我们应该在考查 sf(得知实际结果的正负)的同时考查 of(得知有没有溢出)，就可以得知逻辑上真正结果的正负，同时就可以知道比较的结果。

下面，我们以 cmp ah,bh 为例，总结一下 CPU 执行 cmp 指令后，sf 和 of 的值是如何来说明比较的结果的。

(1)　如果 sf=1，而 of=0
of=0，说明没有溢出，逻辑上真正结果的正负=实际结果的正负；
因 sf=1，实际结果为负，所以逻辑上真正的结果为负，所以(ah)＜(bh)。

(2)　如果 sf=1，而 of=1：
of=1，说明有溢出，逻辑上真正结果的正负≠实际结果的正负；
因 sf=1，实际结果为负。
实际结果为负，而又有溢出，这说明是由于溢出导致了实际结果为负，简单分析一下，就可以看出，**如果因为溢出导致了实际结果为负，那么逻辑上真正的结果必然为正。**
这样，sf=1，of=1，说明了(ah)＞(bh)。

(3)　如果 sf=0，而 of=1
of=1，说明有溢出，逻辑上真正结果的正负≠实际结果的正负；
因 sf=0，实际结果非负。而 of=1 说明有溢出，则结果非 0，所以，实际结果为正。
实际结果为正，而又有溢出，这说明是由于溢出导致了实际结果非负，简单分析一下，就可以看出，**如果因为溢出导致了实际结果为正，那么逻辑上真正的结果必然为负。**
这样，sf=0，of=1，说明了(ah)＜(bh)。

(4)　如果 sf=0，而 of=0
of=0，说明没有溢出，逻辑上真正结果的正负=实际结果的正负；
因 sf=0，实际结果非负，所以逻辑上真正的结果非负，所以(ah)≥(bh)。

上面，我们深入讨论了 cmp 指令在进行有符号数和无符号数比较时，对 flag 相关标志位的影响，和 CPU 如何通过相关的标志位来表示比较的结果。在学习中，要注意领会 8086CPU 这种工作机制的设计思想。实际上，这种设计思想对于各种处理机来说是普遍的。

下面的内容中我们将学习一些根据 cmp 指令的比较结果(即 cmp 指令执行后，相关标志位的值)进行工作的指令。

11.9　检测比较结果的条件转移指令

“转移”指的是它能够修改 IP，而“条件”指的是它可以根据某种条件，决定是否修改 IP。

比如，jcxz 就是一个条件转移指令，它可以检测 cx 中的数值，如果(cx)=0，就修改 IP，否则什么也不做。所有条件转移指令的转移位移都是[-128,127]。

除了 jcxz 之外，CPU 还提供了其他条件转移指令，大多数条件转移指令都检测标志寄存器的相关标志位，根据检测的结果来决定是否修改 IP。它们检测的是哪些标志位呢？就是被 cmp 指令影响的那些，表示比较结果的标志位。这些条件转移指令通常都和 cmp 相配合使用，就好像 call 和 ret 指令通常相配合使用一样。

因为 cmp 指令可以同时进行两种比较，无符号数比较和有符号数比较，所以根据 cmp 指令的比较结果进行转移的指令也分为两种，即根据无符号数的比较结果进行转移的条件转移指令(它们检测 zf、cf 的值)和根据有符号数的比较结果进行转移的条件转移指令(它们检测 sf、of 和 zf 的值)。

下面是常用的根据无符号数的比较结果进行转移的条件转移指令。

指令	含义	检测的相关标志位
je	等于则转移	zf=1
jne	不等于则转移	zf=0
jb	低于则转移	cf=1
jnb	不低于则转移	cf=0
ja	高于则转移	cf=0 且 zf=0
jna	不高于则转移	cf=1 或 zf=1

这些指令比较常用，它们都很好记忆，它们的第一个字母都是 j，表示 jump；后面的字母表示意义如下。

e：表示 equal

ne：表示 not equal

b：表示 below

nb：表示 not below

a：表示 above

na：表示 not above

注意观察一下它们所检测的标志位，都是 cmp 指令进行无符号数比较的时候，记录比较结果的标志位。比如 je，检测 zf 位，当 zf=1 的时候进行转移，如果在 je 前面使用了 cmp 指令，那么 je 对 zf 的检测，实际上就是间接地检测 cmp 的比较结果是否为两数相等。下面看一个例子。

编程实现如下功能：

如果(ah)=(bh)则(ah)=(ah)+(ah)，否则(ah)=(ah)+(bh)。

```
cmp ah,bh
je s
add ah,bh
jmp short ok
```

```
  s:add ah,ah
ok: …
```

上面的程序执行时，如果(ah)=(bh)，则 cmp ah,bh 使 zf=1，而 je 检测 zf 是否为 1，如果为 1，将转移到标号 s 处执行指令 add ah,ah。这也可以说，cmp 比较 ah、bh 后所得到的相等的结果使得 je 指令进行转移。从而很好地体现了 je 指令的逻辑含义，相等则转移。

虽然 je 的逻辑含义是“相等则转移”，但它进行的操作是 zf=1 时则转移。“相等则转移”这种逻辑含义，是通过和 cmp 指令配合使用来体现的，因为是 cmp 指令为“zf=1”赋予了“两数相等”的含义。

至于究竟在 je 之前使不使用 cmp 指令，在于我们的安排。je 检测的是 zf 位置，不管 je 前面是什么指令，只要 CPU 执行 je 指令时，zf=1，那么就会发生转移，比如：

```
    mov ax,0
    add ax,0
    je s
    inc ax
 s: inc ax
```

执行后，(ax)=1。add ax,0 使得 zf=1，所以 je 指令将进行转移。可在这个时候发生的转移的确不带有“相等则转移”的含义。因为此处的 je 指令检测到的 zf=1，不是由 cmp 等比较指令设置的，而是由 add 指令设置的，并不具有“两数相等”的含义。但无论“zf=1”的含义如何，是什么指令设置的，只要是 zf=1，就可以使得 je 指令发生转移。

CPU 提供了 cmp 指令，也提供了 je 等条件转移指令，如果将它们配合使用，可以实现根据比较结果进行转移的功能。但这只是“如果”，只是一种合理的建议，和事实上常用的方法。但究竟是否配合使用它们，完全是你自己的事情。这就好像 call 和 ret 指令的关系一样。

对于 jne、jb、jnb、ja、jna 等指令和 cmp 指令配合使用的思想和 je 相同，可以自己分析一下。

虽然我们分别讨论了 cmp 指令和与其比较结果相关的有条件转移指令，但是它们经常在一起配合使用。所以我们在联合应用它们的时候，不必再考虑 cmp 指令对相关标志位的影响和 je 等指令对相关标志位的检测。因为相关的标志位，只是为 cmp 和 je 等指令传递比较结果。我们可以直接考虑 cmp 和 je 等指令配合使用时，表现出来的逻辑含义。它们在联合使用的时候表现出来的功能有些像高级语言中的 IF 语句。

我们来看下面的一组程序。

data 段中的 8 个字节如下：

```
data segment
  db 8,11,8,1,8,5,63,38
data ends
```

(1) 编程，统计 data 段中数值为 8 的字节的个数，用 ax 保存统计结果。

编程思路：初始设置(ax)=0，然后用循环依次比较每个字节的值，找到一个和 8 相等的数就将 ax 的值加 1。程序如下。

```
        mov ax,data
        mov ds,ax
        mov bx,0                ;ds:bx 指向第一个字节
        mov ax,0                ;初始化累加器
        mov cx,8
     s: cmp byte ptr [bx],8     ;和 8 进行比较
        jne  next               ;如果不相等转到 next，继续循环
        inc ax                  ;如果相等就将计数值加 1
   next:inc bx
        loop s                  ;程序执行后：(ax)=3
```

这个程序也可以写成这样：

```
           mov ax,data
           mov ds,ax
           mov bx,0                ;ds:bx 指向第一个字节
           mov ax,0                ;初始化累加器
           mov cx,8
     s:    cmp byte ptr [bx],8     ;和 8 进行比较
           je  ok                  ;如果相等转到 ok
           jmp short next          ;如果不相等就转 next，继续循环
    ok:    inc ax                  ;如果相等就将计数值加 1
  next:    inc bx
           loop s
```

比起第一个程序，它直接地遵循了“等于 8 则计数值加 1”的原则，用 je 指令检测等于 8 的情况，但是没有第一个程序精简。第一个程序用 jne 检测不等于 8 的情况，从而间接地检测等于 8 的情况。要注意在使用 cmp 和条件转移指令时的这种编程思想。

(2) 编程，统计 data 段中数值大于 8 的字节的个数，用 ax 保存统计结果。

编程思路：初始设置(ax)=0，然后用循环依次比较每个字节的值，找到一个大于 8 的就将 ax 的值加 1。程序如下。

```
        mov ax,data
        mov ds,ax
        mov ax,0                ;初始化累加器
        mov bx,0                ;ds:bx 指向第一个字节
```

```
        mov cx,8
   s:   cmp byte ptr [bx],8     ;和 8 进行比较
        jna  next               ;如果不大于 8 转到 next，继续循环
        inc ax                  ;如果大于 8 就将计数值加 1
next:   inc bx
        loop s
```

程序执行后：(ax)=3

(3) 编程，统计 data 段中数值小于 8 的字节的个数，用 ax 保存统计结果。

编程思路：初始设置(ax)=0，然后用循环依次比较每个字节的值，找到一个小于 8 的就将 ax 的值加 1。程序如下。

```
        mov ax,data
        mov ds,ax
        mov ax,0                ;初始化累加器
        mov bx,0                ;ds:bx 指向第一个字节
        mov cx,8
   s:   cmp byte ptr [bx],8     ;和 8 进行比较
        jnb  next               ;如果不小于 8 转到 next，继续循环
        inc ax                  ;如果小于 8 就将计数值加 1
next:   inc bx
        loop s
```

程序执行后：(ax)=2

上面讲解了根据无符号数的比较结果进行转移的条件转移指令。根据有符号数的比较结果进行转移的条件转移指令的工作原理和无符号的相同，只是检测了不同的标志位。我们在这里主要探讨的是 cmp、标志寄存器的相关位、条件转移指令三者配合应用的原理，这个原理具有普遍性，而不是逐条讲解条件转移指令。对这些指令感兴趣的读者可以查看相关的指令手册。

检测点 11.3

(1) 补全下面的程序，统计 F000:0 处 32 个字节中，大小在[32,128]的数据的个数。

```
mov ax,0f000h
mov ds,ax

mov bx,0
mov dx,0
mov cx,32
```

```
s:   mov al,[bx]
     cmp al,32
     ____________
     cmp al,128
     ____________
     inc dx
s0:  inc bx
     loop s
```

(2) 补全下面的程序，统计 F000:0 处 32 个字节中，大小在(32,128)的数据的个数。

```
     mov ax,0f000h
     mov ds,ax

     mov bx,0
     mov dx,0
     mov cx,32
s:   mov al,[bx]
     cmp al,32
     ____________
     cmp al,128
     ____________
     inc dx
s0:  inc bx
     loop s
```

11.10 DF 标志和串传送指令

flag 的第 10 位是 DF，方向标志位。在串处理指令中，控制每次操作后 si、di 的增减。

df=0 每次操作后 si、di 递增；
df=1 每次操作后 si、di 递减。

我们来看下面的一个串传送指令。

格式：movsb
功能：执行 movsb 指令相当于进行下面几步操作。

(1) ((es)*16+(di))=((ds)*16+(si))
(2) 如果 df=0 则： (si)=(si)+1
(di)=(di)+1

如果 df=1 则：　　(si)=(si)-1
　　　　　　　　　(di)=(di)-1

用汇编语法描述 movsb 的功能如下。

```
mov es:[di],byte ptr ds:[si]   ;8086 并不支持这样的指令，这里只是个描述

如果 df=0:
inc si
inc di

如果 df=1:
dec si
dec di
```

可以看出，movsb 的功能是将 ds:si 指向的内存单元中的字节送入 es:di 中，然后根据标志寄存器 df 位的值，将 si 和 di 递增或递减。

当然，也可以传送一个字，指令如下。

格式：movsw

movsw 的功能是将 ds:si 指向的内存字单元中的字送入 es:di 中，然后根据标志寄存器 df 位的值，将 si 和 di 递增 2 或递减 2。

用汇编语法描述 movsw 的功能如下。

```
mov es:[di],word ptr ds:[si]    ;8086 并不支持这样的指令，这里只是个描述

如果 df=0:
add si,2
add di,2

如果 df=1:
sub si,2
sub di,2
```

movsb 和 movsw 进行的是串传送操作中的一个步骤，一般来说，movsb 和 movsw 都和 rep 配合使用，格式如下：

```
rep movsb
```

用汇编语法来描述 rep movsb 的功能就是：

```
s:movsb
  loop s
```

可见，rep 的作用是根据 cx 的值，重复执行后面的串传送指令。由于每执行一次 movsb 指令 si 和 di 都会递增或递减指向后一个单元或前一个单元，则 rep movsb 就可以循环实现(cx)个字符的传送。

同理，也可以使用这样的指令：rep movsw。

相当于：

```
s:movsw
  loop s
```

由于 flag 的 df 位决定着串传送指令执行后，si 和 di 改变的方向，所以 CPU 应该提供相应的指令来对 df 位进行设置，从而使程序员能够决定传送的方向。

8086CPU 提供下面两条指令对 df 位进行设置。

cld 指令：将标志寄存器的 df 位置 0
std 指令：将标志寄存器的 df 位置 1

我们来看下面的两个程序。

(1) 编程，用串传送指令，将 data 段中的第一个字符串复制到它后面的空间中。

```
data segment
  db 'Welcome to masm!'
  db 16 dup (0)
data ends
```

我们分析一下，使用串传送指令进行数据的传送，需要给它提供一些必要的信息，它们是：

① 传送的原始位置：ds:si；
② 传送的目的位置：es:di；
③ 传送的长度：cx；
④ 传送的方向：df。

在这个问题中，这些信息如下。

① 传送的原始位置：data:0；
② 传送的目的位置：data:0010；
③ 传送的长度：16；
④ 传送的方向：因为正向传送(每次串传送指令执行后，si 和 di 递增)比较方便，所以设置 df=0。

好了，明确了这些信息之后，我们来编写程序：

```
mov ax,data
mov ds,ax
mov si,0            ;ds:si 指向 data:0
mov es,ax
mov di,16           ;es:di 指向 data:0010
mov cx,16           ;(cx)=16，rep 循环 16 次
cld                 ;设置 df=0，正向传送
rep movsb
```

(2) 编程，用串传送指令，将 F000H 段中的最后 16 个字符复制到 data 段中。

```
data segment
  db 16 dup (0)
data ends
```

我们还是先来看一下应该为串传送指令提供什么样的信息。

要传送的字符串位于 F000H 段的最后 16 个单元中，那么它的最后一个字符的位置：F000:FFFF，是显而易见的。可以将 ds:si 指向 F000H 段的最后一个单元，将 es:di 指向 data 段中的最后一个单元，然后逆向(即从高地址向低地址)传送 16 个字节即可。

① 传送的原始位置：F000:FFFF；
② 传送的目的位置：data:000F；
③ 传送的长度：16；
④ 传送的方向：因为逆向传送(每次串传送指令执行后，si 和 di 递减)比较方便，所以设置 df=1。

程序如下。

```
mov ax,0f000h
mov ds,ax
mov si,0ffffh          ;ds:si 指向 f000:ffff
mov ax,data
mov es,ax
mov di,15              ;es:di 指向 data:000F
mov cx,16              ;(cx)=16，rep 循环 16 次
std                    ;设置 df=1，逆向传送
rep movsb
```

11.11　pushf 和 popf

pushf 的功能是将标志寄存器的值压栈，而 popf 是从栈中弹出数据，送入标志寄存器中。

pushf 和 popf，为直接访问标志寄存器提供了一种方法。

检测点 11.4

下面的程序执行后：(ax)=?

```
mov ax,0
push ax
popf
mov ax,0fff0h
add ax,0010h
pushf
```

```
pop ax
and al,11000101B
and ah,00001000B
```

11.12 标志寄存器在 Debug 中的表示

在 Debug 中，标志寄存器是按照有意义的各个标志位单独表示的。在 Debug 中，我们可以看到下面的信息。

```
AX=0000  BX=0000  CX=0000  DX=0000  SP=FFEE  BP=0000  SI=0000  DI=0000
DS=****  ES=****  SS=****  CS=****  IP=0100  NV UP EI PL NZ NA PO NC
                                             ↑  ↑     ↑  ↑     ↑  ↑
                                             OF DF    SF ZF    PF CF
```

下面列出 Debug 对我们已知的标志位的表示。

标志	值为 1 的标记	值为 0 的标记
of	OV	NV
sf	NG	PL
zf	ZR	NZ
pf	PE	PO
cf	CY	NC
df	DN	UP

实验 11 编写子程序

编写一个子程序，将包含任意字符，以 0 结尾的字符串中的小写字母转变成大写字母，描述如下。

名称：letterc
功能：将以 0 结尾的字符串中的小写字母转变成大写字母
参数：ds:si 指向字符串首地址

应用举例：

```
assume  cs:codesg

datasg segment
    db "Beginner's All-purpose Symbolic Instruction Code.",0
datasg ends
```

```
codesg segment

  begin: mov ax,datasg
         mov ds,ax
         mov si,0
         call letterc

         mov ax,4c00h
         int 21h

letterc:
           ⋮
codesg ends
end begin
```

注意需要进行转化的是字符串中的小写字母 a~z，而不是其他字符。

第 12 章　内　中　断

任何一个通用的 CPU，比如 8086，都具备一种能力，可以在执行完当前正在执行的指令之后，检测到从 CPU 外部发送过来的或内部产生的一种特殊信息，并且可以立即对所接收到的信息进行处理。这种特殊的信息，我们可以称其为：中断信息。中断的意思是指，CPU 不再接着(刚执行完的指令)向下执行，而是转去处理这个特殊信息。

注意，我们这里所说的中断信息，是为了便于理解而采用的一种逻辑上的说法。它是对几个具有先后顺序的硬件操作所产生的事件的统一描述。“中断信息”是要求 CPU 马上进行某种处理，并向所要进行的该种处理提供了必备的参数的通知信息。因为本书的内容不是微机原理与接口或组成原理，我们只能用一些便于理解的说法来描述一些比较复杂的机器工作原理，从而使学习者忽略一些和我们的学习重心无关的内容。但笔者又需要对这些问题有一个严谨的交代，所以，有了这些补充说明的文字。如果你不理解这些文字所讲的东西，就不必去理解了。

中断信息可以来自 CPU 的内部和外部，这一章中，我们主要讨论来自于 CPU 内部的中断信息。

12.1　内中断的产生

当 CPU 的内部有什么事情发生的时候，将产生需要马上处理的中断信息呢？对于 8086CPU，当 CPU 内部有下面的情况发生的时候，将产生相应的中断信息。

(1) 除法错误，比如，执行 div 指令产生的除法溢出；
(2) 单步执行；
(3) 执行 into 指令；
(4) 执行 int 指令。

我们现在不要去管这 4 种情况的具体含义，只要知道 CPU 内部有 4 种情况可以产生需要及时处理的中断信息即可。虽然我们现在并不很清楚，这 4 种情况到底是什么，但是有一点是很清楚的，即，它们是不同的信息。既然是不同的信息，就需要进行不同的处理。要进行不同的处理，CPU 首先要知道，所接收到的中断信息的来源。所以中断信息中必须包含识别来源的编码。8086CPU 用称为中断类型码的数据来标识中断信息的来源。中断类型码为一个字节型数据，可以表示 256 种中断信息的来源。以后，我们将产生中断信息的事件，即中断信息的来源，简称为中断源，上述的 4 种中断源，在 8086CPU 中的中断类型码如下。

(1) 除法错误：0
(2) 单步执行：1

(3) 执行 into 指令：4

(4) 执行 int 指令，该指令的格式为 int n，指令中的 n 为字节型立即数，是提供给 CPU 的中断类型码。

12.2　中断处理程序

CPU 收到中断信息后，需要对中断信息进行处理。而如何对中断信息进行处理，可以由我们编程决定。我们编写的，用来处理中断信息的程序被称为中断处理程序。一般来说，需要对不同的中断信息编写不同的处理程序。

CPU 在收到中断信息后，应该转去执行该中断信息的处理程序。我们知道，若要 8086CPU 执行某处的程序，就要将 CS:IP 指向它的入口(即程序第一条指令的地址)。可见首要的问题是，CPU 在收到中断信息后，如何根据中断信息确定其处理程序的入口。

CPU 的设计者必须在中断信息和其处理程序的入口地址之间建立某种联系，使得 CPU 根据中断信息可以找到要执行的处理程序。

我们知道，中断信息中包含有标识中断源的类型码。根据 CPU 的设计，中断类型码的作用就是用来定位中断处理程序。比如 CPU 根据中断类型码 4，就可以找到 4 号中断的处理程序。可随之而来的问题是，若要定位中断处理程序，需要知道它的段地址和偏移地址，而如何根据 8 位的中断类型码得到中断处理程序的段地址和偏移地址呢？

12.3　中断向量表

CPU 用 8 位的中断类型码通过中断向量表找到相应的中断处理程序的入口地址。那么什么是中断向量表呢？中断向量表就是中断向量的列表。那么什么又是中断向量呢？所谓中断向量，就是中断处理程序的入口地址。展开来讲，中断向量表，就是中断处理程序入口地址的列表。

中断向量表在内存中保存，其中存放着 256 个中断源所对应的中断处理程序的入口，如图 12.1 所示。

0号中断源对应的中断处理程序的入口地址
1号中断源对应的中断处理程序的入口地址
2号中断源对应的中断处理程序的入口地址
3号中断源对应的中断处理程序的入口地址
⋮

图 12.1　中断向量表

可以看到，CPU 只要知道了中断类型码，就可以将中断类型码作为中断向量表的表项号，定位相应的表项，从而得到中断处理程序的入口地址。

可见，CPU 用中断类型码，通过查找中断向量表，就可以得到中断处理程序的入口地址。在这个方案中，一个首要的问题是，CPU 如何找到中断向量表？现在，找到中断向量表成了通过中断类型码找到中断处理程序入口地址的先决条件。

中断向量表在内存中存放，对于 8086PC 机，中断向量表指定放在内存地址 0 处。从内存 0000:0000 到 0000:03FF 的 1024 个单元中存放着中断向量表。能不能放在别处呢？不能，如果使用 8086CPU，中断向量表就必须放在 0000:0000~0000:03FF 单元中，这是规定，因为 8086CPU 就从这个地方读取中断向量表。

那么在中断向量表中，一个表项占多大的空间呢？一个表项存放一个中断向量，也就是一个中断处理程序的入口地址，对于 8086CPU，这个入口地址包括段地址和偏移地址，所以一个表项占两个字，高地址字存放段地址，低地址字存放偏移地址。

检测点 12.1

(1) 用 Debug 查看内存，情况如下：

```
0000:0000  68 10 A7 00 8B 01 70 00-16 00 9D 03 8B 01 70 00
```

则 3 号中断源对应的中断处理程序的入口地址为：_________。

(2) 存储 N 号中断源对应的中断处理程序入口的偏移地址的内存单元的地址为：______。

存储 N 号中断源对应的中断处理程序入口的段地址的内存单元的地址为：______。

12.4 中 断 过 程

从上面的讲解中，我们知道，可以用中断类型码，在中断向量表中找到中断处理程序的入口。找到这个入口地址的最终目的是用它设置 CS 和 IP，使 CPU 执行中断处理程序。用中断类型码找到中断向量，并用它设置 CS 和 IP，这个工作是由 CPU 的硬件自动完成的。CPU 硬件完成这个工作的过程被称为中断过程。

CPU 收到中断信息后，要对中断信息进行处理，首先将引发中断过程。硬件在完成中断过程后，CS:IP 将指向中断处理程序的入口，CPU 开始执行中断处理程序。

有一个问题需要考虑，CPU 在执行完中断处理程序后，应该返回原来的执行点继续执行下面的指令。所以在中断过程中，在设置 CS:IP 之前，还要将原来的 CS 和 IP 的值保存起来。在使用 call 指令调用子程序时有同样的问题，子程序执行后还要返回到原来的执行点继续执行，所以，call 指令先保存当前 CS 和 IP 的值，然后再设置 CS 和 IP。

下面是 8086CPU 在收到中断信息后，所引发的中断过程。

(1) (从中断信息中)取得中断类型码；
(2) 标志寄存器的值入栈(因为在中断过程中要改变标志寄存器的值，所以先将其保存在栈中)；
(3) 设置标志寄存器的第 8 位 TF 和第 9 位 IF 的值为 0(这一步的目的后面将介绍)；
(4) CS 的内容入栈；

(5) IP 的内容入栈；

(6) 从内存地址为中断类型码*4 和中断类型码*4+2 的两个字单元中读取中断处理程序的入口地址设置 IP 和 CS。

CPU 在收到中断信息之后，如果处理该中断信息，就完成一个由硬件自动执行的中断过程(程序员无法改变这个过程中所要做的工作)。中断过程的主要任务就是用中断类型码在中断向量表中找到中断处理程序的入口地址，设置 CS 和 IP。因为中断处理程序执行完成后，CPU 还要回过头来继续执行被中断的程序，所以要在设置 CS、IP 之前，先将它们的值保存起来。可以看到 CPU 将它们保存在栈中。我们注意到，在中断过程中还要做的一个工作就是设置标志寄存器的 TF、IF 位，对于这样做的目的，我们将在后面的内容和下一章中进行讨论。因为在执行完中断处理程序后，需要恢复在进入中断处理程序之前的 CPU 现场(某一时刻，CPU 中各个寄存器的值)。所以应该在修改标记寄存器之前，将它的值入栈保存。

我们更简洁地描述中断过程，如下：

(1) 取得中断类型码 N；
(2) pushf
(3) TF=0，IF=0
(4) push CS
(5) push IP
(6) (IP)=(N*4)，(CS)=(N*4+2)

在最后一步完成后，CPU 开始执行由程序员编写的中断处理程序。

12.5 中断处理程序和 iret 指令

由于 CPU 随时都可能检测到中断信息，也就是说，CPU 随时都可能执行中断处理程序，所以中断处理程序必须一直存储在内存某段空间之中。而中断处理程序的入口地址，即中断向量，必须存储在对应的中断向量表表项中。

中断处理程序的编写方法和子程序的比较相似，下面是常规的步骤：

(1) 保存用到的寄存器；
(2) 处理中断；
(3) 恢复用到的寄存器；
(4) 用 iret 指令返回。

iret 指令的功能用汇编语法描述为：

```
pop IP
pop CS
popf
```

iret 通常和硬件自动完成的中断过程配合使用。可以看到，在中断过程中，寄存器入栈的顺序是标志寄存器、CS、IP，而 iret 的出栈顺序是 IP、CS、标志寄存器，刚好和其相对应，实现了用执行中断处理程序前的 CPU 现场恢复标志寄存器和 CS、IP 的工作。iret 指令执行后，CPU 回到执行中断处理程序前的执行点继续执行程序。

12.6　除法错误中断的处理

下面的内容中，我们通过对 0 号中断，即除法错误中断的处理，来体会一下前面所讲的内容。

当 CPU 执行 div 等除法指令的时候，如果发生了除法溢出错误，将产生中断类型码为 0 的中断信息，CPU 将检测到这个信息，然后引发中断过程，转去执行 0 号中断所对应的中断处理程序。我们看一下下面程序的执行结果，如图 12.2 所示(不同的操作系统下显示可能不同)。

```
mov ax,1000h
mov bh,1
div bh
```

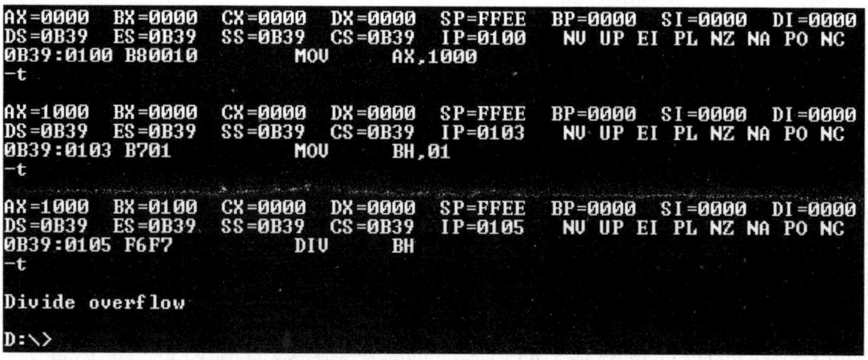

```
AX=0000  BX=0000  CX=0000  DX=0000  SP=FFEE  BP=0000  SI=0000  DI=0000
DS=0B39  ES=0B39  SS=0B39  CS=0B39  IP=0100   NV UP EI PL NZ NA PO NC
0B39:0100 B80010        MOV     AX,1000
-t

AX=1000  BX=0000  CX=0000  DX=0000  SP=FFEE  BP=0000  SI=0000  DI=0000
DS=0B39  ES=0B39  SS=0B39  CS=0B39  IP=0103   NV UP EI PL NZ NA PO NC
0B39:0103 B701          MOV     BH,01
-t

AX=1000  BX=0100  CX=0000  DX=0000  SP=FFEE  BP=0000  SI=0000  DI=0000
DS=0B39  ES=0B39  SS=0B39  CS=0B39  IP=0105   NV UP EI PL NZ NA PO NC
0B39:0105 F6F7          DIV     BH
-t

Divide overflow

D:\>
```

图 12.2　系统对 0 号中断的处理

可以看到，当 CPU 执行 div bh 时，发生了除法溢出错误，产生 0 号中断信息，从而引发中断过程，CPU 执行 0 号中断处理程序。我们从图中可以看出系统中的 0 号中断处理程序的功能：显示提示信息“Divide overflow”后，返回到操作系统中。

12.7　编程处理 0 号中断

现在我们考虑改变一下 0 号中断处理程序的功能，即重新编写一个 0 号中断处理程序，它的功能是在屏幕中间显示“overflow!”，然后返回到操作系统，如图 12.3 所示。

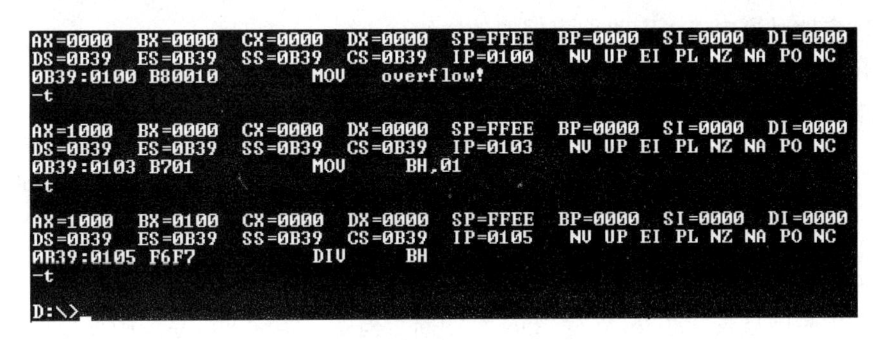

图 12.3　预编写程序对 0 号中断的处理

当 CPU 执行 div bh 后，发生了除法溢出错误，产生 0 号中断信息，引发中断过程，CPU 执行我们编写的 0 号中断处理程序。在屏幕中间显示提示信息“overflow!”后，返回到操作系统中。

编程：当发生除法溢出时，在屏幕中间显示“overflow!”，返回 DOS。

我们首先进行分析：

(1) 当发生除法溢出的时候，产生 0 号中断信息，从而引发中断过程。

此时，CPU 将进行以下工作。

① 取得中断类型码 0；
② 标志寄存器入栈，TF、IF 设置为 0；
③ CS、IP 入栈；
④ (IP)=(0*4)，(CS)=(0*4+2)。

(2) 可见，当中断 0 发生时，CPU 将转去执行中断处理程序。

只要按如下步骤编写中断处理程序，当中断 0 发生时，即可显示“overflow!”。

① 相关处理；
② 向显示缓冲区送字符串“overflow!”；
③ 返回 DOS。

我们将这段程序称为：do0。

(3) 现在的问题是：do0 应存放在内存中。因为除法溢出随时可能发生，CPU 随时都可能将 CS:IP 指向 do0 的入口，执行程序。

那么 do0 应该放在哪里呢？

由于我们是在操作系统之上使用计算机，所有的硬件资源都在操作系统的管理之下，所以我们要想得到一块内存区存放 do0，应该向操作系统申请。

但在这里出于两个原因我们不想这样做：

① 过多地讨论申请内存将偏离问题的主线；

② 我们学习汇编的一个重要目的就是要获得对计算机底层的编程体验。所以，在可能的情况下，我们不去理会操作系统，而直接面向硬件资源。

问题变得简单而直接，我们只需找到一块别的程序不会用到的内存区，将 do0 传送到其中即可。

前面讲到，内存 0000:0000~0000:03FF，大小为 1KB 的空间是系统存放中断处理程序入口地址的中断向量表。8086 支持 256 个中断，但是，实际上，系统中要处理的中断事件远没有达到 256 个。所以在中断向量表中，有许多单元是空的。

中断向量表是 PC 系统中最重要的内存区，只用来存放中断处理程序的入口地址，DOS 系统和其他应用程序都不会随便使用这段空间。可以利用中断向量表中的空闲单元来存放我们的程序。一般情况下，从 0000:0200 至 0000:02FF 的 256 个字节的空间所对应的中断向量表项都是空的，操作系统和其他应用程序都不占用。我们在前面的课程中使用过这段空间(参见 5.7 节)。

根据以前的编程经验，我们可以估计出，do0 的长度不可能超过 256 个字节。

结论：我们可以将 do0 传送到内存 0000:0200 处。

(4) 将中断处理程序 do0 放到 0000:0200 后，若要使得除法溢出发生的时候，CPU 转去执行 do0，则必须将 do0 的入口地址，即 0000:0200 登记在中断向量表的对应表项中。因为除法溢出对应的中断类型码为 0，它的中断处理程序的入口地址应该从 0*4 地址单元开始存放，段地址存放在 0*4+2 字单元中，偏移地址存放在 0*4 字单元中。也就是说要将 do0 的段地址 0 存放在 0000:0002 字单元中，将偏移地址 200H 存放在 0000:0000 字单元中。

总结上面的分析，我们要做以下几件事情。

(1) 编写可以显示“overflow!”的中断处理程序：do0；
(2) 将 do0 送入内存 0000:0200 处；
(3) 将 do0 的入口地址 0000:0200 存储在中断向量表 0 号表项中。

程序的框架如下。

程序 12.1

```
assume cs:code

code segment

start:  do0 安装程序
        设置中断向量表
        mov ax,4c00h
        int 21h
```

```
do0:    显示字符串"overflow!"
        mov ax,4c00h
        int 21h

code ends

end start
```

可以看到，上面的程序分为两部分：

(1) 安装 do0，设置中断向量的程序；

(2) do0。

程序 12.1 执行时，do0 的代码是不执行的，它只是作为 do0 安装程序所要传送的数据。程序 12.1 执行时，首先执行 do0 安装程序，将 do0 的代码复制到内存 0:200 处，然后设置中断向量表，将 do0 的入口地址，即偏移地址 200H 和段地址 0，保存在 0 号表项中。这两部分工作完成后，程序就返回了。程序的目的就是在内存 0:200 处安装 do0 的代码，将 0 号中断处理程序的入口地址设置为 0:200。do0 的代码虽然在程序中，却不在程序执行的时候执行。它是在除法溢出发生的时候才得以执行的中断处理程序。

do0 部分代码的最后两条指令是依照我们的编程要求，用来返回 DOS 的。

现在，我们再反过来从 CPU 的角度看一下，什么是中断处理程序？我们来看一下 do0 是如何变成 0 号中断的中断处理程序的。

(1) 程序 12.1 在执行时，被加载到内存中，此时 do0 的代码在程序 12.1 所在的内存空间中，它只是存放在程序 12.1 的代码段中的一段要被传送到其他单元中的数据，我们不能说它是 0 号中断的中断处理程序；

(2) 程序 12.1 中安装 do0 的代码执行完后，do0 的代码被从程序 12.1 的代码段中复制到 0:200 处。此时，我们也不能说它是 0 号中断的中断处理程序，它只不过是存放在 0:200 处的一些数据；

(3) 程序 12.1 中设置中断向量表的代码执行完后，在 0 号表项中填入了 do0 的入口地址 0:200，此时 0:200 处的信息，即 do0 的代码，就变成了 0 号中断的中断处理程序。因为当除法溢出(即 0 号中断)发生时，CPU 将执行 0:200 处的代码。

回忆一下：

我们如何让一个内存单元成为栈顶？将它的地址放入 SS、SP 中；

我们如何让一个内存单元中的信息被 CPU 当作指令来执行？将它的地址放入 CS、IP 中；

那么，我们如何让一段程序成为 N 号中断的中断处理程序？将它的入口地址放入中断向量表的 N 号表项中。

下面的内容中，我们讨论每一部分程序的具体编写方法。

12.8 安　　装

可以使用 movsb 指令，将 do0 的代码送入 0:200 处。程序如下。

```
assume cs:code
code segment

  start:设置 es:di 指向目的地址
        设置 ds:si 指向源地址
        设置 cx 为传输长度
        设置传输方向为正
        rep movsb

        设置中断向量表


        mov ax,4c00h
        int 21h

    do0:显示字符串"overflow!"
        mov ax,4c00h
        int 21h

code ends
end start
```

我们来看一下，用 rep movsb 指令的时候要确定的信息。

(1) 传送的原始位置，段地址：code，偏移地址：offset do0；
(2) 传送的目的位置：0:200；
(3) 传送的长度：do0 部分代码的长度；
(4) 传送的方向：正向。

更明确的程序如下。

```
assume cs:code
code segment

start:  mov ax,cs
        mov ds,ax
        mov si,offset do0            ;设置 ds:si 指向源地址

        mov ax,0
        mov es,ax
        mov di,200h                  ;设置 es:di 指向目的地址

        mov cx,do0 部分代码的长度      ;设置 cx 为传输长度

        cld                          ;设置传输方向为正
```

```
        rep movsb

        设置中断向量表

        mov ax,4c00h
        int 21h

    do0:显示字符串"overflow!"
        mov ax,4c00h
        int 21h

code ends
end start
```

问题是，我们如何知道 do0 代码的长度？最简单的方法是，计算一下 do0 中所有指令码的字节数。但是这样做太麻烦了，因为只要 do0 的内容发生了改变，我们都要重新计算它的长度。

可以利用编译器来计算 do0 的长度，具体做法如下。

```
assume cs:code
code segment
start:  mov ax,cs
        mov ds,ax
        mov si,offset do0                       ;设置 ds:si 指向源地址
        mov ax,0
        mov es,ax
        mov di,200h                             ;设置 es:di 指向目的地址

        mov cx,offset do0end-offset do0         ;设置 cx 为传输长度

        cld                                     ;设置传输方向为正
        rep movsb

        设置中断向量表

        mov ax,4c00h
        int 21h

   do0: 显示字符串"overflow!"
        mov ax,4c00h
        int 21h

do0end: nop

code ends
end start
```

“-”是编译器识别的运算符号，编译器可以用它来进行两个常数的减法。

比如，指令：mov ax,8−4，被编译器处理为指令：mov ax,4。

汇编编译器可以处理表达式。

比如，指令：mov ax,(5+3)*5/10，被编译器处理为指令：mov ax,4。

好了，知道了“-”的含义，对于用 offset do0end-offset do0，得到 do0 代码的长度的原理，这里就不再多说了，相信到了现在，读者已可以自己进行分析了。

下面我们编写 do0 程序。

12.9 do0

do0 程序的主要任务是显示字符串，程序如下。

```
  do0: 设置 ds:si 指向字符串
       mov ax,0b800h
       mov es,ax
       mov di,12*160+36*2        ;设置 es:di 指向显存空间的中间位置

       mov cx,9                  ;设置 cx 为字符串长度
    s: mov al,[si]
       mov es:[di],al
       inc si
       add di,2
       loop s

       mov ax,4c00h
       int 21h

do0end:nop
```

程序写好了，可要显示的字符串放在哪里呢？我们看下面的程序。

程序 12.2

```
assume cs:code

data segment
 db "overflow!"
data ends

code segment

start:  mov ax,cs
        mov ds,ax
        mov si,offset do0                   ;设置 ds:si 指向源地址
        mov ax,0
        mov es,ax
        mov di,200h                         ;设置 es:di 指向目的地址
```

```
        mov cx,offset do0end-offset do0      ;设置 cx 为传输长度
        cld                                  ;设置传输方向为正
        rep movsb

        设置中断向量表
        mov ax,4c00h
        int 21h

do0:    mov ax,data
        mov ds,ax
        mov si,0                             ;设置 ds:si 指向字符串

        mov ax,0b800h
        mov es,ax
        mov di,12*160+36*2                   ;设置 es:di 指向显存空间的中间位置

        mov cx,9                             ;设置 cx 为字符串长度
    s:  mov al,[si]
        mov es:[di],al
        inc si
        add di,2
        loop s

        mov ax,4c00h
        int 21h

do0end:nop

code ends
end start
```

上面的程序，看似合理，可实际上却大错特错。注意，“overflow!”在程序 12.2 的 data 段中。程序 12.2 执行完成后返回，它所占用的内存空间被系统释放，而在其中存放的“overflow!”也将很可能被别的信息覆盖。而 do0 程序被放到了 0:200 处，随时都会因发生了除法溢出而被 CPU 执行，很难保证 do0 程序从原来程序 12.2 所处的空间中取得的是要显示的字符串“overflow!”。

因为 do0 程序随时可能被执行，而它要用到字符串“overflow!”，所以该字符串也应该存放在一段不会被覆盖的空间中。正确的程序如下。

程序 12.3

```
assume cs:code

code segment
start:  mov ax,cs
        mov ds,ax
        mov si,offset do0                    ;设置 ds:si 指向源地址
        mov ax,0
        mov es,ax
```

```
        mov di,200h                         ;设置es:di指向目的地址
        mov cx,offset do0end-offset do0     ;设置cx为传输长度
        cld                                 ;设置传输方向为正
        rep movsb
        设置中断向量表

        mov ax,4c00h
        int 21h

   do0: jmp short do0start
        db "overflow!"

do0start:   mov ax,cs
            mov ds,ax
            mov si,202h             ;设置ds:si指向字符串

            mov ax,0b800h
            mov es,ax
            mov di,12*160+36*2      ;设置es:di指向显存空间的中间位置

            mov cx,9                ;设置cx为字符串长度
          s: mov al,[si]
            mov es:[di],al
            inc si
            add di,2
            loop s

            mov ax,4c00h
            int 21h

do0end:nop
code ends
end start
```

在程序12.3中，将“overflow!”放到do0程序中，程序12.3执行时，将标号do0到标号do0end之间的内容送到0000:0200处。

注意，因为在do0程序开始处的“overflow!”不是可以执行的代码，所以在“overflow!”之前加上一条jmp指令，转移到正式的do0程序。当除法溢出发生时，CPU执行0:200处的jmp指令，跳过后面的字符串，转到正式的do0程序执行。

do0程序执行过程中必须要找到“overflow!”，那么它在哪里呢？首先来看段地址，“overflow!”和do0的代码处于同一个段中，而除法溢出发生时，CS中必然存放do0的段地址，也就是“overflow!”的段地址；再来看偏移地址，0:200处的指令为jmp short do0start，这条指令占两个字节，所以“overflow!”的偏移地址为202h。

12.10　设置中断向量

下面，将 do0 的入口地址 0:200，写入中断向量表的 0 号表项中，使 do0 成为 0 号中断的中断处理程序。

0 号表项的地址为 0:0，其中 0:0 字单元存放偏移地址，0:2 字单元存放段地址。程序如下。

```
mov ax,0
mov es,ax
mov word ptr es:[0*4],200h
mov word ptr es:[0*4+2],0
```

12.11　单 步 中 断

基本上，CPU 在执行完一条指令之后，如果检测到标志寄存器的 TF 位为 1，则产生单步中断，引发中断过程。单步中断的中断类型码为 1，则它所引发的中断过程如下。

(1)　取得中断类型码 1；
(2)　标志寄存器入栈，TF、IF 设置为 0；
(3)　CS、IP 入栈；
(4)　(IP)=(1*4)，(CS)=(1*4+2)。

如上所述，如果 TF=1，则执行一条指令后，CPU 就要转去执行 1 号中断处理程序。CPU 为什么要提供这样的功能呢？

我们在使用 Debug 的 t 命令的时候，有没有想过这样的问题，Debug 如何能让 CPU 在执行一条指令后，就显示各个寄存器的状态？我们知道，CPU 在执行程序的时候是从 CS:IP 指向的某个地址开始，自动向下读取指令执行。也就是说，如果 CPU 不提供其他功能的话，就按这种方式工作，只要 CPU 一加电，它就从预设的地址开始一直执行下去，不可能有任何程序能控制它在执行完一条指令后停止，去做别的事情。可是，我们在 Debug 中看到的情况却是，Debug 可以控制 CPU 执行被加载程序中的一条指令，然后让它停下来，显示寄存器的状态。

Debug 有特殊的能力吗？我们只能说 Debug 利用了 CPU 提供的一种功能。只有 CPU 提供了在执行一条指令后就转去做其他事情的功能，Debug 或是其他的程序才能利用 CPU 提供的这种功能做出我们使用 T 命令时的效果。

好了，我们来简要地考虑一下 Debug 是如何利用 CPU 所提供的单步中断的功能的。首先，Debug 提供了单步中断的中断处理程序，功能为显示所有寄存器中的内容后等待输入命令。然后，在使用 t 命令执行指令时，Debug 将 TF 设置为 1，使得 CPU 工作于单步中断方式下，则在 CPU 执行完这条指令后就引发单步中断，执行单步中断的中断处理程序，所有寄存器中的内容被显示在屏幕上，并且等待输入命令。

那么，接下来的问题是，当 TF=1 时，CPU 在执行完一条指令后将引发单步中断，转去执行中断处理程序。注意，中断处理程序也是由一条条指令组成的，如果在执行中断处理程序之前，TF=1，则 CPU 在执行完中断处理程序的第一条指令后，又要产生单步中断，则又要转去执行单步中断的中断处理程序，在执行完中断处理程序的第一条指令后，又要产生单步中断，则又要转去执行单步中断的中断处理程序……

看来，上面的过程将陷入一个永远不能结束的循环，CPU 永远执行单步中断处理程序的第一条指令。

CPU 当然不能让这种情况发生，解决的办法就是，在进入中断处理程序之前，设置 TF=0。从而避免 CPU 在执行中断处理程序的时候发生单步中断。这就是为什么在中断过程中有 TF=0 这个步骤，我们再来看一下中断过程。

(1) 取得中断类型码 N；
(2) 标志寄存器入栈，TF=0、IF=0；
(3) CS、IP 入栈；
(4) (IP)=(N*4)，(CS)=(N*4+2)。

最后，CPU 提供单步中断功能的原因就是，为单步跟踪程序的执行过程，提供了实现机制。

12.12 响应中断的特殊情况

一般情况下，CPU 在执行完当前指令后，如果检测到中断信息，就响应中断，引发中断过程。可是，在有些情况下，CPU 在执行完当前指令后，即便是发生中断，也不会响应。对于这些情况，我们不一一列举，只是用一种情况来进行说明。

在执行完向 ss 寄存器传送数据的指令后，即便是发生中断，CPU 也不会响应。这样做的主要原因是，ss:sp 联合指向栈顶，而对它们的设置应该连续完成。如果在执行完设置 ss 的指令后，CPU 响应中断，引发中断过程，要在栈中压入标志寄存器、CS 和 IP 的值。而 ss 改变，sp 并未改变，ss:sp 指向的不是正确的栈顶，将引起错误。所以 CPU 在执行完设置 ss 的指令后，不响应中断。这给连续设置 ss 和 sp 指向正确的栈顶提供了一个时机。即，我们应该利用这个特性，将设置 ss 和 sp 的指令连续存放，使得设置 sp 的指令紧接着设置 ss 的指令执行，而在此之间，CPU 不会引发中断过程。比如，我们要将栈顶设为 1000:0，应该：

```
mov ax,1000h
mov ss,ax
mov sp,0
```

而不应该：

```
mov ax,1000h
mov ss,ax
mov ax,0
mov sp,0
```

好了，现在我们回过来看一下，实验 2 中的“(3)下一条指令执行了吗？”现在你知道原因了吗？

Debug 利用单步中断来实现 T 命令的功能，也就是说，用 T 命令执行一条指令后，CPU 响应单步中断，执行 Debug 设置好的处理程序，才能在屏幕上显示寄存器的状态，并等待命令的输入。而在 mov ss,ax 指令执行后，CPU 根本就不响应任何中断，其中也包括单步中断，所以 Debug 设置好的用来显示寄存器状态和等待输入命令的中断处理程序根本没有得到执行，所以我们看不到预期的结果。CPU 接着向下执行后面的指令 mov sp,10h，然后响应单步中断，我们才看到正常的结果。

实验 12　编写 0 号中断的处理程序

编写 0 号中断的处理程序，使得在除法溢出发生时，在屏幕中间显示字符串“divide error!”，然后返回到 DOS。

要求：仔细跟踪调试，在理解整个过程之前，不要进行后面课程的学习。

第 13 章　int 指令

中断信息可以来自 CPU 的内部和外部，当 CPU 的内部有需要处理的事情发生的时候，将产生需要马上处理的中断信息，引发中断过程。在第 12 章中，我们讲解了中断过程和两种内中断的处理。

这一章中，我们讲解另一种重要的内中断，由 int 指令引发的中断。

13.1　int 指令

int 指令的格式为：int n，n 为中断类型码，它的功能是引发中断过程。

CPU 执行 int n 指令，相当于引发一个 n 号中断的中断过程，执行过程如下。

(1) 取中断类型码 n；
(2) 标志寄存器入栈，IF=0，TF=0；
(3) CS、IP 入栈；
(4) (IP)=(n*4)，(CS)=(n*4+2)。

从此处转去执行 n 号中断的中断处理程序。

可以在程序中使用 int 指令调用任何一个中断的中断处理程序。例如，下面的程序：

```
assume cs:code

code segment

  start:mov ax,0b800h
        mov es,ax
        mov byte ptr es:[12*160+40*2],'!'
        int 0

code ends

end start
```

这个程序在 Windows 2000 中的 DOS 方式下执行时，将在屏幕中间显示一个“!”，然后显示“Divide overflow”后返回到系统中。“!”是我们编程显示的，而“Divide overflow”是哪里来的呢？我们的程序中又没有做除法，不可能产生除法溢出。

程序是没有做除法，但是在结尾使用了 int 0 指令。CPU 执行 int 0 指令时，将引发中断过程，执行 0 号中断处理程序，而系统设置的 0 号中断处理程序的功能是显示“Divide overflow”，然后返回到系统。

可见，int 指令的最终功能和 call 指令相似，都是调用一段程序。

一般情况下，系统将一些具有一定功能的子程序，以中断处理程序的方式提供给应用程序调用。我们在编程的时候，可以用 int 指令调用这些子程序。当然，也可以自己编写一些中断处理程序供别人使用。以后，我们可以将中断处理程序简称为中断例程。

13.2　编写供应用程序调用的中断例程

前面，我们已经编写过中断 0 的中断例程了，现在我们讨论可以供应用程序调用的中断例程的编写方法。下面通过两个问题来讨论。

问题一：编写、安装中断 7ch 的中断例程。

功能：求一 word 型数据的平方。
参数：(ax)=要计算的数据。
返回值：dx、ax 中存放结果的高 16 位和低 16 位。
应用举例：求 2*3456^2。

```
assume cs:code

code segment

  start:mov ax,3456         ;(ax)=3456
        int 7ch             ;调用中断 7ch 的中断例程，计算 ax 中的数据的平方
        add ax,ax
        adc dx,dx           ;dx:ax 存放结果，将结果乘以 2
        mov ax,4c00h
        int 21h

code ends

end start
```

分析一下，我们要做以下 3 部分工作。

(1)　编写实现求平方功能的程序；
(2)　安装程序，将其安装在 0:200 处；
(3)　设置中断向量表，将程序的入口地址保存在 7ch 表项中，使其成为中断 7ch 的中断例程。

安装程序如下。

```
assume cs:code

code segment
start:  mov ax,cs
        mov ds,ax
```

```
        mov si,offset sqr                   ;设置ds:si指向源地址
        mov ax,0
        mov es,ax
        mov di,200h                         ;设置es:di指向目的地址
        mov cx,offset sqrend-offset sqr     ;设置cx为传输长度
        cld                                 ;设置传输方向为正
        rep movsb

        mov ax,0
        mov es,ax
        mov word ptr es:[7ch*4],200h
        mov word ptr es:[7ch*4+2],0

        mov ax,4c00h
        int 21h

  sqr:  mul ax
        iret

sqrend: nop

code ends
end start
```

注意，在中断例程 sqr 的最后，要使用 iret 指令。用汇编语法描述，iret 指令的功能为：

```
pop IP
pop CS
popf
```

CPU 执行 int 7ch 指令进入中断例程之前，标志寄存器、当前的 CS 和 IP 被压入栈中，在执行完中断例程后，应该用 iret 指令恢复 int 7ch 执行前的标志寄存器和 CS、IP 的值，从而接着执行应用程序。

int 指令和 iret 指令的配合使用与 call 指令和 ret 指令的配合使用具有相似的思路。

问题二：编写、安装中断 7ch 的中断例程。

功能：将一个全是字母，以 0 结尾的字符串，转化为大写。
参数：ds:si 指向字符串的首地址。
应用举例：将 data 段中的字符串转化为大写。

```
assume cs:code

data segment
    db 'conversation',0
data ends
```

```
code segment
start:  mov ax,data
        mov ds,ax
        mov si,0
        int 7ch

        mov ax,4c00h
        int 21h
code ends
end start
```

安装程序如下。

```
assume cs:code
code segment

  start:    mov ax,cs
            mov ds,ax
            mov si,offset capital
            mov ax,0
            mov es,ax
            mov di,200h
            mov cx,offset capitalend-offset capital
            cld
            rep movsb

            mov ax,0
            mov es,ax
            mov word ptr es:[7ch*4],200h
            mov word ptr es:[7ch*4+2],0
            mov ax,4c00h
            int 21h

capital:    push cx
            push si
 change:    mov cl,[si]
            mov ch,0
            jcxz ok
            and byte ptr [si],11011111b
            inc si
            jmp short change
        ok: pop si
            pop cx
            iret
capitalend: nop

code ends
end start
```

在中断例程 capital 中用到了寄存器 si 和 cx，编写中断例程和编写子程序的时候具有同样的问题，就是要避免寄存器的冲突。应该注意例程中用到的寄存器的值的保存和恢复。

13.3 对int、iret和栈的深入理解

问题：用7ch中断例程完成loop指令的功能。

loop s的执行需要两个信息，循环次数和到s的位移，所以，7ch中断例程要完成loop指令的功能，也需要这两个信息作为参数。我们用cx存放循环次数，用bx存放位移。

应用举例：在屏幕中间显示80个“!”。

```
assume  cs:code

code segment

  start:mov ax,0b800h
        mov es,ax
        mov di,160*12

        mov bx,offset s-offset se       ;设置从标号se到标号s的转移位移
        mov cx,80
     s: mov byte ptr es:[di],'!'
        add di,2
        int 7ch                         ;如果(cx)≠0，转移到标号s处
     se:nop

        mov ax,4c00h
        int 21h

code ends

end start
```

在上面的程序中，用int 7ch调用7ch中断例程进行转移，用bx传递转移的位移。

分析：为了模拟loop指令，7ch中断例程应具备下面的功能。

(1) dec cx；
(2) 如果(cx)≠0，转到标号s处执行，否则向下执行。

下面我们分析7ch中断例程如何实现到目的地址的转移。

(1) 转到标号s显然应设(CS)=标号s的段地址，(IP)=标号s的偏移地址。

(2) 那么，中断例程如何得到标号s的段地址和偏移地址呢？

int 7ch 引发中断过程后，进入 7ch 中断例程，在中断过程中，当前的标志寄存器、CS 和 IP 都要压栈，此时压入的 CS 和 IP 中的内容，分别是调用程序的段地址(可以认为是标号 s 的段地址)和 int 7ch 后一条指令的偏移地址(即标号 se 的偏移地址)。

可见，在中断例程中，可以从栈里取得标号 s 的段地址和标号 se 的偏移地址，而用标号 se 的偏移地址加上 bx 中存放的转移位移就可以得到标号 s 的偏移地址。

(3) 现在知道，可以从栈中直接和间接地得到标号 s 的段地址和偏移地址，那么如何用它们设置 CS:IP 呢？

可以利用 iret 指令，我们将栈中的 se 的偏移地址加上 bx 中的转移位移，则栈中的 se 的偏移地址就变为了 s 的偏移地址。我们再使用 iret 指令，用栈中的内容设置 CS、IP，从而实现转移到标号 s 处。

7ch 中断例程如下。

```
    lp: push bp
        mov bp,sp
        dec cx
        jcxz lpret
        add [bp+2],bx
lpret:  pop bp
        iret
```

因为要访问栈，使用了 bp，在程序开始处将 bp 入栈保存，结束时出栈恢复。当要修改栈中 se 的偏移地址的时候，栈中的情况为：栈顶处是 bp 原来的数值，下面是 se 的偏移地址，再下面是 s 的段地址，再下面是标志寄存器的值。而此时，bp 中为栈顶的偏移地址，所以((ss)*16+(bp)+2)处为 se 的偏移地址，将它加上 bx 中的转移位移就变为 s 的偏移地址。最后用 iret 出栈返回，CS:IP 即从标号 s 处开始执行指令。

如果(cx)=0，则不需要修改栈中 se 的偏移地址，直接返回即可。CPU 从标号 se 处向下执行指令。

检测点 13.1

(1) 在上面的内容中，我们用 7ch 中断例程实现 loop 的功能，则上面的 7ch 中断例程所能进行的最大转移位移是多少？

(2) 用 7ch 中断例程完成 jmp near ptr s 指令的功能，用 bx 向中断例程传送转移位移。

应用举例：在屏幕的第 12 行，显示 data 段中以 0 结尾的字符串。

```
assume cs:code
data segment
    db 'conversation',0
data ends
code segment
start:  mov ax,data
```

```
        mov ds,ax
        mov si,0
        mov ax,0b800h
        mov es,ax
        mov di,12*160
     s: cmp byte ptr [si],0
        je ok                            ;如果是 0 跳出循环
        mov al,[si]
        mov es:[di],al
        inc si
        add di,2
        mov bx,offset s-offset ok        ;设置从标号 ok 到标号 s 的转移位移
        int 7ch                          ;转移到标号 s 处
    ok: mov ax,4c00h
        int 21h
code ends
end start
```

13.4 BIOS 和 DOS 所提供的中断例程

在系统板的 ROM 中存放着一套程序，称为 BIOS(基本输入输出系统)，BIOS 中主要包含以下几部分内容。

(1) 硬件系统的检测和初始化程序；
(2) 外部中断(第 15 章中进行讲解)和内部中断的中断例程；
(3) 用于对硬件设备进行 I/O 操作的中断例程；
(4) 其他和硬件系统相关的中断例程。

操作系统 DOS 也提供了中断例程，从操作系统的角度来看，DOS 的中断例程就是操作系统向程序员提供的编程资源。

BIOS 和 DOS 在所提供的中断例程中包含了许多子程序，这些子程序实现了程序员在编程的时候经常需要用到的功能。程序员在编程的时候，可以用 int 指令直接调用 BIOS 和 DOS 提供的中断例程，来完成某些工作。

和硬件设备相关的 DOS 中断例程中，一般都调用了 BIOS 的中断例程。

13.5 BIOS 和 DOS 中断例程的安装过程

前面的课程中，我们都是自己编写中断例程，将它们放到安装程序中，然后运行安装程序，将它们安装到指定的内存区中。此后，别的应用程序才可以调用。

而 BIOS 和 DOS 提供的中断例程是如何安装到内存中的呢？我们下面讲解它们的安装过程。

(1) 开机后，CPU 一加电，初始化(CS)=0FFFFH，(IP)=0，自动从 FFFF:0 单元开始执行程序。FFFF:0 处有一条转跳指令，CPU 执行该指令后，转去执行 BIOS 中的硬件系统检测和初始化程序。

(2) 初始化程序将建立 BIOS 所支持的中断向量，即将 BIOS 提供的中断例程的入口地址登记在中断向量表中。注意，对于 BIOS 所提供的中断例程，只需将入口地址登记在中断向量表中即可，因为它们是固化到 ROM 中的程序，一直在内存中存在。

(3) 硬件系统检测和初始化完成后，调用 int 19h 进行操作系统的引导。从此将计算机交由操作系统控制。

(4) DOS 启动后，除完成其他工作外，还将它所提供的中断例程装入内存，并建立相应的中断向量。

检测点 13.2

判断下面说法的正误：

(1) 我们可以编程改变 FFFF:0 处的指令，使得 CPU 不去执行 BIOS 中的硬件系统检测和初始化程序。

(2) int 19h 中断例程，可以由 DOS 提供。

13.6　BIOS 中断例程应用

下面我们举几个例子，来看一下 BIOS 中断例程的应用。

int 10h 中断例程是 BIOS 提供的中断例程，其中包含了多个和屏幕输出相关的子程序。

一般来说，一个供程序员调用的中断例程中往往包括多个子程序，中断例程内部用传递进来的参数来决定执行哪一个子程序。BIOS 和 DOS 提供的中断例程，都用 ah 来传递内部子程序的编号。

下面看一下 int 10h 中断例程的设置光标位置功能。

```
mov ah,2          ;置光标
mov bh,0          ;第 0 页
mov dh,5          ;dh 中放行号
mov dl,12         ;dl 中放列号
int 10h
```

(ah)=2 表示调用第 10h 号中断例程的 2 号子程序，功能为设置光标位置，可以提供光标所在的行号(80*25 字符模式下：0~24)、列号(80*25 字符模式下：0~79)，和页号作为参数。

(bh)=0，(dh)=5，(dl)=12，设置光标到第 0 页，第 5 行，第 12 列。

bh 中页号的含义：内存地址空间中，B8000H~BFFFFH 共 32kB 的空间，为 80*25 彩色字符模式的显示缓冲区。一屏的内容在显示缓冲区中共占 4000 个字节。

显示缓冲区分为 8 页，每页 4KB(≈4000B)，显示器可以显示任意一页的内容。一般情况下，显示第 0 页的内容。也就是说，通常情况下，B8000H~B8F9FH 中的 4000 个字节的内容将出现在显示器上。

再看一下 int 10h 中断例程的在光标位置显示字符功能。

```
mov ah,9          ;在光标位置显示字符
mov al,'a'        ;字符
mov bl,7          ;颜色属性
mov bh,0          ;第 0 页
mov cx,3          ;字符重复个数
int 10h
```

(ah)=9 表示调用第 10h 号中断例程的 9 号子程序，功能为在光标位置显示字符，可以提供要显示的字符、颜色属性、页号、字符重复个数作为参数。

bl 中的颜色属性的格式如下。

	7	6	5	4	3	2	1	0
含义	BL	R	G	B	I	R	G	B
	闪烁	背景			高亮	前景		

可以看出，和显存中的属性字节的格式相同。

编程：在屏幕的 5 行 12 列显示 3 个红底高亮闪烁绿色的“a”。

```
assume cs:code
code segment

    mov ah,2            ;置光标
    mov bh,0            ;第 0 页
    mov dh,5            ;dh 中放行号
    mov dl,12           ;dl 中放列号
    int 10h

    mov ah,9            ;在光标位置显示字符
    mov al,'a'          ;字符
    mov bl,11001010b    ;颜色属性
    mov bh,0            ;第 0 页
    mov cx,3            ;字符重复个数
    int 10h

    mov ax,4c00h
    int 21h

code ends
end
```

注意，闪烁的效果必须在全屏 DOS 方式下才能看到。

13.7　DOS 中断例程应用

int 21h 中断例程是 DOS 提供的中断例程，其中包含了 DOS 提供给程序员在编程时调用的子程序。

我们前面一直使用的是 int 21h 中断例程的 4ch 号功能，即程序返回功能，如下：

```
mov ah,4ch        ;程序返回
mov al,0          ;返回值
int 21h
```

(ah)=4ch 表示调用第 21h 号中断例程的 4ch 号子程序，功能为程序返回，可以提供返回值作为参数。

我们前面使用这个功能的时候经常写做：

```
mov ax,4c00h
int 21h
```

我们看一下 int 21h 中断例程在光标位置显示字符串的功能：

```
ds:dx 指向字符串          ;要显示的字符串需用"$"作为结束符
mov ah,9                  ;功能号 9，表示在光标位置显示字符串
int 21h
```

(ah)=9 表示调用第 21h 号中断例程的 9 号子程序，功能为在光标位置显示字符串，可以提供要显示字符串的地址作为参数。

编程：在屏幕的 5 行 12 列显示字符串“Welcome to masm!”。

```
assume cs:code

data segment
  db 'Welcome to masm', '$'
data ends

code segment
  start:mov ah,2        ;置光标
        mov bh,0        ;第 0 页
        mov dh,5        ;dh 中放行号
        mov dl,12       ;dl 中放列号
        int 10h

        mov ax,data
        mov ds,ax
        mov dx,0        ;ds:dx 指向字符串的首地址 data:0
        mov ah,9
```

```
        int 21h

        mov ax,4c00h
        int 21h

code ends
end start
```

上述程序在屏幕的 5 行 12 列显示字符串“Welcome to masm!”，直到遇见“$”(“$”本身并不显示，只起到边界的作用)。

如果字符串比较长，遇到行尾，程序会自动转到下一行开头处继续显示；如果到了最后一行，还能自动上卷一行。

DOS 为程序员提供了许多可以调用的子程序，都包含在 int 21h 中断例程中。我们这里只对原理进行了讲解，对于 DOS 提供的所有可调用子程序的情况，读者可以参考相关的书籍。

实验 13 编写、应用中断例程

(1) 编写并安装 int 7ch 中断例程，功能为显示一个用 0 结束的字符串，中断例程安装在 0:200 处。

参数：(dh)=行号，(dl)=列号，(cl)=颜色，ds:si 指向字符串首地址。

以上中断例程安装成功后，对下面的程序进行单步跟踪，尤其注意观察 int、iret 指令执行前后 CS、IP 和栈中的状态。

```
assume cs:code
data segment
    db "welcome to masm! ",0
data ends
code segment
start:  mov dh,10
        mov dl,10
        mov cl,2
        mov ax,data
        mov ds,ax
        mov si,0
        int 7ch
        mov ax,4c00h
        int 21h
code ends
end start
```

(2) 编写并安装 int 7ch 中断例程，功能为完成 loop 指令的功能。

参数：(cx)=循环次数，(bx)=位移。

以上中断例程安装成功后，对下面的程序进行单步跟踪，尤其注意观察 int、iret 指令执行前后 CS、IP 和栈中的状态。

在屏幕中间显示 80 个“!”。

```
assume  cs:code
code segment
start:  mov ax,0b800h
        mov es,ax
        mov di,160*12
        mov bx,offset s-offset se     ;设置从标号 se 到标号 s 的转移位移
        mov cx,80
   s:   mov byte ptr es:[di],'!'
        add di,2
        int 7ch                       ;如果(cx)≠0，转移到标号 s 处
   se:  nop
        mov ax,4c00h
        int 21h
code ends
end start
```

(3) 下面的程序，分别在屏幕的第 2、4、6、8 行显示 4 句英文诗，补全程序。

```
assume cs:code
code segment
  s1:   db 'Good,better,best,','$'
  s2:   db 'Never let it rest,','$'
  s3:   db 'Till good is better,','$'
  s4:   db 'And better,best.','$'
  s :   dw  offset s1,offset s2,offset s3,offset s4
  row:  db  2,4,6,8

  start:mov ax,cs
        mov ds,ax
        mov bx,offset s
        mov si,offset row
        mov cx,4
     ok:mov bh,0
        mov dh,_________
        mov dl,0
        mov ah,2
        int 10h

        mov dx,_________
        mov ah,9
        int 21h
        _____________
        _____________
        loop ok
```

```
        mov ax,4c00h
        int 21h
code ends
end start
```

完成后编译运行，体会其中的编程思想。

第14章　端　　口

我们前面讲过，各种存储器都和 CPU 的地址线、数据线、控制线相连。CPU 在操控它们的时候，把它们都当作内存来对待，把它们总地看做一个由若干存储单元组成的逻辑存储器，这个逻辑存储器我们称其为内存地址空间(可参见 1.15 节)。

在 PC 机系统中，和 CPU 通过总线相连的芯片除各种存储器外，还有以下 3 种芯片。

(1) 各种接口卡(比如，网卡、显卡)上的接口芯片，它们控制接口卡进行工作；
(2) 主板上的接口芯片，CPU 通过它们对部分外设进行访问；
(3) 其他芯片，用来存储相关的系统信息，或进行相关的输入输出处理。

在这些芯片中，都有一组可以由 CPU 读写的寄存器。这些寄存器，它们在物理上可能处于不同的芯片中，但是它们在以下两点上相同。

(1) 都和 CPU 的总线相连，当然这种连接是通过它们所在的芯片进行的；
(2) CPU 对它们进行读或写的时候都通过控制线向它们所在的芯片发出端口读写命令。

可见，从 CPU 的角度，将这些寄存器都当作端口，对它们进行统一编址，从而建立了一个统一的端口地址空间。每一个端口在地址空间中都有一个地址。

CPU 可以直接读写以下 3 个地方的数据。

(1) CPU 内部的寄存器；
(2) 内存单元；
(3) 端口。

这一章，我们讨论端口的读写。

14.1　端口的读写

在访问端口的时候，CPU 通过端口地址来定位端口。因为端口所在的芯片和 CPU 通过总线相连，所以，端口地址和内存地址一样，通过地址总线来传送。在 PC 系统中，CPU 最多可以定位 64KB 个不同的端口。则端口地址的范围为 0~65535。

对端口的读写不能用 mov、push、pop 等内存读写指令。端口的读写指令只有两条：in 和 out，分别用于从端口读取数据和往端口写入数据。

我们看一下 CPU 执行内存访问指令和端口访问指令时，总线上的信息：

(1) 访问内存：

```
mov ax,ds:[8]        ;假设执行前(ds)=0
```

执行时与总线相关的操作如下所示。

① CPU 通过地址线将地址信息 8 发出；
② CPU 通过控制线发出内存读命令，选中存储器芯片，并通知它，将要从中读取数据；
③ 存储器将 8 号单元中的数据通过数据线送入 CPU。

(2) 访问端口：

```
in al,60h           ;从 60h 号端口读入一个字节
```

执行时与总线相关的操作如下。

① CPU 通过地址线将地址信息 60h 发出；
② CPU 通过控制线发出端口读命令，选中端口所在的芯片，并通知它，将要从中读取数据；
③ 端口所在的芯片将 60h 端口中的数据通过数据线送入 CPU。

注意，在 in 和 out 指令中，只能使用 ax 或 al 来存放从端口中读入的数据或要发送到端口中的数据。访问 8 位端口时用 al，访问 16 位端口时用 ax。

对 0~255 以内的端口进行读写时：

```
in al,20h             ;从 20h 端口读入一个字节
out 20h,al            ;往 20h 端口写入一个字节
```

对 256~65535 的端口进行读写时，端口号放在 dx 中：

```
mov dx,3f8h           ;将端口号 3f8h 送入 dx
in al,dx              ;从 3f8h 端口读入一个字节
out dx,al             ;向 3f8h 端口写入一个字节
```

14.2 CMOS RAM 芯片

下面的内容中，我们通过对 CMOS RAM 的读写来体会一下对端口的访问。

PC 机中，有一个 CMOS RAM 芯片，一般简称为 CMOS。此芯片的特征如下。

(1) 包含一个实时钟和一个有 128 个存储单元的 RAM 存储器(早期的计算机为 64 个字节)。
(2) 该芯片靠电池供电。所以，关机后其内部的实时钟仍可正常工作，RAM 中的信息不丢失。
(3) 128 个字节的 RAM 中，内部实时钟占用 0~0dh 单元来保存时间信息，其余大部分单元用于保存系统配置信息，供系统启动时 BIOS 程序读取。BIOS 也提供了相关的程

序，使我们可以在开机的时候配置 CMOS RAM 中的系统信息。

(4) 该芯片内部有两个端口，端口地址为 70h 和 71h。CPU 通过这两个端口来读写 CMOS RAM。

(5) 70h 为地址端口，存放要访问的 CMOS RAM 单元的地址；71h 为数据端口，存放从选定的 CMOS RAM 单元中读取的数据，或要写入到其中的数据。可见，CPU 对 CMOS RAM 的读写分两步进行，比如，读 CMOS RAM 的 2 号单元：

① 将 2 送入端口 70h；
② 从端口 71h 读出 2 号单元的内容。

检测点 14.1

(1) 编程，读取 CMOS RAM 的 2 号单元的内容。
(2) 编程，向 CMOS RAM 的 2 号单元写入 0。

14.3 shl 和 shr 指令

shl 和 shr 是逻辑移位指令，后面的课程中我们要用到移位指令，这里进行一下讲解。

shl 是逻辑左移指令，它的功能为：

(1) 将一个寄存器或内存单元中的数据向左移位；
(2) 将最后移出的一位写入 CF 中；
(3) 最低位用 0 补充。

指令：

```
mov al,01001000b
shl al,1                ;将 al 中的数据左移一位
```

执行后(al)=10010000b，CF=0。

我们来看一下 shl al,1 的操作过程。

(1) 左移
原数据：　01001000
左移后：　01001000

(2) 将最后移出的一位写入 CF 中
原数据：　01001000
左移后：　1001000　CF=0

(3) 最低位用 0 补充
原数据：　01001000
左移后：　10010000

如果接着上面，继续执行一条 shl al,1，则执行后：(al)=00100000b，CF=1。shl 指令的操作过程如下。

(1) 左移
原数据：　　10010000
左移后：　10010000

(2) 将最后移出的一位写入 CF 中
原数据：　　10010000
左移后：　　0010000　　　CF=1

(3) 最低位用 0 补充
原数据：　　10010000
左移后：　　00100000

如果移动位数大于 1 时，必须将移动位数放在 cl 中。

比如，指令：

```
mov al,01010001b
mov cl,3
shl al,cl
```

执行后(al)=10001000b，因为最后移出的一位是 0，所以 CF=0。

可以看出，将 X 逻辑左移一位，相当于执行 X=X*2。

比如：

```
mov al,00000001b          ;执行后(al)=00000001b=1
shl al,1                  ;执行后(al)=00000010b=2
shl al,1                  ;执行后(al)=00000100b=4
shl al,1                  ;执行后(al)=00001000b=8
mov cl,3
shl al,cl                 ;执行后(al)=01000000b=64
```

shr 是逻辑右移指令，它和 shl 所进行的操作刚好相反。

(1) 将一个寄存器或内存单元中的数据向右移位；
(2) 将最后移出的一位写入 CF 中；
(3) 最高位用 0 补充。

指令：

```
mov al,10000001b
shr al,1                ;将 al 中的数据右移一位
```

执行后(al)=01000000b，CF=1。

如果接着上面，继续执行一条 shr al,1，则执行后：(al)=00100000b，CF=0。

如果移动位数大于 1 时，必须将移动位数放在 cl 中。

比如，指令：

```
mov al,01010001b
mov cl,3
shr al,cl
```

执行后(al)=00001010b，因为最后移出的一位是 0，所以 CF=0。

可以看出将 X 逻辑右移一位，相当于执行 X=X/2。

检测点 14.2

编程，用加法和移位指令计算(ax)=(ax)*10。

提示，(ax)*10=(ax)*2+(ax)*8。

14.4　CMOS RAM 中存储的时间信息

在 CMOS RAM 中，存放着当前的时间：年、月、日、时、分、秒。这 6 个信息的长度都为 1 个字节，存放单元为：

秒：0　　分：2　　时：4　　日：7　　月：8　　年：9

这些数据以 BCD 码的方式存放。

BCD 码是以 4 位二进制数表示十进制数码的编码方法，如下所示。

十进制数码：	0	1	2	3	4	5	6	7	8	9
对应的 BCD 码：	0000	0001	0010	0011	0100	0101	0110	0111	1000	1001

比如，数值 26，用 BCD 码表示为：0010 0110。

可见，一个字节可表示两个 BCD 码。则 CMOS RAM 存储时间信息的单元中，存储了用两个 BCD 码表示的两位十进制数，高 4 位的 BCD 码表示十位，低 4 位的 BCD 码表示个位。比如，00010100b 表示 14。

编程，在屏幕中间显示当前的月份。

分析，这个程序主要做以下两部分工作。

(1) 从 CMOS RAM 的 8 号单元读出当前月份的 BCD 码。

要读取 CMOS RAM 的信息，首先要向地址端口 70h 写入要访问的单元的地址：

```
mov al,8
out 70h,al
```

然后从数据端口 71h 中取得指定单元中的数据：

```
in al,71h
```

(2) 将用 BCD 码表示的月份以十进制的形式显示到屏幕上。

我们可以看出，BCD 码值=十进制数码值，则 BCD 码值+30h=十进制数对应的 ASCII 码。

从 CMOS RAM 的 8 号单元读出的一个字节中，包含了用两个 BCD 码表示的两位十进制数，高 4 位的 BCD 码表示十位，低 4 位的 BCD 码表示个位。比如，00010100b 表示 14。

我们需要进行以下两步工作。

① 将从 CMOS RAM 的 8 号单元中读出的一个字节，分为两个表示 BCD 码值的数据。

```
mov ah,al              ;al 中为从 CMOS RAM 的 8 号单元中读出的数据
mov cl,4
shr ah,cl              ;ah 中为月份的十位数码值
and al,00001111b       ;al 中为月份的个位数码值
```

② 显示(ah)+30h 和(al)+30h 对应的 ASCII 码字符。

完整的程序如下。

```
assume cs:code
code segment
start:  mov al,8
        out 70h,al
        in al,71h

        mov ah,al
        mov cl,4
        shr ah,cl
        and al,00001111b

        add ah,30h
        add al,30h

        mov bx,0b800h
        mov es,bx
        mov byte ptr es:[160*12+40*2],ah          ;显示月份的十位数码
        mov byte ptr es:[160*12+40*2+2],al        ;接着显示月份的个位数码

        mov ax,4c00h
```

```
        int 21h

code ends
end start
```

实验 14　访问 CMOS RAM

编程，以“年/月/日 时:分:秒”的格式，显示当前的日期、时间。

注意：CMOS RAM 中存储着系统的配置信息，除了保存时间信息的单元外，不要向其他的单元中写入内容，否则将引起一些系统错误。

第15章　外　中　断

以前我们讨论的都是 CPU 对指令的执行。我们知道，CPU 在计算机系统中，除了能够执行指令，进行运算以外，还应该能够对外部设备进行控制，接收它们的输入，向它们进行输出。也就是说，CPU 除了有运算能力外，还要有 I/O(Input/Output，输入/输出)能力。比如，我们按下键盘上的一个键，CPU 最终要能够处理这个键。在使用文本编辑器时，按下 a 键后，我们可以看到屏幕上出现“a”，是 CPU 将从键盘上输入的键所对应的字符送到显示器上的。

要及时处理外设的输入，显然需要解决两个问题：①外设的输入随时可能发生，CPU 如何得知？②CPU 从何处得到外设的输入？

这一章中，我们以键盘输入为例，讨论这两个问题。

15.1　接口芯片和端口

第 14 章我们讲过，PC 系统的接口卡和主板上，装有各种接口芯片。这些外设接口芯片的内部有若干寄存器，CPU 将这些寄存器当作端口来访问。

外设的输入不直接送入内存和 CPU，而是送入相关的接口芯片的端口中；CPU 向外设的输出也不是直接送入外设，而是先送入端口中，再由相关的芯片送到外设。CPU 还可以向外设输出控制命令，而这些控制命令也是先送到相关芯片的端口中，然后再由相关的芯片根据命令对外设实施控制。

可见，CPU 通过端口和外部设备进行联系。

15.2　外中断信息

现在，我们知道了外设的输入被存放在端口中，可是外设的输入随时都有可能到达，CPU 如何及时地知道，并进行处理呢？更一般地讲，就是外设随时都可能发生需要 CPU 及时处理的事件，CPU 如何及时得知并进行处理？

CPU 提供中断机制来满足这种需要。前面讲过，当 CPU 的内部有需要处理的事情发生的时候，将产生中断信息，引发中断过程。这种中断信息来自 CPU 的内部。

还有一种中断信息，来自于 CPU 外部，当 CPU 外部有需要处理的事情发生的时候，比如说，外设的输入到达，相关芯片将向 CPU 发出相应的中断信息。CPU 在执行完当前指令后，可以检测到发送过来的中断信息，引发中断过程，处理外设的输入。

在 PC 系统中，外中断源一共有以下两类。

1. 可屏蔽中断

可屏蔽中断是 CPU 可以不响应的外中断。CPU 是否响应可屏蔽中断，要看标志寄存器的 IF 位的设置。当 CPU 检测到可屏蔽中断信息时，如果 IF=1，则 CPU 在执行完当前指令后响应中断，引发中断过程；如果 IF=0，则不响应可屏蔽中断。

我们回忆一下内中断所引发的中断过程：

(1) 取中断类型码 n；
(2) 标志寄存器入栈，IF=0，TF=0；
(3) CS、IP 入栈；
(4) (IP)=(n*4)，(CS)=(n*4+2)

由此转去执行中断处理程序。

可屏蔽中断所引发的中断过程，除在第 1 步的实现上有所不同外，基本上和内中断的中断过程相同。因为可屏蔽中断信息来自于 CPU 外部，中断类型码是通过数据总线送入 CPU 的；而内中断的中断类型码是在 CPU 内部产生的。

现在，我们可以解释中断过程中将 IF 置为 0 的原因了。将 IF 置 0 的原因就是，在进入中断处理程序后，禁止其他的可屏蔽中断。

当然，如果在中断处理程序中需要处理可屏蔽中断，可以用指令将 IF 置 1。8086CPU 提供的设置 IF 的指令如下：

sti，设置 IF=1；
cli，设置 IF=0。

2. 不可屏蔽中断

不可屏蔽中断是 CPU 必须响应的外中断。当 CPU 检测到不可屏蔽中断信息时，则在执行完当前指令后，立即响应，引发中断过程。

对于 8086CPU，不可屏蔽中断的中断类型码固定为 2，所以中断过程中，不需要取中断类型码。则不可屏蔽中断的中断过程为：

(1) 标志寄存器入栈，IF=0，TF=0；
(2) CS、IP 入栈；
(3) (IP)=(8)，(CS)=(0AH)。

几乎所有由外设引发的外中断，都是可屏蔽中断。当外设有需要处理的事件(比如说键盘输入)发生时，相关芯片向 CPU 发出可屏蔽中断信息。不可屏蔽中断是在系统中有必须处理的紧急情况发生时用来通知 CPU 的中断信息。在我们的课程中，主要讨论可屏蔽中断。

15.3 PC 机键盘的处理过程

下面我们看一下键盘输入的处理过程，并以此来体会一下 PC 机处理外设输入的基本方法。

1. 键盘输入

键盘上的每一个键相当于一个开关，键盘中有一个芯片对键盘上的每一个键的开关状态进行扫描。

按下一个键时，开关接通，该芯片就产生一个扫描码，扫描码说明了按下的键在键盘上的位置。扫描码被送入主板上的相关接口芯片的寄存器中，该寄存器的端口地址为 60h。

松开按下的键时，也产生一个扫描码，扫描码说明了松开的键在键盘上的位置。松开按键时产生的扫描码也被送入 60h 端口中。

一般将按下一个键时产生的扫描码称为通码，松开一个键产生的扫描码称为断码。扫描码长度为一个字节，通码的第 7 位为 0，断码的第 7 位为 1，即：

断码＝通码 ＋80h

比如，g 键的通码为 22h，断码为 a2h。

表 15.1 是键盘上部分键的扫描码，只列出通码。断码＝通码 ＋80h。

表 15.1 键盘上部分键的扫描码

键	扫描码	键	扫描码	键	扫描码	键	扫描码
Esc	01	U	16	H	23	B	30
1~9	02~0A	I	17	J	24	N	31
0	0B	O	18	K	25	M	32
-	0C	P	19	L	26	,	33
=	0D	[	1A	;	27	.	34
Backspace	0E	]	1B	,	28	/	35
Tab	0F	Enter	1C	、	29	Shift(右)	36
Q	10	Ctrl	1D	Shift(左)	2A	PrtSc	37
W	11	A	1E	\	2B	Alt	38
E	12	S	1F	Z	2C	Space	39
R	13	D	20	X	2D	CapsLock	3A
T	14	F	21	C	2E	F1~F10	3B~44
Y	15	G	22	V	2F	NumLock	45

续表

键	扫描码	键	扫描码	键	扫描码	键	扫描码
ScrollLock	46	-	4A	End	4F	Del	53
Home	47	←	4B	↓	50		
↑	48	→	4D	PgDn	51		
PgUp	49	+	4E	Ins	52		

2. 引发 9 号中断

键盘的输入到达 60h 端口时，相关的芯片就会向 CPU 发出中断类型码为 9 的可屏蔽中断信息。CPU 检测到该中断信息后，如果 IF=1，则响应中断，引发中断过程，转去执行 int 9 中断例程。

3. 执行 int 9 中断例程

BIOS 提供了 int 9 中断例程，用来进行基本的键盘输入处理，主要的工作如下：

(1) 读出 60h 端口中的扫描码；

(2) 如果是字符键的扫描码，将该扫描码和它所对应的字符码(即 ASCII 码)送入内存中的 BIOS 键盘缓冲区；如果是控制键(比如 Ctrl)和切换键(比如 CapsLock)的扫描码，则将其转变为状态字节(用二进制位记录控制键和切换键状态的字节)写入内存中存储状态字节的单元；

(3) 对键盘系统进行相关的控制，比如说，向相关芯片发出应答信息。

BIOS 键盘缓冲区是系统启动后，BIOS 用于存放 int 9 中断例程所接收的键盘输入的内存区。该内存区可以存储 15 个键盘输入，因为 int 9 中断例程除了接收扫描码外，还要产生和扫描码对应的字符码，所以在 BIOS 键盘缓冲区中，一个键盘输入用一个字单元存放，高位字节存放扫描码，低位字节存放字符码。

0040:17 单元存储键盘状态字节，该字节记录了控制键和切换键的状态。键盘状态字节各位记录的信息如下。

0：右 Shift 状态，置 1 表示按下右 Shift 键；
1：左 Shift 状态，置 1 表示按下左 Shift 键；
2：Ctrl 状态，置 1 表示按下 Ctrl 键；
3：Alt 状态，置 1 表示按下 Alt 键；
4：ScrollLock 状态，置 1 表示 Scroll 指示灯亮；
5：NumLock 状态，置 1 表示小键盘输入的是数字；
6：CapsLock 状态，置 1 表示输入大写字母；
7：Insert 状态，置 1 表示处于删除态。

15.4 编写 int 9 中断例程

从上面的内容中，可以看出键盘输入的处理过程：①键盘产生扫描码；②扫描码送入60h 端口；③引发 9 号中断；④CPU 执行 int 9 中断例程处理键盘输入。

上面的过程中，第 1、2、3 步都是由硬件系统完成的。我们能够改变的只有 int 9 中断处理程序。我们可以重新编写 int 9 中断例程，按照自己的意图来处理键盘的输入。但是，在课程中，我们不准备完整地编写一个键盘中断的处理程序，因为要涉及一些硬件细节，而这些内容脱离了我们的内容主线。

但是，我们却还要编写新的键盘中断处理程序，来进行一些特殊的工作，那么这些硬件细节如何处理呢？这点比较简单，因为 BIOS 提供的 int 9 中断例程已经对这些硬件细节进行了处理。我们只要在自己编写的中断例程中调用 BIOS 的 int 9 中断例程就可以了。

编程：在屏幕中间依次显示“a”~“z”，并可以让人看清。在显示的过程中，按下 Esc 键后，改变显示的颜色。

我们先来看一下如何依次显示“a”~“z”。

```
assume cs:code
code segment
start:  mov ax,0b800h
        mov es,ax
        mov ah,'a'
    s:  mov es:[160*12+40*2],ah
        inc ah
        cmp ah,'z'
        jna s
        mov ax,4c00h
        int 21h
code ends
end start
```

在上面的程序的执行过程中，我们无法看清屏幕上的显示。因为一个字母刚显示到屏幕上，CPU 执行几条指令后，就又变成了另一个字母，字母之间切换得太快，无法看清。

应该在每显示一个字母后，延时一段时间，让人看清后，再显示下一个字母。那么如何延时呢？我们让 CPU 执行一段时间的空循环。因为现在 CPU 的速度都非常快，所以循环的次数一定要大，用两个 16 位寄存器来存放 32 位的循环次数。如下：

```
    mov dx,10h
    mov ax,0
s:  sub ax,1
    sbb dx,0
    cmp ax,0
```

```
    jne s
    cmp dx,0
    jne s
```

上面的程序，循环 100000h 次。我们可以将循环延时的程序段写为一个子程序。

现在，我们的程序如下：

```
assume cs:code

stack segment
  db 128 dup (0)
stack ends

code segment

start:  mov ax,stack
        mov ss,ax
        mov sp,128

        mov ax,0b800h
        mov es,ax
        mov ah,'a'
    s:  mov es:[160*12+40*2],ah
        call delay
        inc ah
        cmp ah,'z'
        jna s

        mov ax,4c00h
        int 21h

delay:  push ax
        push dx
        mov dx,1000h     ;循环 10000000h 次，读者可以根据自己机器的速度调整循环次数
        mov ax,0
   s1:  sub ax,1
        sbb dx,0
        cmp ax,0
        jne s1
        cmp dx,0
        jne s1
        pop dx
        pop ax
        ret

code ends
end start
```

显示“a”~“z”，并可以让人看清，这个任务已经实现。那么如何实现，按下 Esc

键后，改变显示的颜色呢？

键盘输入到达 60h 端口后，就会引发 9 号中断，CPU 则转去执行 int 9 中断例程。我们可以编写 int 9 中断例程，功能如下。

(1) 从 60h 端口读出键盘的输入；
(2) 调用 BIOS 的 int 9 中断例程，处理其他硬件细节；
(3) 判断是否为 Esc 的扫描码，如果是，改变显示的颜色后返回；如果不是则直接返回。

下面对这些功能的实现一一进行分析。

1. 从端口 60h 读出键盘的输入

```
in al,60h
```

2. 调用 BIOS 的 int 9 中断例程

有一点要注意的是，我们写的中断处理程序要成为新的 int 9 中断例程，主程序必须要将中断向量表中的 int 9 中断例程的入口地址改为我们写的中断处理程序的入口地址。则在新的中断处理程序中调用原来的 int 9 中断例程时，中断向量表中的 int 9 中断例程的入口地址却不是原来的 int 9 中断例程的地址。所以不能使用 int 指令直接调用。

要能在我们写的新中断例程中调用原来的中断例程，就必须在将中断向量表中的中断例程的入口地址改为新地址之前，将原来的入口地址保存起来。这样，在需要调用的时候，我们才能找到原来的中断例程的入口。

对于我们现在的问题，假设将原来 int 9 中断例程的偏移地址和段地址保存在 ds:[0]和 ds:[2]单元中。那么我们在需要调用原来的 int 9 中断例程时，就可以在 ds:[0]、ds:[2]单元中找到它的入口地址。

那么，有了入口地址后，如何进行调用呢？

当然不能使用指令 int 9 来调用。我们可以用别的指令来对 int 指令进行一些模拟，从而实现对中断例程的调用。

我们来看，int 指令在执行的时候，CPU 进行下面的工作。

(1) 取中断类型码 n；
(2) 标志寄存器入栈；
(3) IF=0，TF=0；
(4) CS、IP 入栈；
(5) (IP)=(n*4)，(CS)=(n*4+2)。

取中断类型码是为了定位中断例程的入口地址，在我们的问题中，中断例程的入口地址已经知道。所以，我们用别的指令模拟 int 指令时，不需要做第(1)步。在假设要调用的中断例程的入口地址在 ds:0 和 ds:2 单元中的前提下，我们将 int 过程用下面几步模拟。

(1) 标志寄存器入栈；
(2) IF=0，TF=0；
(3) CS、IP 入栈；
(4) (IP)=((ds)*16+0)，(CS)=((ds)*16+2)。

可以注意到第(3)、(4)步和 call dword ptr ds:[0]的功能一样，call dword ptr ds:[0]的功能也是：

(1) CS、IP 入栈；
(2) (IP)=((ds)*16+0)，(CS)=((ds)*16+2)。

如果还有疑问，复习 10.6 节的内容。

所以 int 过程的模拟过程变为：

(1) 标志寄存器入栈；
(2) IF=0，TF=0；
(3) call dword ptr ds:[0]。

对于(1)，可用 pushf 实现；

对于(2)，可用下面的指令实现：

```
pushf
pop ax
and ah,11111100b          ;IF 和 TF 为标志寄存器的第 9 位和第 8 位
push ax
popf
```

则模拟 int 指令的调用功能，调用入口地址在 ds:0、ds:2 中的中断例程的程序为：

```
pushf                     ;标志寄存器入栈

pushf
pop ax
and ah,11111100b
push ax
popf                      ;IF=0，TF=0

call dword ptr ds:[0]     ;CS、IP 入栈；(IP)=((ds)*16+0)，(CS)=((ds)*16+2)
```

3. 如果是 Esc 的扫描码，改变显示的颜色后返回

如何改变显示的颜色？

显示的位置是屏幕的中间，即第 12 行 40 列，显存中的偏移地址为：160*12+40*2。所以字符的 ASCII 码要送入段地址 b800h，偏移地址 160*12+40*2 处。而段地址 b800h，

偏移地址 160*12+40*2+1 处是字符的属性，只要改变此处的数据就可以改变在段地址 b800h，偏移地址 160*12+40*2 处显示的字符的颜色了。

该程序的最后一个问题是，要在程序返回前，将中断向量表中的 int 9 中断例程的入口地址恢复为原来的地址。否则程序返回后，别的程序将无法使用键盘。

经过分析，完整的程序如下。

```
assume cs:code

stack segment
 db 128 dup (0)
stack ends

data segment
 dw 0,0
data ends

code segment
start:  mov ax,stack
        mov ss,ax
        mov sp,128

        mov ax,data
        mov ds,ax

        mov ax,0
        mov es,ax

        push es:[9*4]
        pop ds:[0]
        push es:[9*4+2]
        pop ds:[2]        ;将原来的int 9中断例程的入口地址保存在ds:0、ds:2单元中

        mov word ptr es:[9*4],offset int9
        mov es:[9*4+2],cs         ;在中断向量表中设置新的int 9中断例程的入口地址

        mov ax,0b800h
        mov es,ax
        mov ah,'a'
   s:   mov es:[160*12+40*2],ah
        call delay
        inc ah
        cmp ah,'z'
        jna s

        mov ax,0
        mov es,ax

        push ds:[0]
```

```
        pop es:[9*4]
        push ds:[2]
        pop es:[9*4+2]          ;将中断向量表中 int 9 中断例程的入口恢复为原来的地址

        mov ax,4c00h
        int 21h

delay:  push ax
        push dx
        mov dx,1000h
        mov ax,0
   s1:  sub ax,1
        sbb dx,0
        cmp ax,0
        jne s1
        cmp dx,0
        jne s1
        pop dx
        pop ax
        ret

;------以下为新的 int 9 中断例程-----------------

int9:   push ax
        push bx
        push es

        in al,60h

        pushf
        pushf
        pop bx
        and bh,11111100b
        push bx
        popf
        call dword ptr ds:[0]    ;对 int 指令进行模拟，调用原来的 int 9 中断例程

        cmp al,1
        jne int9ret

        mov ax,0b800h
        mov es,ax
        inc byte ptr es:[160*12+40*2+1]          ;将属性值加 1，改变颜色

int9ret:pop es
        pop bx
        pop ax
        iret

code ends
end start
```

注意，本章中所有关于键盘的程序，因要直接访问真实的硬件，则必须在 DOS 实模式下运行。在 Windows 2000 的 DOS 方式下运行，会出现一些和硬件工作原理不符合的现象。

检测点 15.1

(1) 仔细分析一下上面的 int 9 中断例程，看看是否可以精简一下？

其实在我们的 int 9 中断例程中，模拟 int 指令调用原 int 9 中断例程的程序段是可以精简的，因为在进入中断例程后，IF 和 TF 都已经置 0，没有必要再进行设置了。对于程序段：

```
pushf
pushf
pop ax
and ah,11111100b
push ax
popf
call dword ptr ds:[0]
```

可以精简为：

____

____

两条指令。

(2) 仔细分析上面程序中的主程序，看看有什么潜在的问题？

在主程序中，如果在执行设置 int 9 中断例程的段地址和偏移地址的指令之间发生了键盘中断，则 CPU 将转去一个错误的地址执行，将发生错误。

找出这样的程序段，改写它们，排除潜在的问题。

提示，注意 sti 和 cli 指令的用法。

15.5　安装新的 int 9 中断例程

下面，我们安装一个新的 int 9 中断例程，使得原 int 9 中断例程的功能得到扩展。

任务：安装一个新的 int 9 中断例程。
功能：在 DOS 下，按 F1 键后改变当前屏幕的显示颜色，其他的键照常处理。

我们进行一下分析。

(1) 改变屏幕的显示颜色

改变从 B8000H 开始的 4000 个字节中的所有奇地址单元中的内容，当前屏幕的显示颜色即发生改变。程序如下：

```
    mov ax,0b800h
    mov es,ax
    mov bx,1
    mov cx,2000
s:  inc byte ptr es:[bx]
    add bx,2
    loop s
```

(2) 其他键照常处理

可以调用原 int 9 中断处理程序，来处理其他的键盘输入。

(3) 原 int 9 中断例程入口地址的保存

因为在编写的新 int 9 中断例程中要调用原 int 9 中断例程，所以，要保存原 int 9 中断例程的入口地址。保存在哪里？显然不能保存在安装程序中，因为安装程序返回后地址将丢失。我们将地址保存在 0:200 单元处。

(4) 新 int 9 中断例程的安装

这个问题在前面已经详细讨论过。我们可将新的 int 9 中断例程安装在 0:204 处。

完整的程序如下。

```
assume cs:code

stack segment
  db 128 dup (0)
stack ends

code segment
start:  mov ax,stack
        mov ss,ax
        mov sp,128

        push cs
        pop ds

        mov ax,0
        mov es,ax

        mov si,offset int9                  ;设置 ds:si 指向源地址
        mov di,204h                         ;设置 es:di 指向目的地址
        mov cx,offset int9end-offset int9   ;设置 cx 为传输长度
        cld                                 ;设置传输方向为正
```

```
        rep movsb

        push es:[9*4]
        pop es:[200h]
        push es:[9*4+2]
        pop es:[202h]

        cli
        mov word ptr es:[9*4],204h
        mov word ptr es:[9*4+2],0
        sti

        mov ax,4c00h
        int 21h

int9:   push ax
        push bx
        push cx
        push es

        in al,60h

        pushf
        call dword ptr cs:[200h]       ;当此中断例程执行时(CS)=0

        cmp al,3bh                     ;F1 的扫描码为 3bh
        jne int9ret

        mov ax,0b800h
        mov es,ax
        mov bx,1
        mov cx,2000
   s:   inc byte ptr es:[bx]
        add bx,2
        loop s

int9ret:pop es
        pop cx
        pop bx
        pop ax
        iret

int9end:nop

code ends
end start
```

这一章中，我们通过对键盘输入的处理，讲解了 CPU 对外设输入的通常处理方法。即：

(1) 外设的输入送入端口；

(2) 向 CPU 发出外中断(可屏蔽中断)信息；

(3) CPU 检测到可屏蔽中断信息，如果 IF=1，CPU 在执行完当前指令后响应中断，执行相应的中断例程；

(4) 可在中断例程中实现对外设输入的处理。

端口和中断机制，是 CPU 进行 I/O 的基础。

实验 15　安装新的 int 9 中断例程

安装一个新的 int 9 中断例程，功能：在 DOS 下，按下“A”键后，除非不再松开，如果松开，就显示满屏幕的“A”，其他的键照常处理。

提示，按下一个键时产生的扫描码称为通码，松开一个键产生的扫描码称为断码。断码＝通码 ＋80h。

指令系统总结

我们对 8086CPU 的指令系统进行一下总结。读者若要详细了解 8086 指令系统中的各个指令的用法，可以查看有关的指令手册。

8086CPU 提供以下几大类指令。

1. 数据传送指令

比如，mov、push、pop、pushf、popf、xchg 等都是数据传送指令，这些指令实现寄存器和内存、寄存器和寄存器之间的单个数据传送。

2. 算术运算指令

比如，add、sub、adc、sbb、inc、dec、cmp、imul、idiv、aaa 等都是算术运算指令，这些指令实现寄存器和内存中的数据的算数运算。它们的执行结果影响标志寄存器的 sf、zf、of、cf、pf、af 位。

3. 逻辑指令

比如，and、or、not、xor、test、shl、shr、sal、sar、rol、ror、rcl、rcr 等都是逻辑指令。除了 not 指令外，它们的执行结果都影响标志寄存器的相关标志位。

4. 转移指令

可以修改 IP，或同时修改 CS 和 IP 的指令统称为转移指令。转移指令分为以下几类。

(1) 无条件转移指令，比如，jmp；

(2) 条件转移指令，比如，jcxz、je、jb、ja、jnb、jna 等；

(3) 循环指令，比如，loop；

(4) 过程，比如，call、ret、retf；

(5) 中断，比如，int、iret。

5. 处理机控制指令

这些指令对标志寄存器或其他处理机状态进行设置，比如，cld、std、cli、sti、nop、clc、cmc、stc、hlt、wait、esc、lock 等都是处理机控制指令。

6. 串处理指令

这些指令对内存中的批量数据进行处理，比如，movsb、movsw、cmps、scas、lods、stos 等。若要使用这些指令方便地进行批量数据的处理，则需要和 rep、repe、repne 等前缀指令配合使用。

第 16 章　直接定址表

这一章，我们讨论如何有效合理地组织数据，以及相关的编程技术。

16.1　描述了单元长度的标号

前面的课程中，我们一直在代码段中使用标号来标记指令、数据、段的起始地址。比如，下面的程序将 code 段中的 a 标号处的 8 个数据累加，结果存储到 b 标号处的字中。

```
assume cs:code

code segment

     a: db 1,2,3,4,5,6,7,8
     b: dw 0

start:mov si,offset a
     mov bx,offset b
     mov cx,8
   s: mov al,cs:[si]
     mov ah,0
     add cs:[bx],ax
     inc si
     loop s

     mov ax,4c00h
     int 21h

code ends
end start
```

程序中，code、a、b、start、s 都是标号。这些标号仅仅表示了内存单元的地址。

但是，我们还可以使用一种标号，这种标号不但表示内存单元的地址，还表示了内存单元的长度，即表示在此标号处的单元，是一个字节单元，还是字单元，还是双字单元。上面的程序还可以写成这样：

```
assume cs:code
code segment
     a db 1,2,3,4,5,6,7,8
     b dw 0

  start:mov si,0
       mov cx,8
     s:mov al,a[si]
```

```
        mov ah,0
        add b,ax
        inc si
        loop s
        mov ax,4c00h
        int 21h

code ends
end start
```

在 code 段中使用的标号 a、b 后面没有“:”，它们是同时描述内存地址和单元长度的标号。标号 a，描述了地址 code:0，和从这个地址开始，以后的内存单元都是字节单元；而标号 b 描述了地址 code:8，和从这个地址开始，以后的内存单元都是字单元。

因为这种标号包含了对单元长度的描述，所以在指令中，它可以代表一个段中的内存单元。比如，对于程序中的“b dw 0”：

指令：　mov ax,b
相当于：mov ax,cs:[8]

指令：　mov b,2
相当于：mov word ptr cs:[8],2

指令：　inc b
相当于：inc word ptr cs:[8]

在这些指令中，标号 b 代表了一个内存单元，地址为 code:8，长度为两个字节。

下面的指令会引起编译错误：

```
mov al,b
```

因为 b 代表的内存单元是字单元，而 al 是 8 位寄存器。

如果我们将程序中的指令“add b,ax”，写为“add b,al”，将出现同样的编译错误。

对于程序中的“a db 1,2,3,4,5,6,7,8”：

指令：　mov al,a[si]
相当于：mov al,cs:0[si]

指令：　mov al,a[3]
相当于：mov al,cs:0[3]

指令：　mov al,a[bx+si+3]
相当于：mov al,cs:0[bx+si+3]

可见，使用这种包含单元长度的标号，可以使我们以简洁的形式访问内存中的数据。以后，我们将这种标号称为数据标号，它标记了存储数据的单元的地址和长度。它不同于仅仅表示地址的地址标号。

检测点 16.1

下面的程序将 code 段中 a 处的 8 个数据累加，结果存储到 b 处的双字中，补全程序。

```
assume cs:code
code segment
      a dw 1,2,3,4,5,6,7,8
      b dd 0

  start:mov si,0
        mov cx,8
      s: mov ax,______
        add _____,ax
        adc _____,0
        add si, ____
        loop s

        mov ax,4c00h
        int 21h

code ends
end start
```

16.2　在其他段中使用数据标号

一般来说，我们不在代码段中定义数据，而是将数据定义到其他段中。在其他段中，我们也可以使用数据标号来描述存储数据的单元的地址和长度。

注意，在后面加有“:”的地址标号，只能在代码段中使用，不能在其他段中使用。

下面的程序将 data 段中 a 标号处的 8 个数据累加，结果存储到 b 标号处的字中。

```
assume cs:code,ds:data
data segment
   a db 1,2,3,4,5,6,7,8
   b dw 0
data ends

code segment
start:  mov ax,data
        mov ds,ax

        mov si,0
        mov cx,8
```

```
    s:  mov al,a[si]
        mov ah,0
        add b,ax
        inc si
        loop s

        mov ax,4c00h
        int 21h

code ends
end start
```

注意，如果想在代码段中直接用数据标号访问数据，则需要用伪指令 assume 将标号所在的段和一个段寄存器联系起来。否则编译器在编译的时候，无法确定标号的段地址在哪一个寄存器中。当然，这种联系是编译器需要的，但绝对不是说，我们因为编译器的工作需要，用 assume 指令将段寄存器和某个段相联系，段寄存器中就会真的存放该段的地址。我们在程序中还要使用指令对段寄存器进行设置。

比如，在上面的程序中，我们要在代码段 code 中用 data 段中的数据标号 a、b 访问数据，则必须用 assume 将一个寄存器和 data 段相联。在程序中，我们用 ds 寄存器和 data 段相联，则编译器对相关指令的编译如下。

指令：　mov al,a[si]
编译为：mov al,[si+0]

指令：　add b,ax
编译为：add [8],ax

因为这些实际编译出的指令，都默认所访问单元的段地址在 ds 中，而实际要访问的段为 data，所以若要访问正确，在这些指令执行前，ds 中必须为 data 段的段地址。则我们在程序中使用指令：

```
mov ax,data
mov ds,ax
```

设置 ds 指向 data 段。

可以将标号当作数据来定义，此时，编译器将标号所表示的地址当作数据的值。

比如：

```
data segment
   a db 1,2,3,4,5,6,7,8
   b dw 0
   c dw a,b
data ends
```

数据标号 c 处存储的两个字型数据为标号 a、b 的偏移地址。相当于：

```
data segment
   a db 1,2,3,4,5,6,7,8
   b dw 0
   c dw offset a,offset b
data ends
```

再比如：

```
data segment
   a db 1,2,3,4,5,6,7,8
   b dw 0
   c dd a,b
data ends
```

数据标号 c 处存储的两个双字型数据为标号 a 的偏移地址和段地址、标号 b 的偏移地址和段地址。相当于：

```
data segment
   a db 1,2,3,4,5,6,7,8
   b dw 0
   c dw offset a, seg a, offset b ,seg b
data ends
```

seg 操作符，功能为取得某一标号的段地址。

检测点 16.2

下面的程序将 data 段中 a 处的 8 个数据累加，结果存储到 b 处的字中，补全程序。

```
assume cs:code,es:data

data segment
   a db 1,2,3,4,5,6,7,8
   b dw 0
data ends

code segment
start: ___________
       ___________
       mov si,0
       mov cx,8
    s: mov al,a[si]
       mov ah,0
       add b,ax
       inc si
       loop s

       mov ax,4c00h
       int 21h
code ends
end start
```

16.3 直接定址表

现在，我们讨论用查表的方法编写相关程序的技巧。

编写子程序，以十六进制的形式在屏幕中间显示给定的字节型数据。

分析：一个字节需要用两个十六进制数码来表示，所以，子程序需要在屏幕上显示两个 ASCII 字符。我们当然要用“0”、“1”、“2”、“3”、“4”、“5”、“6”、“7”、“8”、“9”、“A”、“B”、“C”、“D”、“E”、“F”这 16 个字符来显示十六进制数码。

我们可以将一个字节的高 4 位和低 4 位分开，分别用它们的值得到对应的数码字符。比如 2Bh，可以得到高 4 位的值为 2，低 4 位的值为 11，那么如何用这两个数值得到对应的数码字符“2”和“B”呢？

最简单的办法就是一个一个地比较，如下：

如果数值为 0，则显示“0”；
如果数值为 1，则显示“1”；
⋮
如果数值为 11，则显示“B”；
⋮

我们可以看出，这样做，程序中要使用多条比较、转移指令。程序将比较长，混乱。

显然，我们希望能够在数值 0~15 和字符“0”~“F” 之间找到一种映射关系。这样用 0~15 间的任何数值，都可以通过这种映射关系直接得到“0”~“F”中对应的字符。

数值 0~9 和字符“0”~“9”之间的映射关系是很明显的，即：

数值+30h=对应字符的 ASCII 值
0+30h=“0”的 ASCII 值
1+30h=“1”的 ASCII 值
2+30h=“2”的 ASCII 值
⋮

但是，10~15 和“A”~“F”之间的映射关系是：

数值+37h=对应字符的 ASCII 值
10+37h=“A”的 ASCII 值
11+37h=“B”的 ASCII 值
12+37h=“C”的 ASCII 值
⋮

可见，我们可以利用数值和字符之间的这种原本存在的映射关系，通过高4位和低4位值得到对应的字符码。但是由于映射关系的不同，我们在程序中必须进行一些比较，对于大于9的数值，我们要用不同的计算方法。

这样做，虽然使程序得到了简化。但是，如果我们希望用更简捷的算法，就要考虑用同一种映射关系从数值得到字符码。所以，我们就不能利用 0~9 和“0”~“9”之间与10~15 和“A”~“F”之间原有的映射关系。

因为数值 0~15 和字符“0”~“F”之间没有一致的映射关系存在，所以，我们应该在它们之间建立新的映射关系。

具体的做法是，建立一张表，表中依次存储字符“0”~“F”，我们可以通过数值0~15 直接查找到对应的字符。

子程序如下。

```
;用 al 传送要显示的数据

showbyte:   jmp short show

            table  db '0123456789ABCDEF'        ;字符表

     show:  push bx
            push es

            mov ah,al
            shr ah,1
            shr ah,1
            shr ah,1
            shr ah,1                            ;右移 4 位，ah 中得到高 4 位的值
            and al,00001111b                    ;al 中为低 4 位的值

            mov bl,ah
            mov bh,0
            mov ah,table[bx]  ;用高 4 位的值作为相对于 table 的偏移，取得对应的字符

            mov bx,0b800h
            mov es,bx
            mov es:[160*12+40*2],ah

            mov bl,al
            mov bh,0
            mov al,table[bx]  ;用低 4 位的值作为相对于 table 的偏移，取得对应的字符

            mov es:[160*12+40*2+2],al

            pop es
            pop bx

            ret
```

可以看出，在子程序中，我们在数值 0~15 和字符“0”~“F”之间建立的映射关系为：以数值 N 为 table 表中的偏移，可以找到对应的字符。

利用表，在两个数据集合之间建立一种映射关系，使我们可以用查表的方法根据给出的数据得到其在另一集合中的对应数据。这样做的目的一般来说有以下 3 个。

(1) 为了算法的清晰和简洁；
(2) 为了加快运算速度；
(3) 为了使程序易于扩充。

在上面的子程序中，我们更多的是为了算法的清晰和简洁，而采用了查表的方法。下面我们来看一下，为了加快运算速度而采用查表的方法的情况。

编写一个子程序，计算 sin(x)，x∈{0°，30°，60°，90°，120°，150°，180°}，并在屏幕中间显示计算结果。比如 sin(30)的结果显示为“0.5”。

我们可以利用麦克劳林公式来计算 sin(x)。x 为角度，麦克劳林公式中需要代入弧度，则：

$$\sin(x)=\sin(y)\approx y-\frac{1}{3!}y^3+\frac{1}{5!}y^5$$

$$y=x/180*3.1415926$$

可以看出，计算 sin(x)需要进行多次乘法和除法。乘除是非常费时的运算，它们的执行时间大约是加法、比较等指令的 5 倍。如何才能够不做乘除而计算 sin(x)呢？我们看一下需要计算的 sin(x)的结果：

sin(0)=0
sin(30)=0.5
sin(60)=0.866
sin(90)=1
sin(120)=0.866
sin(150)=0.5
sin(180)=0

我们可以看出，其实用不着计算，可以占用一些内存空间来换取运算的速度。将所要计算的 sin(x)的结果都存储到一张表中；然后用角度值来查表，找到对应的 sin(x)的值。

用 ax 向子程序传递角度，程序如下：

```
showsin:  jmp short show

    table    dw  ag0,ag30,ag60,ag90,ag120,ag150,ag180   ;字符串偏移地址表
    ag0      db '0',0                                  ;sin(0)对应的字符串“0”
```

```
    ag30     db '0.5',0                     ;sin(30)对应的字符串"0.5"
    ag60     db '0.866',0                   ;sin(60)对应的字符串"0.866"
    ag90     db '1',0                       ;sin(90)对应的字符串"1"
    ag120    db '0.866',0                   ;sin(120)对应的字符串"0.866"
    ag150    db '0.5',0                     ;sin(150)对应的字符串"0.5"
    ag180    db '0',0                       ;sin(180)对应的字符串"0"
show:   push bx
        push es
        push si
        mov bx,0b800h
        mov es,bx

;以下用角度值/30 作为相对于 table 的偏移，取得对应的字符串的偏移地址，放在 bx 中
        mov ah,0
        mov bl,30
        div bl
        mov bl,al
        mov bh,0
        add bx,bx
        mov bx,table[bx]

;以下显示 sin(x)对应的字符串
        mov si,160*12+40*2
shows:  mov ah,cs:[bx]
        cmp ah,0
        je showret
        mov es:[si],ah
        inc bx
        add si,2
        jmp short shows
showret:pop si
        pop es
        pop bx
        ret
```

在上面的子程序中，我们在角度值 X 和表示 sin(x)的字符串集合 table 之间建立的映射关系为：以角度值/30 为 table 表中的偏移，可以找到对应的字符串的首地址。

编程的时候要注意程序的容错性，即对于错误的输入要有处理能力。在上面的子程序中，我们还应该再加上对提供的角度值是否超范围的检测。如果提供的角度值不在合法的集合中，程序将定位不到正确的字符串，出现错误。对于角度值的检测，请读者自行完成。

上面的两个子程序中，我们将通过给出的数据进行计算或比较而得到结果的问题，转化为用给出的数据作为查表的依据，通过查表得到结果的问题。具体的查表方法，是用查表的依据数据，直接计算出所要查找的元素在表中的位置。像这种可以通过依据数据，直接计算出所要找的元素的位置的表，我们称其为直接定址表。

16.4 程序入口地址的直接定址表

我们可以在直接定址表中存储子程序的地址，从而方便地实现不同子程序的调用。我们看下面的问题。

实现一个子程序 setscreen，为显示输出提供如下功能。

(1) 清屏；
(2) 设置前景色；
(3) 设置背景色；
(4) 向上滚动一行。

入口参数说明如下。

(1) 用 ah 寄存器传递功能号：0 表示清屏，1 表示设置前景色，2 表示设置背景色，3 表示向上滚动一行；
(2) 对于 1、2 号功能，用 al 传送颜色值，(al)∈{0,1,2,3,4,5,6,7}。

下面我们讨论一下各种功能如何实现。

(1) 清屏：将显存中当前屏幕中的字符设为空格符；
(2) 设置前景色：设置显存中当前屏幕中处于奇地址的属性字节的第 0、1、2 位；
(3) 设置背景色：设置显存中当前屏幕中处于奇地址的属性字节的第 4、5、6 位；
(4) 向上滚动一行：依次将第 n+1 行的内容复制到第 n 行处；最后一行为空。

我们将这 4 个功能分别写为 4 个子程序，请读者根据编程思想，自行读懂下面的程序。

```
sub1:   push bx
        push cx
        push es
        mov bx,0b800h
        mov es,bx
        mov bx,0
        mov cx,2000
sub1s:  mov byte ptr es:[bx],' '
        add bx,2
        loop sub1s
        pop es
        pop cx
        pop bx
        ret
```

```
sub2:   push bx
        push cx
        push es

        mov bx,0b800h
        mov es,bx
        mov bx,1
        mov cx,2000
sub2s:  and byte ptr es:[bx],11111000b
        or es:[bx],al
        add bx,2
        loop sub2s

        pop es
        pop cx
        pop bx
        ret

sub3:   push bx
        push cx
        push es
        mov cl,4
        shl al,cl
        mov bx,0b800h
        mov es,bx
        mov bx,1
        mov cx,2000
sub3s:  and byte ptr es:[bx],10001111b
        or es:[bx],al
        add bx,2
        loop sub3s
        pop es
        pop cx
        pop bx
        ret

sub4:   push cx
        push si
        push di
        push es
        push ds

        mov si,0b800h
        mov es,si
        mov ds,si
        mov si,160                  ;ds:si 指向第 n+1 行
        mov di,0                    ;es:di 指向第 n 行
        cld
        mov cx,24                   ;共复制 24 行

sub4s:  push cx
        mov cx,160
        rep movsb                   ;复制
```

```
        pop cx
        loop sub4s

        mov cx,80
        mov si,0
sub4s1: mov byte ptr [160*24+si],' '        ;最后一行清空
        add si,2
        loop sub4s1

        pop ds
        pop es
        pop di
        pop si
        pop cx
        ret
```

我们可以将这些功能子程序的入口地址存储在一个表中，它们在表中的位置和功能号相对应。对应关系为：功能号*2=对应的功能子程序在地址表中的偏移。程序如下：

```
setscreen:  jmp short set

    table   dw sub1,sub2,sub3,sub4

      set:  push bx

            cmp ah,3                ;判断功能号是否大于 3
            ja sret
            mov bl,ah
            mov bh,0
            add bx,bx           ;根据 ah 中的功能号计算对应子程序在 table 表中的偏移

            call word ptr table[bx]          ;调用对应的功能子程序

     sret:  pop bx
            ret
```

当然，我们也可以将子程序 setscreen 如下实现。

```
setscreen:  cmp ah,0
            je do1
            cmp ah,1
            je do2
            cmp ah,2
            je do3
            cmp ah,3
            je do4
            jmp short sret

      do1:  call sub1
            jmp short sret
      do2:  call sub2
```

```
        jmp short sret
do3:    call sub3
        jmp short sret
do4:    call sub4

sret:   ret
```

显然，用通过比较功能号进行转移的方法，程序结构比较混乱，不利于功能的扩充。比如说，在 setscreen 中再加入一个功能，则需要修改程序的逻辑，加入新的比较、转移指令。

用根据功能号查找地址表的方法，程序的结构清晰，便于扩充。如果加入一个新的功能子程序，那么只需要在地址表中加入它的入口地址就可以了。

实验 16　编写包含多个功能子程序的中断例程

安装一个新的 int 7ch 中断例程，为显示输出提供如下功能子程序。

(1) 清屏；
(2) 设置前景色；
(3) 设置背景色；
(4) 向上滚动一行。

入口参数说明如下。

(1) 用 ah 寄存器传递功能号：0 表示清屏，1 表示设置前景色，2 表示设置背景色，3 表示向上滚动一行；
(2) 对于 1、2 号功能，用 al 传送颜色值，(al)∈{0,1,2,3,4,5,6,7}。

第 17 章　使用 BIOS 进行键盘输入和磁盘读写

大多数有用的程序都需要处理用户的输入，键盘输入是最基本的输入。程序和数据通常需要长期存储，磁盘是最常用的存储设备。BIOS 为这两种外设的 I/O 提供了最基本的中断例程，在本章中，我们对它们的应用和相关的问题进行讨论。

17.1　int 9 中断例程对键盘输入的处理

我们已经讲过，键盘输入将引发 9 号中断，BIOS 提供了 int 9 中断例程。CPU 在 9 号中断发生后，执行 int 9 中断例程，从 60h 端口读出扫描码，并将其转化为相应的 ASCII 码或状态信息，存储在内存的指定空间(键盘缓冲区或状态字节)中。

一般的键盘输入，在 CPU 执行完 int 9 中断例程后，都放到了键盘缓冲区中。键盘缓冲区中有 16 个字单元，可以存储 15 个按键的扫描码和对应的 ASCII 码。

下面我们按照键盘缓冲区的逻辑结构，来看一下键盘输入的扫描码和对应的 ASCII 码是如何写入键盘缓冲区的。

注意：在我们的课程中，仅在逻辑结构的基础上，讨论 BIOS 键盘缓冲区的读写问题。其实键盘缓冲区是用环形队列结构管理的内存区，但我们不对队列和环形队列的实现进行讨论，因为那是另一门专业课《数据结构》的内容。

下面，我们通过下面几个键：

A、B、C、D、E、Shift_A、A

的输入过程，简要地看一下 int 9 中断例程对键盘输入的处理方法。

(1)　初始状态下，没有键盘输入，键盘缓冲区空，此时没有任何元素。

(2)　按下 A 键，引发键盘中断；CPU 执行 int 9 中断例程，从 60h 端口读出 A 键的通码；然后检测状态字节，看看是否有 Shift、Ctrl 等切换键按下；发现没有切换键按下，则将 A 键的扫描码 1eh 和对应的 ASCII 码，即字母“a”的 ASCII 码 61h，写入键盘缓冲区。缓冲区的字单元中，高位字节存储扫描码，低位字节存储 ASCII 码。此时缓冲区中的内容如下。

1E61															

(3) 按下 B 键，引发键盘中断；CPU 执行 int 9 中断例程，从 60h 端口读出 B 键的通码；然后检测状态字节，看看是否有切换键按下；发现没有切换键按下，将 B 键的扫描码 30h 和对应的 ASCII 码，即字母“b”的 ASCII 码 62h，写入键盘缓冲区。此时缓冲区中的内容如下。

1E61	3062														

(4) 按下 C、D、E 键后，缓冲区中的内容如下。

1E61	3062	2E63	2064	1265											

(5) 按下左 Shift 键，引发键盘中断；int 9 中断例程接收左 Shift 键的通码，设置 0040:17 处的状态字节的第 1 位为 1，表示左 Shift 键按下。

(6) 按下 A 键，引发键盘中断；CPU 执行 int 9 中断例程，从 60h 端口读出 A 键的通码；检测状态字节，看看是否有切换键按下；发现左 Shift 键被按下，则将 A 键的扫描码 1Eh 和 Shift_A 对应的 ASCII 码，即字母“A”的 ASCII 码 41h，写入键盘缓冲区。此时缓冲区中的内容如下。

1E61	3062	2E63	2064	1265	1E41										

(7) 松开左 Shift 键，引发键盘中断；int 9 中断例程接收左 Shift 键的断码，设置 0040:17 处的状态字节的第 1 位为 0，表示左 Shift 键松开。

(8) 按下 A 键，引发键盘中断；CPU 执行 int 9 中断例程，从 60h 端口读出 A 键的通码；然后检测状态字节，看看是否有切换键按下；发现没有切换键按下，则将 A 键的扫描码 1Eh 和 A 对应的 ASCII 码，即字母“a”的 ASCII 码 61h，写入键盘缓冲区。此时缓冲区中的内容如下。

1E61	3062	2E63	2064	1265	1E41	1E61									

17.2　使用 int 16h 中断例程读取键盘缓冲区

BIOS 提供了 int 16h 中断例程供程序员调用。int 16h 中断例程中包含的一个最重要的功能是从键盘缓冲区中读取一个键盘输入，该功能的编号为 0。下面的指令从键盘缓冲区中读取一个键盘输入，并且将其从缓冲区中删除：

```
mov ah,0
int 16h
```

结果：(ah)=扫描码，(al)=ASCII 码。

下面我们接着上一节中的键盘输入过程，看一下 int 16h 如何读取键盘缓冲区。

(1) 执行

```
mov ah,0
int 16h
```

后，缓冲区中的内容如下。

3062	2E63	2064	1265	1E41	1E61										

ah中的内容为1Eh，al中的内容为61h。

(2) 执行

```
mov ah,0
int 16h
```

后，缓冲区中的内容如下。

2E63	2064	1265	1E41	1E61											

ah中的内容为30h，al中的内容为62h。

(3) 执行

```
mov ah,0
int 16h
```

后，缓冲区中的内容如下。

2064	1265	1E41	1E61												

ah中的内容为2Eh，al中的内容为63h。

(4) 执行4次

```
mov ah,0
int 16h
```

后，缓冲区空。

ah中的内容为1Eh，al中的内容为61h。

(5) 执行

```
mov ah,0
int 16h
```

int 16h 中断例程检测键盘缓冲区，发现缓冲区空，则循环等待，直到缓冲区中有数据。

(6) 按下 A 键后，缓冲区中的内容如下。

1E61															

(7) 循环等待的 int 16h 中断例程检测到键盘缓冲区中有数据，将其读出，缓冲区又为空。

ah 中的内容为 1Eh，al 中的内容为 61h。

从上面我们可以看出，int 16h 中断例程的 0 号功能，进行如下的工作。

(1) 检测键盘缓冲区中是否有数据；
(2) 没有则继续做第 1 步；
(3) 读取缓冲区第一个字单元中的键盘输入；
(4) 将读取的扫描码送入 ah，ASCII 码送入 al；
(5) 将已读取的键盘输入从缓冲区中删除。

可见，BIOS 的 int 9 中断例程和 int 16h 中断例程是一对相互配合的程序，int 9 中断例程向键盘缓冲区中写入，int 16h 中断例程从缓冲区中读出。它们写入和读出的时机不同，int 9 中断例程是在有键按下的时候向键盘缓冲区中写入数据；而 int 16h 中断例程是在应用程序对其进行调用的时候，将数据从键盘缓冲区中读出。

我们在编写一般的处理键盘输入的程序的时候，可以调用 int 16h 从键盘缓冲区中读取键盘的输入。

编程，接收用户的键盘输入，输入“r”，将屏幕上的字符设置为红色；输入“g”，将屏幕上的字符设置为绿色；输入“b”，将屏幕上的字符设置为蓝色。

程序如下，画线处的程序比较技巧，请读者自行分析。

```
assume cs:code

code segment
start:  mov ah,0
        int 16h

        mov ah,1
        cmp al,'r'
        je red
        cmp al,'g'
        je green
        cmp al,'b'
        je blue
        jmp short sret

  red:  shl ah,1
```

```
 green: shl ah,1

blue:   mov bx,0b800h
        mov es,bx
        mov bx,1
        mov cx,2000
    s:  and byte ptr es:[bx],11111000b
        or es:[bx],ah
        add bx,2
        loop s

sret:   mov ax,4c00h
        int 21h

code ends
end start
```

检测点 17.1

“在 int 16h 中断例程中，一定有设置 IF=1 的指令。”这种说法对吗？

17.3 字符串的输入

用户通过键盘输入的通常不仅仅是单个字符而是字符串。下面我们讨论字符串输入中的问题和简单的解决方法。

最基本的字符串输入程序，需要具备下面的功能。

(1) 在输入的同时需要显示这个字符串；
(2) 一般在输入回车符后，字符串输入结束；
(3) 能够删除已经输入的字符。

对于这 3 个功能，我们可以想象在 DOS 中，输入命令行时的情况。

编写一个接收字符串输入的子程序，实现上面 3 个基本功能。因为在输入的过程中需要显示，子程序的参数如下：

(dh)、(dl)=字符串在屏幕上显示的行、列位置；
ds:si 指向字符串的存储空间，字符串以 0 为结尾符。

下面我们进行分析。

(1) 字符的输入和删除。

每个新输入的字符都存储在前一个输入的字符之后，而删除是从最后面的字符进行的，我们看下面的过程。

空字符串：

输入“a”：a
输入“b”：ab
输入“c”：abc
输入“d”：abcd
删除一个字符：abc
删除一个字符：ab
删除一个字符：a
删除一个字符：

可以看出在字符串输入的过程中，字符的输入和输出是按照栈的访问规则进行的，即后进先出。这样，我们就可以用栈的方式来管理字符串的存储空间，也就是说，字符串的存储空间实际上是一个字符栈。字符栈中的所有字符，从栈底到栈顶，组成一个字符串。

(2) 在输入回车符后，字符串输入结束。

输入回车符后，可以在字符串中加入 0，表示字符串结束。

(3) 在输入的同时需要显示这个字符串。

每次有新的字符输入和删除一个字符的时候，都应该重新显示字符串，即从字符栈的栈底到栈顶，显示所有的字符。

(4) 程序的处理过程。

现在我们可以简单地确定程序的处理过程如下。

① 调用 int 16h 读取键盘输入；
② 如果是字符，进入字符栈，显示字符栈中的所有字符；继续执行①；
③ 如果是退格键，从字符栈中弹出一个字符，显示字符栈中的所有字符；继续执行①；
④ 如果是 Enter 键，向字符栈中压入 0，返回。

从程序的处理过程中可以看出，字符栈的入栈、出栈和显示栈中的内容，是需要在多处使用的功能，我们应该将它们写为子程序。

子程序：字符栈的入栈、出栈和显示。
参数说明：　(ah)=功能号，0 表示入栈，1 表示出栈，2 表示显示；
　　ds:si 指向字符栈空间；
　　对于 0 号功能：(al)=入栈字符；
　　对于 1 号功能：(al)=返回的字符；
　　对于 2 号功能：(dh)、(dl)=字符串在屏幕上显示的行、列位置。

```
charstack: jmp short charstart

table      dw charpush,charpop,charshow
top        dw  0                          ;栈顶

charstart: push bx
           push dx
           push di
           push es

           cmp ah,2
           ja sret
           mov bl,ah
           mov bh,0
           add bx,bx
           jmp word ptr table[bx]

charpush:  mov bx,top
           mov [si][bx],al
           inc top
           jmp sret

charpop:   cmp top,0
           je sret
           dec top
           mov bx,top
           mov al,[si][bx]
           jmp sret

charshow:  mov bx,0b800h
           mov es,bx
           mov al,160
           mov ah,0
           mul dh
           mov di,ax
           add dl,dl
           mov dh,0
           add di,dx

           mov bx,0

charshows: cmp bx,top
           jne noempty
           mov byte ptr es:[di],' '
           jmp sret
noempty:   mov al,[si][bx]
           mov es:[di],al
           mov byte ptr es:[di+2],' '
           inc bx
           add di,2
           jmp charshows
```

```
sret:       pop es
            pop di
            pop dx
            pop bx
            ret
```

上面的子程序中，字符栈的访问规则如下所示。

(1) 栈空

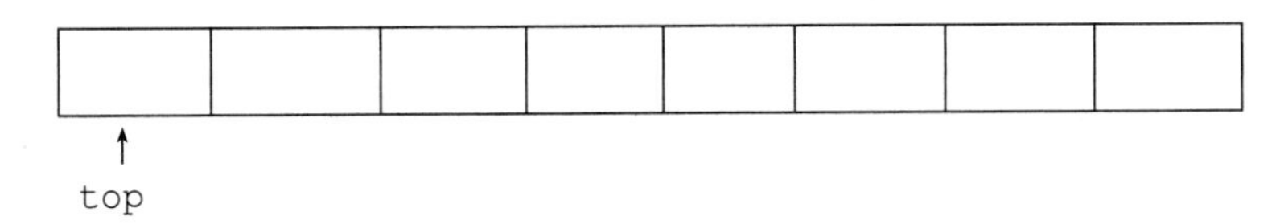

(2) “a”入栈

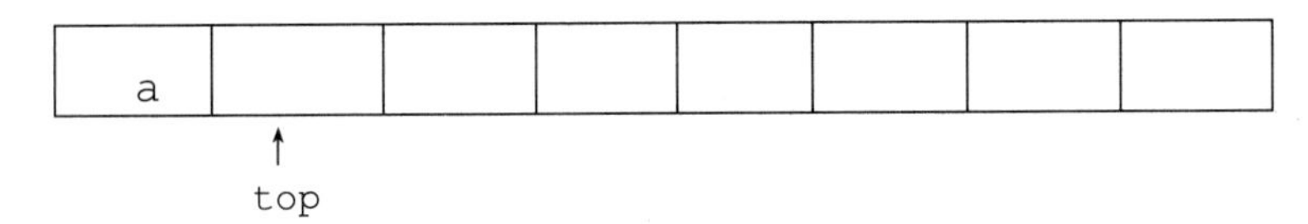

(3) “b”入栈

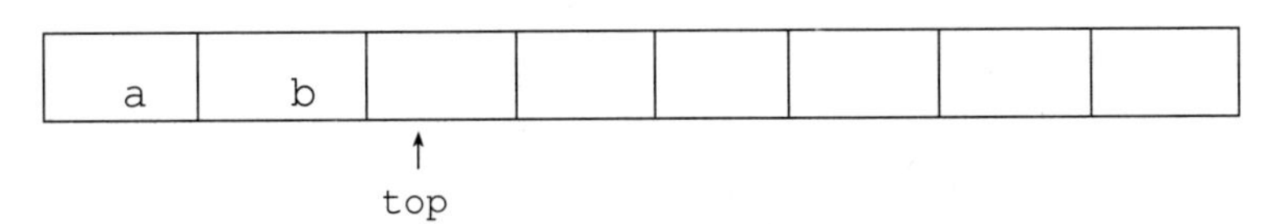

另外一个要注意的问题是，显示栈中字符的时候，要注意清除屏幕上上一次显示的内容。

我们现在写出完整的接收字符串输入的子程序，如下所示。

```
getstr:     push ax

getstrs:    mov ah,0
            int 16h
            cmp al,20h
            jb nochar               ;ASCII 码小于 20h，说明不是字符
            mov ah,0
            call charstack          ;字符入栈
            mov ah,2
            call charstack          ;显示栈中的字符
            jmp getstrs

nochar:     cmp ah,0eh              ;退格键的扫描码
            je backspace
            cmp ah,1ch              ;Enter 键的扫描码
            je enter
            jmp getstrs
```

```
backspace:  mov ah,1
            call charstack      ;字符出栈
            mov ah,2
            call charstack      ;显示栈中的字符
            jmp getstrs

enter:      mov al,0
            mov ah,0
            call charstack      ;0 入栈
            mov ah,2
            call charstack      ;显示栈中的字符
            pop ax
            ret
```

17.4 应用 int 13h 中断例程对磁盘进行读写

我们主要以 3.5 英寸软盘为例，进行讲解。

3.5 英寸软盘分为上下两面，每面有 80 个磁道，每个磁道又分为 18 个扇区，每个扇区的大小为 512 个字节。

则：2 面*80 磁道*18 扇区*512 字节＝1440KB≈1.44MB

磁盘的实际访问由磁盘控制器进行，我们可以通过控制磁盘控制器来访问磁盘。只能以扇区为单位对磁盘进行读写。在读写扇区的时候，要给出面号、磁道号和扇区号。面号和磁道号从 0 开始，而扇区号从 1 开始。

如果我们通过直接控制磁盘控制器来访问磁盘，则需要涉及许多硬件细节。BIOS 提供了对扇区进行读写的中断例程，这些中断例程完成了许多复杂的和硬件相关的工作。我们可以通过调用 BIOS 中断例程来访问磁盘。

BIOS 提供的访问磁盘的中断例程为 int 13h。读取 0 面 0 道 1 扇区的内容到 0:200 的程序如下所示。

```
mov ax,0
mov es,ax
mov bx,200h

mov al,1
mov ch,0
mov cl,1
mov dl,0
mov dh,0
mov ah,2
int 13h
```

入口参数：

(ah)=int 13h 的功能号(2 表示读扇区)
(al)=读取的扇区数
(ch)=磁道号
(cl)=扇区号
(dh)=磁头号(对于软盘即面号，因为一个面用一个磁头来读写)
(dl)=驱动器号　　软驱从 0 开始，0：软驱 A，1：软驱 B；
　　　　　　　　硬盘从 80h 开始，80h：硬盘 C，81h：硬盘 D
es:bx 指向接收从扇区读入数据的内存区

返回参数：
操作成功：(ah)=0，(al)=读入的扇区数
操作失败：(ah)=出错代码

将 0:200 中的内容写入 0 面 0 道 1 扇区。

```
mov ax,0
mov es,ax
mov bx,200h

mov al,1
mov ch,0
mov cl,1
mov dl,0
mov dh,0

mov ah,3
int 13h
```

入口参数：

(ah)=int 13h 的功能号(3 表示写扇区)
(al)=写入的扇区数
(ch)=磁道号
(cl)=扇区号
(dh)=磁头号(面)
(dl)=驱动器号　　软驱从 0 开始，0：软驱 A，1：软驱 B；
　　　　　　　　硬盘从 80h 开始，80h：硬盘 C，81h：硬盘 D
es:bx 指向将写入磁盘的数据

返回参数：
操作成功：(ah)=0，(al)=写入的扇区数
操作失败：(ah)=出错代码

注意，下面我们要使用 int 13h 中断例程对软盘进行读写。直接向磁盘扇区写入数据是很危险的，很可能覆盖掉重要的数据。如果向软盘的 0 面 0 道 1 扇区中写入了数据，要使软盘在现有的操作系统下可以使用，必须要重新格式化。在编写相关的程序之前，必须要找一张空闲的软盘。在使用 int 13h 中断例程时一定要注意驱动器号是否正确，千万不要随便对硬盘中的扇区进行写入。

编程：将当前屏幕的内容保存在磁盘上。

分析：1 屏的内容占 4000 个字节，需要 8 个扇区，用 0 面 0 道的 1~8 扇区存储显存中的内容。程序如下。

```
assume cs:code
code segment
start:  mov ax,0b800h
        mov es,ax
        mov bx,0

        mov al,8
        mov ch,0
        mov cl,1
        mov dl,0
        mov dh,0
        mov ah,3
        int 13h

        mov ax,4c00h
        int 21h
code ends
end start
```

实验 17　编写包含多个功能子程序的中断例程

我们可以看出，用面号、磁道号、扇区号来访问磁盘不太方便。可以考虑对位于不同的磁道、面上的所有扇区进行统一编号。编号从 0 开始，一直到 2879，我们称这个编号为逻辑扇区编号。

编号的方法如下所示。

物理扇区号	逻辑扇区号
0 面 0 道 1 扇区	0
0 面 0 道 2 扇区	1
0 面 0 道 3 扇区	2
0 面 0 道 4 扇区	3
⋮	

0 面 0 道 18 扇区　　17
0 面 1 道 1 扇区　　18
0 面 1 道 2 扇区　　19
0 面 1 道 3 扇区　　20
0 面 1 道 4 扇区　　21
⋮
0 面 1 道 18 扇区　　35
0 面 2 道 1 扇区　　36
0 面 2 道 2 扇区　　37
0 面 2 道 3 扇区　　38
0 面 2 道 4 扇区　　39
⋮
0 面 79 道 18 扇区　　1439
1 面 0 道 1 扇区　　1440
1 面 0 道 2 扇区　　1441
1 面 0 道 3 扇区　　1442
1 面 0 道 4 扇区　　1443

可以看出，逻辑扇区号和物理扇区号的关系如下：

逻辑扇区号 =(面号*80 + 磁道号)*18 + 扇区号-1

那么如何根据逻辑扇区号算出物理编号呢？可以用下面的算法。

int()：描述性运算符，取商
rem()：描述性运算符，取余数
逻辑扇区号=(面号*80 + 磁道号)*18 + 扇区号-1
面号=int(逻辑扇区号/1440)
磁道号=int(rem(逻辑扇区号/1440)/18)
扇区号= rem(rem(逻辑扇区号/1440)/18)+ 1

安装一个新的 int 7ch 中断例程，实现通过逻辑扇区号对软盘进行读写。

参数说明：

(1) 用 ah 寄存器传递功能号：0 表示读，1 表示写；
(2) 用 dx 寄存器传递要读写的扇区的逻辑扇区号；
(3) 用 es:bx 指向存储读出数据或写入数据的内存区。

提示，用逻辑扇区号计算出面号、磁道号、扇区号后，调用 int 13h 中断例程进行实际的读写。

课程设计 2

阅读下面的材料：

开机后，CPU 自动进入到 FFFF:0 单元处执行，此处有一条跳转指令。CPU 执行该指令后，转去执行 BIOS 中的硬件系统检测和初始化程序。

初始化程序将建立 BIOS 所支持的中断向量，即将 BIOS 提供的中断例程的入口地址登记在中断向量表中。

硬件系统检测和初始化完成后，调用 int 19h 进行操作系统的引导。

如果设为从软盘启动操作系统，则 int 19h 将主要完成以下工作。

(1) 控制 0 号软驱，读取软盘 0 道 0 面 1 扇区的内容到 0:7c00；
(2) 将 CS:IP 指向 0:7c00。

软盘的 0 道 0 面 1 扇区中装有操作系统引导程序。int 19h 将其装到 0:7c00 处后，设置 CPU 从 0:7c00 开始执行此处的引导程序，操作系统被激活，控制计算机。

如果在 0 号软驱中没有软盘，或发生软盘 I/O 错误，则 int 19h 将主要完成以下工作。

(1) 读取硬盘 C 的 0 道 0 面 1 扇区的内容到 0:7c00；
(2) 将 CS:IP 指向 0:7c00。

这次课程设计的任务是编写一个可以自行启动计算机，不需要在现有操作系统环境中运行的程序。

该程序的功能如下。

(1) 列出功能选项，让用户通过键盘进行选择，界面如下。

```
1) reset pc                  ;重新启动计算机
2) start system              ;引导现有的操作系统
3) clock                     ;进入时钟程序
4) set clock                 ;设置时间
```

(2) 用户输入“1”后重新启动计算机(提示：考虑 ffff:0 单元)。

(3) 用户输入“2”后引导现有的操作系统(提示：考虑硬盘 C 的 0 道 0 面 1 扇区)。

(4) 用户输入“3”后，执行动态显示当前日期、时间的程序。

显示格式如下：年/月/日 时:分:秒

进入此项功能后，一直动态显示当前的时间，在屏幕上将出现时间按秒变化的效果(提示：循环读取 CMOS)。

当按下 F1 键后，改变显示颜色；按下 Esc 键后，返回到主选单(提示：利用键盘中断)。

(5) 用户输入“4”后可更改当前的日期、时间，更改后返回到主选单(提示：输入字符串)。

下面给出几点建议：

(1) 在 DOS 下编写安装程序，在安装程序中包含任务程序；
(2) 运行安装程序，将任务程序写到软盘上；
(3) 若要任务程序可以在开机后自行执行，要将它写到软盘的 0 道 0 面 1 扇区上。如果程序长度大于 512 个字节，则需要用多个扇区存放，这种情况下，处于软盘 0 道 0 面 1 扇区中的程序就必须负责将其他扇区中的内容读入内存。

这个程序较为复杂，它用到了我们所学到的所有技术，需要进行仔细地分析和耐心地调试。这个程序对于我们的整个学习过程是具有总结性的，希望读者能够尽力完成。

综 合 研 究

对于已经按本书的要求完成了前面所有学习内容的学习者，如果有兴趣用汇编语言对一些相关问题进行一下深入的研究，可以学习本部分内容。

在这部分内容中，本书将启示我们如何进行独立研究和深度思考。同时使我们：

(1) 认识到汇编语言对于深入理解其他领域知识的重要性。
(2) 对前面所学习的汇编语言知识进行融会。
(3) 对用研究的方法进行学习进行体验。

下面看一下我们要研究的问题。

(1) 人们用 C 语言编程时都要用到变量。

比如，程序：打印从“a”到“h”的 8 个字符。

```
main()
{
  int n,ch;

  ch='a';

  for(n=0;n<8;n++)
  {
    printf("%c\n",ch+n);
  }
}
```

(2) C 语言规定，用户写的 C 语言程序都要从 main 函数开始运行，因此 main 函数又称为主函数。

(3) printf 函数可以接收的参数数量不定，我们对此司空见惯，比如：

```
main()
{
  printf("hello world!");

  printf("%d + %d = %d",1,2,1+2);
}
```

注意，上面提到了几个关键词：都要用、规定、司空见惯，在看下面的内容的时候再仔细阅读上面的文字，找到这几个关键词。

思考下面几个问题：

(1) 人们用 C 语言编程时都要用变量，我们就非用不可吗？

(2) C 语言规定用户写的程序从 main 函数开始，我们就非要用 main 函数吗？
(3) printf 函数可以接收不定数量的参数司空见惯，我们就不怀疑了吗？

我们把问题再精简一下，使其变得更本质：

(1) 都在用，我们就非得用吗？
(2) 规定了，我们就只知道遵守吗？
(3) 司空见惯，我们就不怀疑了吗？

在许多领域内，我们被这些所谓都在用的，规定了的，司空见惯的，蒙蔽了多久呢？

如果我们被这些蒙蔽，那么，真正蒙蔽我们的是这些，还是我们自己？

现在我们提出要研究的 3 个问题：

(1) 用 C 语言编程可以不用变量吗？
(2) 用 C 语言编程可以不用 main 函数吗？
(3) 我们能写一个 printf 函数吗？

注意：

(1) 我们使用 TC 2.0 编译器来进行研究，因为这是国内大多数学习者都会使用的 C 语言编译器。

(2) 我们的研究所用的基础知识大都是在前面汇编语言的课程中学习过的。只有极少数知识是我们前面的课程中没有讲解的，但有前面汇编语言的基础，这些知识学习者都可以通过自己学习和研究掌握。

(3) 这部分内容主要是启发学习者进行独立研究和深度思考，一定要注意这一点，相应地调整自己的学习思想。

研究试验 1　搭建一个精简的 C 语言开发环境

我们要对 C 语言进行深入的研究，就必须从准备一个清晰的 C 语言开发环境开始。

我们看一下 TC 2.0 的安装目录，有很多的文件和子目录，子目录下面还有很多程序和文件。这些程序和文件是我们现在都需要的吗？这些程序和文件会对我们研究的问题造成影响吗？问题是：这么多程序和文件混合在一起，如果其中有些程序和文件对我们研究的问题有影响，那么，我们容易判断出影响来自哪些程序和文件吗？

为了研究的过程清晰明了，我们的原则是：

(1) 我们只运行解决当前问题所要用的，我们已知的程序；
(2) 所有我们已知的程序在解决我们的问题的运行过程中，需要用到的程序和文件，也都是我们已知的。

这样，我们就可以清晰地知道，哪些程序和文件是用于解决哪些问题的。

这个原则决定了，我们在研究实践中，需要一步步地把我们已知的程序和文件与其他的程序和文件分离开来。

按照上面的原则，请完成以下试验。

(1) 在 d 盘建立一个目录(在 Windows 中称为文件夹)tc2.0。在 DOS 环境中，方法如下：

```
d:\md tc2.0
```

然后将 tc2.0 的所有文件都拷贝在 d:\tc2.0 目录下。

(2) 在 c 盘建立一个目录 minic。在 DOS 环境中，方法如下：

```
c:\md minic
```

这个目录用来存放我们已知的解决问题要用的程序和文件。

注意，一般的产品软件系统，都可以通过设置搜索路径的方式让系统提供的程序可以在相关文件不在相同目录的情况下，也可以找到相关的文件。这个做法可能会导致类似以下的情况：

我们在把一个程序拷贝到一个空的目录后，这个目录下只有这一个程序，然后我们运行它，它可以正确运行，我们就认为这个程序在运行过程中不需要别的文件。但是很可能它在运行过程中使用了别的文件，它不是在当前目录下，而是通过系统设置的搜索路径找到的相关文件。

如上情况的出现会影响我们对一个程序运行过程中使用哪些文件的掌握，而对一些问题产生错误的判断。

我们可以用两种方法解决这个问题：

① 不让设置的默认路径指向真的包含相关文件的目录；
② 把我们所要研究的系统的所有文件都拷贝到一个不可能是系统设置的搜索路径的目录中。

我们上面用的是第二种方法，将 tc2.0 的所有文件，都拷贝到 d:\tc2.0 目录下，因为这个目录基本上不可能被 tc2.0 设置成为相关文件的搜索路径。这样我们从这个目录拷贝到其他目录(比如 c:\minic)的程序，在运行过程中如果需要使用 tc2.0 中的相关文件，就会出现文件找不到的错误，我们根据提示信息，就可以知道找不到的是哪个文件，也就可能分析出这个文件是干什么用的。

(3) 把我们(国内大多数学习者)都已知的 tc.exe(集成开发环境)拷贝到 c:\minic 下：

```
c:\minic\copy d:\tc2.0\tc.exe
```

(4) 运行 tc.exe：

```
c:\minic\tc
```

用 tc 环境中的菜单项“Options”中的“Directories”选项，对 tc 的工作路径进行设置，将所有路径都清空，即都设置为当前路径。然后用“Save options”选项保存设置。

(5) 在 tc.exe 环境中编辑程序 simple.c，保存到 c:\minic 下。

程序 simple.c：

```
main()
{
 printf("hello world!\n");
}
```

(6) 用 tc 环境中菜单项“Compile”中的“Compile to OBJ”，对程序 simple.c 进行编译。看看显示出的提示信息，编译成功了吗？用菜单项“File”中“Quit”(或按 Alt-X)退出 tc 环境，在 c:\minic 下查找 simple.obj。

(7) 用如下的方法运行 tc.exe：

```
c:\minic\tc simple
```

因为 simple.obj 文件已经生成，所以我们用 tc 环境中菜单项“Compile”中的“Link EXE file”，将 simple.obj 连接为 simple.exe。

进行连接后，Message 窗口显示出提示信息：“Unable to open input file 'C0S.OBJ'”。

看看显示出的提示信息，连接成功了吗？在 c:\minic 下查找 simple.exe，能找到吗？

(8) 可以看出，tc 进行连接要使用相关文件，但是找不到，所以出错。

为解决这个问题，需要从 d:\tc2.0 目录和子目录下查找到相关文件，将其拷贝到 c:\minic 下。

当然，也可以用 tc 环境中的 Options 菜单项下的相关功能设置相关文件(如.obj 文件)所在的目录的方法，解决找不到.obj 文件和.lib 文件的问题，但是，为了让学习者能够对此时需要哪些文件，以及这些文件在什么目录下，如何找到这些文件等问题有清晰的感性认识，这里我们不用这样的方法。

如果在 TC 2.0 安装目录下和各个子目录下都找不到所需的.obj 文件和.lib 文件，则需要重新安装一套完整的 TC 2.0。

想办法把所有 tc.exe 对程序 simple.obj 进行连接生成.exe 文件必须用到的相关文件都找到，拷贝到 c:\minic。注意，找的是必须用到的。

(9) 用 c:\minic\tc.exe 对 simple.c 进行编译，连接，生成 simple.exe。

研究试验 2 使用寄存器

我们用什么，不用什么，都要看我们要解决什么问题。搞清楚问题，就知道了我们的需要，然后我们就不会拘泥于一种方法，因为可能有很多方法都可以解决我们要解决的问题。

我们为什么必须用变量？因为我们在编程时必须存储数据。那么如果可以用别的方法存储数据，我们就可以不必因此目的而使用变量。

用什么方法来存储数据呢？在学习汇编语言时，我们如何存储数据？我们把数据存储在寄存器和内存空间中。

那么，在 C 语言中如何使用寄存器和内存空间呢？

在本次研究试验中，我们研究一下使用寄存器的问题。

在汇编语言中，要使用寄存器，必须要给出寄存器名，在 C 语言中也是如此。

tc2.0 提供的编译器支持如下寄存器名：

“_AX”，“_BX”，“_CX”，“_DX”，“_SI”，“_DI”，“_SP”，“_BP”，“_CS”，“_DS”，“_SS”，“_ES”，“_AL”，“_AH”，“_BL”，“_BH”，“_CL”，“_CH”，“_DL”，“_DH”。

从这些寄存器名称，可以看出它们对应的是哪个寄存器。

用 c:\minic 目录下的 tc.exe 完成以下试验。

(1) 编一个程序 ur1.c。

```
main()
{
  _AX=1;

  _BX=1;

  _CX=2;

  _AX=_BX+_CX;

  _AH=_BL+_CL;

  _AL=_BH+_CH;
}
```

把这个程序保存在 c:\minic 下，然后，编译，连接，生成 ur1.exe。

(2) 用 Debug 加载 ur1.exe，用 u 命令查看 ur1.c 编译后的机器码和汇编代码。

思考：main 函数的代码在什么段中？用 Debug 怎样找到 ur1.exe 中 main 函数的代码？

(3) 用下面的方法打印出 ur1.exe 被加载运行时，main 函数在代码段中的偏移地址：

```
main()
{
  printf("%x\n",main);
}
```

"%x"指的是按照十六进制格式打印。

思考：为什么这个程序能够打印出 main 函数在代码段中的偏移地址？

(4) 用 Debug 加载 ur1.exe，根据上面打印出的 main 函数的偏移地址，用 u 命令察看 main 函数的汇编代码。仔细找到 ur1.c 中每条 C 语句对应的汇编代码。

注意：在这里，对于 main 函数汇编代码开始处的"push bp　mov bp,sp"和结尾处的"pop bp"，这里只理解到：这是 C 编译器安排的为函数中可能使用到 bp 寄存器而设置的，就可以了。

(5) 通过 main 函数后面有 ret 指令，我们可以设想：C 语言将函数实现为汇编语言中的子程序。研究下面程序的汇编代码，验证我们的设想。

程序 ur2.c：

```
void f(void);

main()
{
  _AX=1;  _BX=1;  _CX=2;

  f();
}

void f(void)
{
  _AX=_BX+_CX;
}
```

研究试验 3　使用内存空间

寄存器只有十几个，但是内存空间可以很大。那么在 C 语言里如何使用内存空间呢？其实，寄存器也好，内存空间也好，都是存储空间，对于存储空间来说，要使用它们一般都需要给出两个信息：①指明是存储空间所在、是哪个的信息；②指明存储空间有多大的类型信息。

对于寄存器来说，就需要给出寄存器的名称，寄存器的名称中也包含了它们的类型信息。

对于内存空间来说，就需要给出地址(准确地说，是内存空间首地址)和空间存储数据的类型。

我们知道，在 C 语言里，用指针型数据来表示内存空间的地址和空间存储数据的类型。比如要向偏移地址为 2000h、存储一个字节的内存空间写入一个字符'a'，我们用如下的方法：

```
*(char *)0x2000='a';
```

第一个“*”表示要访问的是一个内存空间；

“0x2000”是一个数值(0x 表示十六进制)，“(char *)”里面的“*”指明了这个数值表示一个内存空间的地址，“char”指明了这个地址是存储 char 型数据的内存空间的地址。

当然也可以用给出段地址和偏移地址的方法访问内存空间，比如我们要向地址为 2000:0、存储一个字节的内存空间写入字符'a'，如下：

```
*(char far *)0x20000000='a';
```

“far”指明内存空间的地址是段地址和偏移地址，“0x20000000”中的“0x2000”给出了段地址，“0000”给出了偏移地址。

不过这样直接用地址访问内存空间的方式是不安全的，因为，如果这些空间并不是分配给我们的程序使用的空间，这样做就可能改变了别的程序的代码或数据，引起错误。

我们可以按照上面的例子，举一反三，对以前学过的 C 语言相关知识进行深入的理解。

用 c:\minic 目录下的 tc.exe，完成下面的试验。

(1) 编一个程序 um1.c：

```
main()
{
   *(char *)0x2000='a';
   *(int *)0x2000=0xf;
   *(char far *)0x20001000='a';

   _AX=0x2000;
   *(char *)_AX='b';

   _BX=0x1000;
```

```
   *(char *)(_BX+_BX)='a';

   *(char far *)(0x20001000+_BX)=*(char *)_AX;
}
```

把 um1.c 保存在 c:\minic 下，编译，连接生成 um1.exe。然后用 Debug 加载 um1.exe，对 main 函数的汇编代码进行分析，找到每条 C 语句对应的汇编代码；对 main 函数进行单步跟踪，察看相关内存单元的内容。

(2) 编一个程序，用一条 C 语句实现在屏幕的中间显示一个绿色的字符“a”。

(3) 分析下面程序中所有函数的汇编代码，思考相关的问题。

```
int a1,a2,a3;

void f(void);

main()
{
   int b1,b2,b3;

   a1=0xa1;a2=0xa2;a3=0xa3;

   b1=0xb1;b2=0xb2;b3=0xb3;
}

void f(void)
{
   int c1,c2,c3;

   a1=0x0fa1;a2=0x0fa2;a3=0x0fa3;

   c1=0xc1;c2=0xc2;c3=0xc3;
}
```

问题：C 语言将全局变量存放在哪里？将局部变量存放在哪里？每个函数开头的“push bp mov bp sp”有何含义？

(4) 分析下面程序的汇编代码，思考相关的问题。

```
int f(void);

int a,b,ab;

main()
{
   int c;

   c=f();
}
```

```
int f(void)
{
   ab=a+b;

   return ab;
}
```

问题：C语言将函数的返回值存放在哪里？

(5) 下面的程序向安全的内存空间写入从“a”到“h”的8个字符，理解程序的含义，深入理解相关的知识。(注意：请自己学习、研究malloc函数的用法)

```
#define Buffer ((char *)*(int far *)0x200)
main()
{
 Buffer=(char *)malloc(20);
 Buffer[10]=0;
 while(Buffer[10]!=8)
 {
  Buffer[Buffer[10]]='a'+Buffer[10];
  Buffer[10]++;
 }
 free(Buffer);
}
```

研究试验4　不用main函数编程

在本研究试验中，我们看看如何不用main函数，编写可以正确运行的程序。我们用一个简单的程序来进行研究。

程序f.c：

```
f()
{
    *(char far *)(0xb8000000+160*10+80)='a';

    *(char far *)(0xb8000000+160*10+81)=2;
}
```

下面，我们研究如何用tc.exe对f.c进行编译，连接，生成可正确运行的f.exe。

我们用c:\minic下的tc.exe完成以下试验。

(1) 把程序f.c保存在c:\minic下，对其进行编译，连接。思考相关的问题。

问题：

① 编译和连接哪个环节会出问题？
② 显示出的错误信息是什么？
③ 这个错误信息可能与哪个文件相关？

(2) 用学习汇编语言时使用的 link.exe 对 tc.exe 生成的 f.obj 文件进行连接，生成 f.exe。用 Debug 加载 f.exe，察看整个程序的汇编代码。思考相关的问题。

问题：

① f.exe 的程序代码总共有多少字节？
② f.exe 的程序能正确返回吗？
③ f 函数的偏移地址是多少？

(3) 写一个程序 m.c。

```
main()
{
   *(char far *)(0xb8000000+160*10+80)='a';

   *(char far *)(0xb8000000+160*10+81)=2;
}
```

用 tc.exe 对 m.c 进行编译，连接，生成 m.exe，用 Debug 察看 m.exe 整个程序的汇编代码。思考相关的问题。

问题：

① m.exe 的程序代码总共有多少字节？
② m.exe 能正确返回吗？
③ m.exe 程序中的 main 函数和 f.exe 中的 f 函数的汇编代码有何不同？

(4) 用 Debug 对 m.exe 进行跟踪：①找到对 main 函数进行调用的指令的地址；②找到整个程序返回的指令。注意：使用 g 命令和 p 命令。

(5) 思考如下几个问题：

① 对 main 函数调用的指令和程序返回的指令是哪里来的？

② 没有 main 函数时，出现的错误信息里有和“c0s”相关的信息；而前面在搭建开发环境时，没有 c0s.obj 文件 tc.exe 就无法对程序进行连接。是不是 tc.exe 把 c0s.obj 和用户程序的.obj 文件一起进行连接生成.exe 文件？

③ 对用户程序的 main 函数进行调用的指令和程序返回的指令是否就来自 c0s.obj 文件？

④ 我们如何看到 c0s.obj 文件中的程序代码呢？

⑤ c0s.obj 文件里有我们设想的代码吗？

(6) 用 link.exe 对 c:\minic 目录下的 c0s.obj 进行连接，生成 c0s.exe。

用 Debug 分别察看 c0s.exe 和 m.exe 的汇编代码。注意：从头开始察看，两个文件中的程序代码有何相同之处？

(7) 用 Debug 找到 m.exe 中调用 main 函数的 call 指令的偏移地址，从这个偏移地址开始向后察看 10 条指令；然后用 Debug 加载 c0s.exe，从相同的偏移地址开始向后察看 10 条指令。对两处的指令进行对比。

(8) 从上我们可以看出，tc.exe 把 c0s.obj 和用户.obj 文件一同进行连接，生成.exe 文件。按照这个方法生成的.exe 文件中的程序的运行过程如下。

① c0s.obj 里的程序先运行，进行相关的初始化，比如，申请资源、设置 DS、SS 等寄存器；
② c0s.obj 里的程序调用 main 函数，从此用户程序开始运行；
③ 用户程序从 main 函数返回到 c0s.obj 的程序中；
④ c0s.obj 的程序接着运行，进行相关的资源释放，环境恢复等工作；
⑤ c0s.obj 的程序调用 DOS 的 int 21h 例程的 4ch 号功能，程序返回。

看来，C 程序必须从 main 函数开始，是 C 语言的规定，这个规定不是在编译时保证的(tc.exe 对 f.c 的编译是可以通过的)，也不是连接的时候保证的(虽然，tc.exe 文件对 f.obj 文件不能连接成 f.exe，但 link.exe 却可以)，而是用如下的机制保证的。

首先，C 开发系统提供了用户写的应用程序正确运行所必须的初始化和程序返回等相关程序，这些程序存放在相关的.obj 文件(比如，c0s.obj)中。

其次，需要将这些文件和用户.obj 文件一起进行连接，才能生成可正确运行的.exe 文件。

第三，连接在用户.obj 文件前面的由 C 语言开发系统提供的.obj 文件里的程序要对 main 函数进行调用。

基于这种机制，我们只要改写 c0s.obj，让它调用其他函数，编程时就可以不写 main 函数了。

下面，我们用汇编语言编一个程序 c0s.asm，然后把它编译为 c0s.obj，替代 c:\minic 目录下的 c0s.obj。

程序 c0s.asm：

```
assume cs:code

data segment

  db 128 dup (0)
```

```
data ends

code segment

  start: mov ax,data
         mov ds,ax
         mov ss,ax
         mov sp,128

         call s

         mov ax,4c00h
         int 21h

s:

code ends

end start
```

用 masm.exe 对 c0s.asm 进行编译，生成 c0s.obj，把这个 c0s.obj 复制到 c:\minic 目录下覆盖由 tc2.0 提供的 c0s.obj。

(9) 在 c:\minic 目录下，用 tc.exe 将 f.c 重新进行编译，连接，生成 f.exe。这次能通过连接吗？f.exe 可以正确运行吗？用 Debug 察看 f.exe 的汇编代码。

(10)在新的 c0s.obj 的基础上，写一个新的 f.c，向安全的内存空间写入从“a”到“h”的 8 个字符。分析、理解 f.c。

程序 f.c：

```
#define Buffer ((char *)*(int far *)0x200)

f()
{
   Buffer=0;

   Buffer[10]=0;

   while(Buffer[10]!=8)
   {
     Buffer[Buffer[10]]='a'+Buffer[10];

     Buffer[10]++;
   }
}
```

注意，完成上面的相关试验后，把 c:\minic 目录下的 c0s.obj 文件恢复为 tc2.0 提供的 c0s.obj 文件。

研究试验5　函数如何接收不定数量的参数

用 c:\minic 下的 tc.exe 完成下面的试验。

(1) 写一个程序 a.c：

```
void showchar(char a,int b);

main()
{
  showchar('a',2);
}

void showchar(char a,int b)
{
   *(char far *)(0xb8000000+160*10+80)=a;

   *(char far *)(0xb8000000+160*10+81)=b;
}
```

用 tc.exe 对 a.c 进行编译，连接，生成 a.exe。用 Debug 加载 a.exe，对函数的汇编代码进行分析。解答这两个问题：main 函数是如何给 showchar 传递参数的？showchar 是如何接收参数的？

(2) 写一个程序 b.c：

```
void showchar(int,int,...);

main()
{
   showchar(8,2,'a','b','c','d','e','f','g','h');
}

void showchar(int n,int color,...)
{
   int a;

   for(a=0;a!=n;a++)
   {
      *(char far *)(0xb8000000+160*10+80+a+a)=*(int *)(_BP+8+a+a);

      *(char far *)(0xb8000000+160*10+81+a+a)=color;
   }
}
```

分析程序 b.c，深入理解相关的知识。

思考：showchar 函数是如何知道要显示多少个字符的？printf 函数是如何知道有多少个参数的？

(3) 实现一个简单的 printf 函数，只需要支持“%c、%d”即可。

附　　注

附注 1　Intel 系列微处理器的 3 种工作模式

微机中常用的 Intel 系列微处理器的主要发展过程是：8080，8086/8088，80186，80286，80386，80486，Pentium，PentiumⅡ，PentiumⅢ，Pentium4。

8086/8088 是一个重要的阶段，8086 和 8088 是略有区别的两个功能相同的 CPU。8088 被 IBM 用在了它所生产的第一台微机上，该微机的结构事实上成为以后微机的基本结构。

80386 是第二个重要的型号，随着微机应用及性能的发展，在微机上构造可靠的多任务操作系统的问题日益突出。人们希望(或许是一种潜在的希望，一旦被挖掘出来，便形成了一个最基本的需求)自己的 PC 机能够稳定地同时运行多个程序，同时处理多项工作；或将 PC 机用作主机服务器，运行 UNIX 那样的多用户系统。

8086/8088 不具备实现一个完善的多任务操作系统的功能。为此 Intel 开发了 80286，80286 具备了对多任务系统的支持。但对 8086/8088 的兼容却做得不好。这妨碍了用户对原 8086 机上的程序的使用。IBM 最早基于 80286 开发了多任务系统 OS/2，结果犯了一个战略错误。

随后 Intel 又开发了 80386 微处理器，这是一个划时代的产品。它可以在以下 3 个模式下工作。

(1) 实模式：工作方式相当于一个 8086。

(2) 保护模式：提供支持多任务环境的工作方式，建立保护机制(这与 VAX 等小型机类似)。

(3) 虚拟 8086 模式：可从保护模式切换至其中的一种 8086 工作方式。这种方式的提供使用户可以方便地在保护模式下运行一个或多个原 8086 程序。

以后的各代微处理器都提供了上述 3 种工作模式。

你也许会说：“喂，先生，你说的太抽象了，这 3 种模式我如何感知？”

其实 CPU 的这 3 种模式只要用过 PC 机的人都经历过。任何一台使用 Intel 系列 CPU 的 PC 机只要一开机，CPU 就工作在实模式下。如果你的机器装的是 DOS，那么在 DOS 加载后 CPU 仍以实模式工作。如果你的机器装的是 Windows，那么 Windows 加载后，将由 Windows 将 CPU 切换到保护模式下工作，因为 Windows 是多任务系统，它必须在保护模式下运行。如果你在 Windows 中运行一个 DOS 下的程序，那么 Windows 将 CPU 切换到虚拟 8086 模式下运行该程序。或者是这样，你点击开始菜单在程序项中进入 MS-DOS 方式，这时，Windows 也将 CPU 切换到虚拟 8086 模式下运行。

可以从保护模式直接进入能运行原 8086 程序的虚拟 8086 模式是很有意义的，这为用户提供了一种机制，可以在现有的多任务系统中方便地运行原 8086 系统中的程序。这一点，在 Windows 中我们都可以体会到，你在 Windows 中想运行一个原 DOS 中的程序，只用鼠标点击一下它的图标即可。80286CPU 的缺陷在于，它只提供了实模式和保护模式，但没有提供虚拟 8086 模式。这使基于 80286 构造的多任务系统，不能方便地运行原 8086 系统中的程序。如果运行原 8086 系统中的程序，需要重新启动计算机，使 CPU 工作在实模式下才行。这意味着什么？意味着将给用户造成很大的不方便。假设你使用的是基于 80286 构造的 Windows 系统，就会发生这样的情况：你正在用 Word 写一篇论文，其中用到了一些从前的数据，你必须运行原 DOS 下的 DBASE 系统来看一下这些数据。这时你只能停下现有的工作，重新启动计算机，进入实模式工作。你看完了数据，继续写论文，可过了一会儿，你发现又有些数据需要参考，于是你又得停下现有的工作，重新启动计算机……

幸运的是，我们用的 Windows 是基于 80386 的，我们可以以这样轻松的方式工作，开两个窗口，一个是工作于保护模式的 Word，一个是工作于虚拟 8086 模式的 DBASE，我们可以方便地在两个窗口中切换，只要用鼠标点一下就行。

前面讲过，我们在 8086PC 机的基础上学习汇编语言。但现在知道，我们实际的编程环境是当前 CPU 的实模式。当然，有些程序也可以在虚拟 8086 模式下运行。

如果你仔细阅读了上面的内容，或已具备相关的知识，你会发现，从 80386 到当前的 CPU，提供 8086 实模式的目的是为了兼容。现今 CPU 的真正有效力的工作模式是支持多任务操作系统的保护模式。这也许会引发你的一个疑问："为什么我们不在保护模式下学习汇编语言?"

类似的问题很多，我们都希望学习更新的东西，但学习的过程是客观的。任何合理的学习过程(尽可能排除走弯路、盲目探索、不成系统)都是一个循序渐进的过程。我们必须先通过一个易于全面把握的事物，来学习和探索一般的规律和方法。信息技术是一个发展非常快、日新月异的技术，新的东西不断出现，使人在学习的时候往往无所适从。在你的身边不断有这样的故事出现：COOL 先生用了 3 天(或更短)的时间就学会了某某语言，并开始用它编写软件。在这个故事的感召下，一个初学者也去尝试，但完全是另外一种结果。COOL 先生的快速学习只是露出水面的冰山一角，深藏水下的是他的较为系统的相关基础知识和相关的技术。在开始的时候学习保护模式下的编程，是不现实的，保护模式下所涉及的东西对初学者来说太复杂。你必须知道很多知识后，才能开始编写第一个小程序。相比之下 8086 就合适得多。

附注 2 补　　码

以 8 位的数据为例，对于无符号数来说是从 00000000b~11111111b 到 0~255 一一对应的。那么我们如何对有符号数进行编码呢？即我们如何用 8 位数据表示有符号数呢？

既然表示的数有符号，则必须要能够区分正、负。

首先，我们可以考虑用 8 位数据的最高位来表示符号，1 表示负，0 表示正，而用其他位表示数值。如下：

```
00000000b: 0
00000001b: 1
00000010b: 2
01111111b: 127
10000000b: ?
10000001b: -1
10000010b: -2
11111111b: -127
```

可见，用上面的表示方法，8 位数据可以表示-127~127 的 254 个有符号数。从这里我们看出一些问题，8 位数据可以表示 255 种不同的信息，也就是说应该可以表示 255 个有符号数，可用上面的方法，只能表示 254 个有符号数。注意，用上面的方法，00000000b 和 10000000b 都表示 0，一个是 0，一个是-0，当然不可能有-0。可以看出，这种表示有符号数的方法是有问题的，它并不能正确地表示有符号数。

我们再考虑用反码来表示，这种思想是，我们先确定用 00000000b~01111111b 表示 0~127，然后再用它们按位取反后的数据表示负数。如下：

```
00000000b: 0          11111111b: ?
00000001b: 1          11111110b: -1
00000010b: 2          11111101b: -2
01111111b: 127        10000000b: -127
```

可以看出，用反码表示有符号数存在同样的问题，0 出现重码。

为了解决这种问题，采用一种称为补码的编码方法。这种思想是：先确定用 00000000b~01111111b 表示 0~127，然后再用它们按位取反加 1 后的数据表示负数。如下：

```
00000000b: 0          11111111b+1=00000000b: 0
00000001b: 1          11111110b+1=11111111b: -1
00000010b: 2          11111101b+1=11111110b: -2
01111111b: 127        10000000b+1=10000001b: -127
```

观察上面的数据，我们可以发现，在补码方案中：

(1) 最高位为1，表示负数；

(2) 正数的补码取反加1后，为其对应的负数的补码；负数的补码取反加1后，为其绝对值。比如：

1的补码为：00000001b，取反加1后为：11111111b，表示-1；

-1的补码为:11111111b，取反加1后为：00000001b，其绝对值为1。

我们从一个负数的补码不太容易看出它所表示的数据，比如：11010101b表示的数据是多少？

但是我们利用补码的特性，将11010101b取反加1后为：00101011b。可知11010101b表示的负数的绝对值为：2BH，则11010101b表示的负数为-2BH。

那么-20的补码是多少呢？

用补码的特性，-20的绝对值是20，00010100b，将其取反加1后为：11101100b。可知-20H的补码为：11101100b。

那么10000000b表示多少呢？

10000000b取反加1后为：10000000b，其大小为128，所以10000000b表示-128。

8位补码所表示的数的范围：-128~127。

补码为有符号数的运算提供了方便，运算后的结果依旧满足补码规则。

比如：

计算	补码表示
10	00001010b
+(-20)	11101100b
-10	11110110b

附注3 汇编编译器(masm.exe)对jmp的相关处理

1. 向前转移

```
s:  :
    :
    :
    jmp s (jmp short s、jmp near ptr s、jmp far ptr s)
```

编译器中有一个地址计数器(AC)，编译器在编译程序过程中，每读到一个字节AC就加1。当编译器遇到一些伪操作的时候，也会根据具体情况使AC增加，如db、dw等。

在向前转移时，编译器可以在读到标号s后记下AC的值as，在读到jmp ... s后记下

AC 的值 aj。编译器可以用 as−aj 算出位移量 disp。

此时，编译器作如下处理。

(1) 如果 disp∈[−128,127]，则不管汇编指令格式是：

```
jmp s
jmp short s
jmp near ptr s
jmp far ptr s
```

中的哪一种，都将它转变为 jmp short s 所对应的机器码。

jmp short s 所对应的机器码格式为：EB disp(占两个字节)

编译，连接以下程序，用 Debug 进行反汇编查看。

```
assume cs:code
code segment
s:    jmp s
      jmp short s
      jmp near ptr s
      jmp far ptr s
code ends
end s
```

(2) 如果 disp∈[−32768,32767]，则：

对于 jmp short s 将产生编译错误；

对于 jmp s、jmp near ptr s 将产生 jmp near ptr s 所对应的机器码，jmp near ptr s 所对应的机器码格式为：E9 disp(占 3 个字节)；

对于 jmp far ptr s 将产生相应的编码，jmp far ptr s 所对应的机器码格式为：EA 偏移地址 段地址(占 5 个字节)。

编译，连接以下程序。

```
assume cs:code
code segment
s:    db 100 dup (0b8h,0,0)
      jmp short s
      jmp s
      jmp near ptr s
      jmp far ptr s
code ends
end s
```

编译中将产生错误，错误是由 jmp short s 引起的，去掉 jmp short s 后再编译就可以通过。用 Debug 进行反汇编查看。

2. 向后转移

```
   jmp s (jmp short s、jmp near ptr s、jmp far ptr s)
     :
     :
s:   :
```

在这种情况下，编译器先读到jmp ... s 指令。由于它还没有读到标号 s ，所以编译器此时还不能确定标号 s 处的 AC 值。也就是说，编译器不能确定位移量 disp 的大小。

此时，编译器将 jmp ... s 指令都当作 jmp short s 来读取，记下 jmp ... s 指令的位置和 AC 的值 aj ，并作如下处理。

对于 jmp short s ，编译器生成 EB 和 1 个 nop 指令(相当于预留 1 个字节的空间，存放 8 位 disp)；
对于 jmp s 和 jmp near ptr s，编译器生成 EB 和两个 nop 指令(相当于预留两个字节的空间，存放 16 位 disp)；
对于 jmp far ptr s，编译器生成 EB 和 4 个 nop 指令(相当于预留 4 个字节的空间，存放段地址和偏移地址)。

作完以上处理后，编译器继续工作，当向后读到标号 s 时，记下 AC 的值 as，并计算出转移的位移量：disp=as-aj。

此时，编译器作如下处理。

(1) 当 disp∈[-128,127]时，不管指令格式是：

```
jmp short s
jmp s
jmp near ptr s
jmp far ptr s
```

中的哪一种，都在前面记下的 jmp ... s 指令位置处添上 jmp short s 对应的机器码(格式为：EB disp)。

注意，此时，对于 jmp s 和 jmp near ptr s 格式，在机器码 EB disp 后还有 1 条 nop 指令；对于 jmp far ptr s 格式，在机器码 EB disp 后还有 3 条 nop 指令。

编译，连接以下程序，用 Debug 进行反汇编查看。

```
assume cs:code
code segment
begin:jmp short s
      jmp s
      jmp near ptr s
      jmp far ptr s
s:    mov ax,0
code ends
end begin
```

(2) 当 disp∈ [-32768,32767]时，则：

对于 jmp short s，将产生编译错误；

对于 jmp s、jmp near ptr s，在前面记下的 jmp ... s 指令位置处添上 jmp near ptr s 所对应的机器码(格式为：E9 disp)；

对于 jmp far ptr s，在前面记下的 jmp ... s 指令位置处添上相应的代码。

编译，连接以下程序。

```
assume cs:code
code segment
begin:jmp short s
      jmp s
      jmp near ptr s
      jmp far ptr s
      db 100 dup (0b8h,0,0)
s:    mov ax,2
code ends
end begin
```

在编译中将产生错误，错误是由 jmp short s 引起的，去掉 jmp short s 后再编译就可通过。用 Debug 进行反汇编查看。

附注 4 用栈传递参数

这种技术和高级语言编译器的工作原理密切相关。我们下面结合 C 语言的函数调用，看一下用栈传递参数的思想。

用栈传递参数的原理十分简单，就是由调用者将需要传递给子程序的参数压入栈中，子程序从栈中取得参数。我们看下面的例子。

```
;说明：计算(a-b)^3，a、b 为字型数据
;参数：进入子程序时，栈顶存放 IP，后面依次存放 a、b
;结果：(dx:ax)=(a-b)^3

difcube:push bp
        mov bp,sp
        mov ax,[bp+4]        ;将栈中 a 的值送入 ax 中
        sub ax,[bp+6]        ;减栈中 b 的值
        mov bp,ax
        mul bp
        mul bp
        pop bp
        ret 4
```

指令 ret n 的含义用汇编语法描述为：

```
pop ip
add sp,n
```

因为用栈传递参数，所以调用者在调用程序的时候要向栈中压入参数，子程序在返回的时候可以用 ret n 指令将栈顶指针修改为调用前的值。调用上面的子程序之前，需要压入两个参数，所以用 ret 4 返回。

我们看一下如何调用上面的程序，设 a=3、b=1，下面的程序段计算 (a-b)^3：

```
mov ax,1
push ax
mov ax,3
push ax                 ;注意参数压栈的顺序
call difcube
```

程序的执行过程中栈的变化如下。

(1) 假设栈的初始情况如下：

```
1000:0000   00 00 00 00 00 00 00 00 00 00 00 00 00 00 00 00
                                                             ↑
                                                           ss:sp
```

(2) 执行以下指令：

```
mov ax,1
push ax
mov ax,3
push ax
```

栈的情况变为：

```
                                                     a     b
1000:0000   00 00 00 00 00 00 00 00 00 00 00 00 03 00 01 00
                                                  ↑
                                                ss:sp
```

(3) 执行指令 call difcube，栈的情况变为：

```
                                               IP    a     b
1000:0000   00 00 00 00 00 00 00 00 00 00 XX XX 03 00 01 00
                                            ↑
                                          ss:sp
```

(4) 执行指令 push bp ，栈的情况变为：

```
                                         bp    IP    a     b
1000:0000   00 00 00 00 00 00 00 00 XX XX XX XX 03 00 01 00
                                      ↑
                                    ss:sp
```

(5) 执行指令 mov bp,sp ，ss:bp 指向 1000:8

(6) 执行以下指令：

```
mov ax,[bp+4]            ;将栈中 a 的值送入 ax 中
```

```
sub ax,[bp+6]           ;减栈中 b 的值
mov bp,ax
mul bp
mul bp
```

(7) 执行指令 pop bp，栈的情况变为：

```
                                                IP    a     b
1000:0000   00 00 00 00 00 00 00 00 XX XX XX XX 03 00 01 00
                                                ↑
                                              ss:sp
```

(8) 执行指令 ret 4，栈的情况变为：

```
1000:0000   00 00 00 00 00 00 00 00 XX XX XX XX 03 00 01 00
                                                            ↑
                                                          ss:sp
```

下面，我们通过一个 C 语言程序编译后的汇编语言程序，看一下栈在参数传递中的应用。要注意的是，在 C 语言中，局部变量也在栈中存储。

C 程序

```
void add(int,int,int);

main()
{
 int a=1;
 int b=2;
 int c=0;
 add(a,b,c);
 c++;
}

void add(int a,int b,int c)
{
 c=a+b;
}
```

编译后的汇编程序

```
mov bp,sp
sub sp,6
mov word ptr [bp-6],0001    ;int a
mov word ptr [bp-4],0002    ;int b
mov word ptr [bp-2],0000    ;int c
push [bp-2]
push [bp-4]
push [bp-6]
```

```
call ADDR
add sp,6
inc word ptr [bp-2]

ADDR:   push bp
        mov bp,sp
        mov ax,[bp+4]
        add ax,[bp+6]
        mov [bp+8],ax
        mov sp,bp
        pop bp
        ret
```

附注5　公式证明

问题：计算 X/n (X<65536*65536，n≠0)

在计算过程中要保证不会出现除法溢出。

分析：

(1) 在计算过程中不会出现除法溢出，也就是说，在计算过程中除法运算的商要小于65536。

设：X/n=(H*65536+L)/n= (H/n)*65536+(L/n)
　　H=int(X/65536)
　　L=rem(X/65536)
　　因为 H<65536 ，L<65536　所以
　　将计算 X/n 转化为计算：(H/n)*65536+(L/n) 可以消除溢出的可能性。

(2) 将计算 X/n 分解为计算：

(H/n)*65536+(L/n)；H=int(X/65536)；L=rem(X/65536)

DIV 指令只能得出余数和商，而我们只保留商。余数必然小于除数，一次正确的除法运算只能丢掉一个余数。

我们虽然在具体处理时进行了两次除法运算 H/n 和 L/n；但这实质上是一次除法运算 X/n 问题的分解。也就是说，为保证最终结果的正确，两次除法运算只能丢掉一个余数。

在这个问题中，H/n 产生的余数是绝对不能丢的，因为丢掉了它(设为 r)就相当于丢掉了 r*65536(这是一个相当大的误差)。

那么如何处理 H/n 产生的余数呢？

我们知道：H=int(H/n)*n+rem(H/n)

所以有：

(H/n)*65536+(L/n)
=[int(H/n)*n+rem(H/n)]/n*65536+(L/n)
=int(H/n)*65536+rem(H/n)*65536/n+L/n
=int(H/n)*65536+[rem(H/n)*65536+L]/n

现在将计算 X/n 转化为计算：

int(H/n)*65536+[rem(H/n)*65536+L]/n
H=int(X/65536)；L=rem(X/65536)

在这里要进行两次除法运算：

第一次：H/n
第二次：[rem(H/n)*65536+L]/n

我们知道第一次不会产生除法溢出。

现证明第二次：

① L≤65535
② rem(H/n)≤n-1
由②有：
③ rem(H/n)*65536≤(n-1)*65536
由①，③有：
④ rem(H/n)*65536+L≤(n-1)*65536+65535
由④有：
⑤ [rem(H/n)*65536+L]/n≤[(n-1)*65536+65535]/n
由⑤有：
⑥ [rem(H/n)*65536+L]/n≤65536-(1/n)

所以 [rem(H/n)*65536+L]/n 不会产生除法溢出。

则：X/n=int(H/n)*65536+[rem(H/n)*65536+L]/n
H=int(X/65536)；L=rem(X/65536)